1 MONTH OF
FREE
READING

at
www.ForgottenBooks.com

By purchasing this book you are eligible for one month membership to ForgottenBooks.com, giving you unlimited access to our entire collection of over 1,000,000 titles via our web site and mobile apps.

To claim your free month visit:
www.forgottenbooks.com/free379884

ISBN 978-0-428-29997-2
PIBN 10379884

BULLETIN

DE LA

SOCIÉTÉ DE GÉOGRAPHIE.

Deuxième Série.

TOME IX.

COMMISSION CENTRALE.

COMPOSITION DU BUREAU.

(Élection du 15 décembre 1837.)

Président. M. le baron WALCKENAER.
Vice-Présidents. MM. LARENAUDIÈRE, JOMARD.
Secrétaire-général. M. NOEL-DESVERGERS.

Section de Correspondance.

MM. Bajot.
Bérard.
Callier.
Daussy.
Dubuc.
Isambert.
Jaubert.

MM. Lafond.
César-Moreau.
D'Orbigny.
Peytier.
Tardieu.
Warden.

Section de Publication.

MM. Albert Montémont.
Ansart.
Barbié du Bocage.
Bianchi.
Le colonel Corabœuf.
Le baron Costaz.
D'Avezac.

MM. Eyriès.
Le baron Ladoucette.
De Pommeuse.
Poulain.
Puillon-Boblaye.
Roux de Rochelle.

Section de Comptabilité.

MM. Boucher.
Cadalvène.
Le colonel Denaix.

MM. Le général Haxo.
De Montrol.
Le baron Roger.

Comité chargé de la publication du Bulletin.

MM. Albert-Montémont.
Ansart.
Barbié du Bocage.
Boblaye.
Daussy.
D'Avezac.

MM. Jomard.
Montrol.
Noel-Desvergers.
Poulain.
Roux de Rochelle.
Warden.

M. Chapellier, notaire honoraire, trésorier de la Société, rue de Seine, 6.

M. Noirot, agent-général et bibliothécaire de la Société, rue de l'Université, 23.

BULLETIN

DE LA

SOCIÉTÉ DE GÉOGRAPHIE.

Deuxième Série.

𝕮𝖔𝖒𝖊 𝕹𝖊𝖚𝖛𝖎è𝖒𝖊.

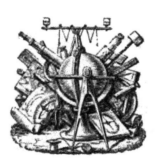

PARIS,

CHEZ ARTHUS-BERTRAND,

LIBRAIRE DE LA SOCIÉTÉ DE GÉOGRAPHIE,

RUE HAUTEFEUILLE, Nº 23.

—

1838.

BUREAU DE LA SOCIÉTÉ.

(ÉLECTION DU 7 AVRIL 1837.)

Président.   M. GUIZOT, membre de la Chambre des députés.

Vice-Présidents. { M. le lieutenant-général BAUDRAND.
{ M. BOUCHER, Inspecteur-général du génie maritime.

Scrutateurs. { M. DESAUGIERS, directeur au ministère des affaires
{   étrangères.
{ M. LEBEAU, conseiller à la Cour de cassation.

Secrétaire.   M. ALCIDE D'ORBIGNY.

Liste des Présidents honoraires de la Société depuis son origine.

MM.
Le marquis de LAPLACE.
Le marquis de PASTORET.
Le vicomte de CHATEAUBRIAND.
Le comte CHABROL DE VOLVIC.
BECQUEY.
Le baron ALEX. DE HUMBOLDT.
Le comte CHABROL DE CROUSOL.
Le baron CUVIER.
Le baron HYDE DE NEUVILLE.

MM.
Le duc de DOUDEAUVILLE.
J.-B. EYRIÈS.
Le comte de RIGNY.
DUMONT D'URVILLE.
Le duc DECAZES.
Le comte de MONTALIVET.
Le baron de BARANTE.
Le lieutenant-général PELET.

Correspondants étrangers dans l'ordre de leur nomination.

MM.
Le docteur J. MEASE, à Philadelphie.
H. S. TANNER, à Philadelphie.
W. WOODBRIDGE, à Boston.
Le capit. EDWARD SABINE, à Limerik.
Le colonel POINSETT, aux Etats-Unis.
Le col. D'ABRAHAMSON, à Copenhague.
Le professeur SCHUMACHER, à Altona.
De NAVARRETE, à Madrid.
F. Ant. GONZALÈS, à Madrid.
Le docteur REINGANUM, à Berlin.
Le capit. sir J. FRANKLIN, à Londres.
Le docteur RICHARDSON, à Londres.
Le professeur RAFN, à Copenhague.
Le capitaine GRAAH, à Copenhague.
AINSWORTH, à Edimbourg.

MM.
ADRIEN BALBI, à Vienne.
Le comte GRABERG DE HEMSÖ, à Florence.
Le colonel LONG, aux Etats-Unis.
Sir John BARROW, à Londres.
Le capitaine MACONOCHIE, à Sidney (Nouvelle-Galles).
Le capitaine sir JOHN ROSS.
Le conseiller de MACEDO, à Lisbonne.
Le professeur KARL RITTER, à Berlin.
P.-S. DU PONCEAU, à Philadelphie.
Le colonel JUAN GALINDO, à San Salvador (Amérique centrale).
Le capitaine G. BACK.

PARIS. — IMPRIMERIE DE BOURGOGNE ET MARTINET,
rue Jacob, 30.

BULLETIN

DE LA

SOCIÉTÉ DE GÉOGRAPHIE.

JANVIER 1838.

PREMIÈRE SECTION.

MÉMOIRES, EXTRAITS, ANALYSES ET RAPPORTS.

CONSIDÉRATIONS

SUR

LA PROVINCE DE CONSTANTINE,

PAR LE GÉNÉRAL BARON JUCHEREAU DE ST-DENYS.

La province de Constantine est baignée au nord par la Méditerranée. Elle touche à l'est à la régence de Tunis; le chaînon long, haut et escarpé du Jurjura qui, se détachant du grand Atlas avec une direction du sud au nord, va aboutir au cap de Bougie, la sépare des provinces de Tittery et d'Alger. — Son extension vers le sud se prolonge jusqu'au grand désert du Sahara, et n'a aucune limite tracée sur cette vaste zone sablonneuse.

La longueur de cette province, en suivant les sinuosités du littoral maritime, est de plus de 100 lieues. Sa profondeur, indéterminée, peut être considérée comme ayant une valeur moyenne de 85 lieues. Plusieurs royaumes du continent européen n'ont pas une surface égale à celle de cette seule province algérienne.

La régence de Tunis possédait autrefois la province de Constantine; mais les Algériens, favorisés par des tribus coubayes que le bey de Tunis avait mécontentées, se rendirent maîtres de tout ce beylick, vers le milieu du xvii⁰ siècle, et l'ont conservé jusqu'à nos jours.

Toute la partie de la côte maritime, depuis Bône jusqu'à Tabarca sur la frontière de Tunis, formait, avant notre conquête de l'Algérie, un district particulier, dont la France avait acquis la possession légale par d'anciens traités, renouvelés dans plusieurs circonstances et confirmés après la paix générale de 1814.

La compagnie française d'Afrique, à qui le roi de France avait concédé le droit d'un commerce exclusif sur cette partie de la régence algérienne, payait, pour cette jouissance, au divan d'Alger une redevance annuelle qui, dans le courant du xviii⁰ siècle, était évaluée à environ 100,000 francs.

Il y avait à peu près deux cents ans que la France possédait à bon droit une partie de la province de Constantine, et y exerçait sur quelques points une souveraineté incontestée, lorsque la victoire a fait tomber toute l'Algérie sous notre domination civilisatrice.

L'Atlas traverse la province de Constantine par deux chaînes parallèles, désignées, l'une sous le nom de Petit-Atlas, à peu de distance du littoral maritime , et l'autre sous le nom de Grand-Atlas, au sud, sur la limite du grand désert.

Le plateau, entre ces deux chaînes parallèles, est assez élevé au-dessus du niveau de la mer. C'est sur ce plateau intermédiaire, qui présente l'aspect d'une plaine immense, qu'est située la ville de Constantine, capitale de toute la province.

Un bey, nommé par le dey d'Alger et révocable par la seule volonté de ce prince, gouvernait la province de Constantine. Mandataire du dey, il exerçait dans son vaste district un pouvoir absolu ; percepteur de tous les revenus publics, qu'il augmentait souvent par des extorsions injustes, il était chargé de tous les frais relatifs à l'administration et à la défense de sa province. Il avait, en outre, l'obligation d'envoyer chaque année à Alger une grande quantité de denrées et une somme en numéraire d'environ 500,000 francs : cette somme était versée dans le trésor de la régence ; les denrées servaient à la subsistance des janissaires et des marins. — Les présents obligés que le bey de Constantine adressait en même temps au dey d'Alger, dont dépendaient son autorité et sa vie, avaient une valeur au moins égale à celle des sommes qu'il versait dans les caisses de l'État.

Les impôts directs et indirects et les avanies ou extorsions de tout genre qui pesaient sur la province de Constantine, produisaient un revenu annuel qu'on estimait à plus de 3,000,000 de francs.

Mais ces revenus publics étaient entièrement employés en dépenses improductives et ruinaient le commerce et l'agriculture, qui, loin de recevoir quelque assistance et quelque appui de la part du gouvernement local, en étaient continuellement pressurés.

C'est pour cela qu'on ne voit plus que des plaines incultes et des ruines dans ces belles provinces numidiques qui envoyèrent plus de trois cents évêques au deuxième concile de Carthage.

Importance de la ville de Constantine. Les Romains regardaient la ville de Constantine (autrefois Cirta) comme la plus riche et la plus forte de toute la Numidie. Elle avait été la résidence royale de Massinissa et de ses successeurs. Strabon nous apprend qu'elle renfermait des palais magnifiques, et que, d'après les invitations du roi Micipsa, une colonie grecque s'y était établie et y avait apporté les arts industriels de la Grèce. Le même écrivain nous dit que cette ville seule pouvait mettre sur pied vingt mille fantassins et dix mille cavaliers.

Ruinée en 311 dans la guerre de Maxence contre Alexandre, paysan pannonien, qui s'était fait proclamer empereur en Afrique; rétablie et embellie par Constantin, cette ville quitta son ancien et illustre nom de Cirta pour prendre celui de son restaurateur qu'elle porte encore aujourd'hui.

Nous devons à un écrivain arabe du xiie siècle (Edrisi) quelques détails sur l'état de Constantine dans le moyen âge. « Cette ville, dit-il, est peuplée et com-
» merçante. Ses habitants sont riches. Ils s'associent
» entre eux pour la culture des terres et pour la con-
» servation des récoltes. Le blé, qu'ils enferment dans
» des souterrains, y reste souvent un siècle sans éprou-
» ver aucune altération. Entourée presque entièrement
» par une rivière profondément encaissée, et par une

» enceinte de hautes murailles, cette ville est considérée
» comme une des places les plus fortes du monde. »

Les Romains regardaient la ville de Constantine ·
comme la position la plus essentielle à occuper, soit
pour conquérir, soit pour défendre la Numidie. Dans
la première guerre punique, le premier soin du roi
Massinissa fut de s'en emparer. Jugurtha employa tous
les moyens possibles pour s'en rendre maître. De
cette position centrale et forte, Métellus et Marius
dirigeaient avec succès tous leurs mouvements militaires contre l'habile et infatigable Jugurtha.

Lorsque les Vandales, dans le vᵉ siècle, envahirent ·
la Numidie et les trois Mauritanies, et détruisirent toutes
leurs villes florissantes, Constantine résista à ce torrent
dévastateur.

Nous allons jeter un coup d'œil rapide sur les autres
villes de cette province, sur les communications qui
les lient entre elles et avec Constantine, et sur les
principaux cours d'eau qui sillonnent sa surface.

· Les villes du plateau inférieur, entre le Petit-Atlas
et la mer, sont : 1° Bougie, autrefois *Saldæ*, près du
cap Carbon, à l'extrémité du Jurjura. Son port,
abrité contre les vents du nord et du nord-ouest qui
dominent dans ces parages, est sûr et d'une bonne
tenue. Le commerce de cette ville était autrefois très
florissant; mais sa population s'est affaiblie peu à peu
et se trouve réduite à moins de 2,000 âmes. Son
ancienne enceinte est en état de ruines dans beaucoup
de parties; mais son château ou casbah est assez bien
conservé. Placée presque au centre de la côte maritime
de l'Algérie, occupant un point saillant et une position
naturellement forte et facile à défendre, possédant un
bon port, cette ville avait fixé l'attention de l'habile

ministre de Ferdinand-le-Catholique (le cardinal Xi-
menès), qui, en la soumettant à l'Espagne, avait résolu
d'en faire le point d'appui d'une nouvelle colonisation
espagnole sur cette partie de l'Afrique.

2° Gigel, port maritime entre Bougie et Collo, est
un point important tant à cause de la fertilité des pays
qui l'environnent, que de sa force naturelle sur un cap
ou presqu'île qu'une langue basse réunit au continent.
Ce fut la première ville d'Afrique que Barberousse
soumit à son autorité. Prise en 1664 par une flotte
française, sous les ordres du duc de Beaufort, elle resta
quelque temps en notre pouvoir; mais négligée par le
gouvernement français, qui portait dès lors toute son
attention vers ses nouvelles colonies d'Amérique, elle
retomba sous la domination des Turcs. Elle ne présente
en ce moment qu'une population pauvre, réunie dans
2 ou 300 huttes délabrées.

3° Collo a été une ville populeuse et florissante sous
la domination des Romains, qui y avaient établi le
principal dépôt de leur marine militaire. Notre compagnie d'Afrique en avait fait une de ses principales
échelles pour l'achat des huiles, de la laine, du miel
et des peaux non préparées. Nos longues guerres de la
révolution française, en faisant tomber ce commerce et
la compagnie d'Afrique qui l'alimentait, ont fait dé-
choir la ville de Collo de son ancien état d'activité
commerciale et de splendeur.

Collo, Gigel et Bougie sont entourés de peuplades
Coubayes (1), qui sont la portion la plus belliqueuse
de la population indigène. Ces peuplades n'ont jamais
consenti à payer un tribut aux janissaires d'Alger, et

(1) Coubayes ou Kabiles.

traitaient avec eux comme de puissance à puissance. Elles sont sédentaires, agricoles, et beaucoup plus industrieuses que tout le reste de la population indigène de l'Algérie. Les Coubayes du Jurjura ont à Calla, au pied du versant oriental de cette chaîne, une ville de 3 à 4,000 âmes, où l'on fabrique avec assez d'habileté les arts métallurgiques et particulièrement le fer et l'acier, et où l'on confectionne des poudres de guerre avec le salpêtre que le sol de l'Algérie fournit presque partout en abondance.

En occupant Bougie, Gigel et Collo, on parviendra assez facilement à attacher les Coubayes de ce district à la France, soit par la voie du commerce, soit en y organisant, comme nous faisions autrefois avec la Suisse, des corps auxiliaires à la solde du gouvernement français. La porte de Fér (*Bibent*) dans le Jurjura, défilé étroit, entre deux escarpements verticaux de roches calcaires, est située au centre de ces peuplades et sert à la communication la plus directe entre Alger et Constantine.

4° Stora, près des ruines de l'ancienne *Russicata*, est une position d'une haute importance, entre Collo et Bône; c'est le point maritime le plus rapproché de Constantine. Une route romaine, assez bien conservée, servait à la communication entre cette dernière ville et Russicata. Cette route, qui traverse le Petit-Atlas dans un de ses points d'abaissement, n'a que seize lieues de longueur, tandis qu'on compte trente-deux lieues de Bône à Constantine par de nombreux défilés, entre autres par celui de Raz-el-Akba, que Massinissa et les Romains regardaient comme une des clefs principales de la Numidie.

Le port de Stora est parfaitement abrité contre les

vents dominants du nord-ouest. Son occupation, que nous regardons comme indispensable, coopérerait avec celles de Collo, de Gigel et de Bougie, à établir des rapports d'amitié et d'alliance entre les Français et les peuplades Coubayes du Jurjura et de tout le pays montueux compris entre Bougie et Stora inclusivement.

Une plaine légèrement accidentée s'étend depuis Stora jusqu'à Bône, quoique la côte maritime, entre le cap de Fer et le cap de Garde, soit bordée par une chaîne montueuse de 500 à 1,000 mètres de hauteur. Cette chaîne, comme le massif d'Alger, forme une ligne de montagnes isolées entre la mer et le vaste plateau qui les enveloppe. Le mont Edough, au-dessus de Bône, qui forme l'extrémité orientale de cette chaîne maritime, est le point le plus élevé de ce massif tout-à-fait indépendant de l'Atlas.

Depuis Bône jusqu'à l'île de Tabarca, frontière de la régence tunisienne, on trouve une vaste plaine, ensuite quelques collines et des terrains marécageux.

Bône est une ville importante à cause de sa position bien meilleure que celle de l'ancienne Hippone, et à cause de la fertilité extraordinaire de la grande plaine voisine, qui s'étend, à l'est, sur une longueur de douze lieues et une largeur moyenne de quatre à cinq lieues entre la mer et le Petit-Atlas. Mais cette vaste plaine est généralement insalubre; on y voit beaucoup de lacs et de terrains marécageux. Nos anciennes possessions de La Calle et du bastion de France sont des foyers de méphitisme.

Les villes du plateau supérieur entre le grand et le Petit-Atlas, sont : 1° Constantine, dont nous avons déjà fait connaître l'importance; 2° Milah, ville de 3 à 4,000 âmes, près du confluent du Rummel et du Tsaab, rivière d'or, à cinq lieues nord-ouest de Constantine. Les environs de cette ville sont de la plus grande fertilité, et donnent en abondance et de très bonne qualité la plupart des fruits de l'Europe ;

3° Setif, ville autrefois florissante, à trente lieues ouest-sud-ouest de Constantine. Le territoire de cette ville est très fertile par l'effet de canaux d'irrigation. Riche en arbres fruitiers, et surtout en noyers, il abonde en légumes d'une qualité supérieure. Edrisi nous apprend que, dans le xıı° siècle, époque où il écrivait, le cotonnier était cultivé avec succès dans les campagnes environnantes ;

4° Tiffech (autrefois Tiposa) sur l'Hamise. affluent du Méjerda, à cinquante lieues est de Constantine et à trente lieues sud de Bône, possède des champs fertiles arrosés par des sources d'eau vive. Les environs de Tiffech et les versants de l'Hamise sont couverts d'arbres, dont quelques uns sont de haute futaie, surtout dans le district de Girfah ;

5° Bulle ou Bal (autrefois *Bulla regia*), à quinze lieues au sud de La Calle, remarquable par l'abondance de ses produits en céréales ;

6° Kasbaite et Jimmilah, sur la route de Sétif à Constantine. La première est située près des sources de la rivière d'Or (Oued-el-Tsaab) ; la seconde est à quatre lieues nord-est de l'autre. L'une et l'autre possèdent des environs fertiles. De nombreux et beaux restes d'antiquités démontrent que ces deux villes avaient une haute importance du temps des Romains.

On trouve dans la province de Constantine sur les deux plateaux, supérieur et inférieur, les restes d'un grand nombre de villes anciennes, qu'une exploration attentive et savante pourra faire connaître par la suite.

Les deux dernières expéditions de Constantine nous
ont appris, d'après des témoignages incontestables,
que Ashkoure est situé sur les ruines de l'ancien *Asue-
rus*, et que les nombreux monuments et les murailles
d'enceinte, en grande partie conservés, qu'on voit à
Guelma, appartenaient à *Suthul*, ville célèbre dans
l'histoire ancienne comme ayant servi de dépôt aux
trésors de Jugurtha, et comme ayant été le théâtre de
la défaite complète du propréteur Aulus Posthumius
que l'avidité avait attiré sur ces lieux avec une armée
nombreuse, sans avoir pris les précautions nécessaires.

La plupart des tribus qui habitent la province de
Constantine réunissent la culture des terres aux soins
des troupeaux. Plusieurs d'entre elles sont nombreuses
et puissantes. Les plus remarquables sont les Henmé-
chas et les Némenchas, qui habitent les vastes plaines
de la rive gauche du Mejerda. Ce fleuve sert de ligne de
démarcation entre les possessions d'Alger et celles de
Tunis.

Ce fut avec l'appui de ces deux tribus belliqueuses
que les Algériens ont enlevé la province de Constantine
à la domination de Tunis. Ces mêmes tribus ont rendu
d'immenses services aux janissaires d'Alger dans leur
dernière guerre contre la régence tunisienne.

Les cours d'eau, très nombreux, qui sillonnent la
province de Constantine, vont presque tous du sud au
nord et débouchent dans la Méditerranée. Les Arabes
donnent le nom de *oued-el-kébir*, ou grand fleuve, à ceux
de ces cours d'eau qui, descendant du Grand-Atlas,
traversent le plateau supérieur, le Petit-Atlas dans ses
points d'abaissement, et enfin le plateau maritime,
avant de se jeter dans la mer. Tels sont le Shellif, à
l'ouest d'Alger, le fleuve de Bougie, le Rummel (autre-

fois Ampsaga), qui baigne les murs de Constântine, et
qui, après avoir traversé le Petit-Atlas à Gebel Aouat,
aboutit à la mer dans 'le vaste golfe compris entre Gigel et le grand promontoire de Seba-rous (sept caps) ;
le Seïbouse (Rubricatus flumen), qui, après un cours
sinueux, verse ses eaux près des murailles de Bône ;
le Méjerda (Baguedas flumen) , qui arrose les belles
plaines orientales de la province de Constantine et la
sépare du territoire de la régence de Tunis.

Les petits cours d'eau qui descendent du Petit-Atlas
sont très nombreux. On distingue parmi eux : 1° le
Mansourah, entre Gigel et Bougie ; 2° le Zourah, à
l'ouest du promontoire des Sept-Caps ; 3° le Zeama, à
l'est de ce même promontoire ; 4° la petite rivière qui.
se terminant dans le golfe de Stora, longe le chemin
romain qui lie ce port à la ville de Constantine ; 5° le
Oued-Saboure qui débouche dans la partie orientale
du golfe de Stora ; 6° le Mafrag (Armoniacus flumen),
qui, après avoir parcouru de nombreuses sinuosités et
arrosé des plaines très fertiles, verse ses eaux au centre
du golfe de Bône ; 7° le Zaîne près de l'île de Tabarca.

L'Itinéraire d'Antonin et la Table de Peutinger font
connaître que la surface de la province de Constantine
était traversée par un grand nombre de routes romaines,
dont on retrouve des traces en beaucoup d'endroits.
Les plus importantes de ces routes longeaient le littoral maritime depuis Tabarca jusqu'à Bougie, et de là
se prolongeaient jusqu'au détroit de Gibraltar. D'autres
liaient Bougie (Saldæ) à Sétif (Sitifis) ; cette dernière
ville à Theveste (Tibessa), la ville de Stora (Russicata)
à Constantine ; cette dernière ville à Keff (Sicca Vene-
rea), et enfin Carthage à Stora, et Hippone à Constantine.

Ces routes étaient généralement bonnes et pouvaient être parcourues par les chariots romains. Dans leur état actuel de dégradation, il est assez facile de les rendre carrossables, comme le prouvent les espaces parcourus par les troupes françaises depuis Bône jusqu'à Constantine, et depuis Bône jusqu'à Stora.

Appuyée, au nord, par la mer et par les points naturellement forts qui se trouvent sur le littoral maritime et que j'ai indiqués comme devant être occupés ; ayant à sa droite, du côté de Tunis, le Mejerda et les tribus belliqueuses qui habitent la rive gauche de ce fleuve ; couverte, à l'ouest, par la haute chaîne du Jurjura qui, dans son long prolongement du sud au nord, n'offre que deux ou trois défilés encaissés entre des escarpements verticaux, où deux cents hommes suffisent pour arrêter des corps nombreux ; ayant sur ses derrières les vallées arides du Belédulgérid et l'immense zone aréneuse du Sahara ; traversée dans son intérieur par deux chaînes parallèles et par leurs ramifications entrelacées, entre lesquelles existent des plaines immenses et des vallées profondes ; coupée par de nombreux cours d'eau qu'un orage de vingt-quatre heures suffit pour rendre intransitables, la province de Constantine nous paraît aussi facile à défendre que difficile à aborder. C'est un excellent théâtre pour les grandes opérations militaires. Appuyé par les avantages locaux que nous venons d'énumérer, maître des points stratégiques, le général, chargé de la défense de cette province, pourra, avec des forces modérées, résister avec succès contre des assaillants trois fois plus nombreux.

Fertilité et produits de la province de Constantine. — Strabon, en parlant de la fertilité de la Numidie, dit

que « dans le pays des Massæsilliens (c'est la province de
» Constantine), la terre porte souvent deux fois l'année;
» on y fait deux moissons. Le froment, dont la paille est
» haute de cinq coudées (7 à 8 pieds) et grosse comme
» le petit doigt, rend dans quelques endroits 240 pour
» un. On ne sème pas au printemps ; les grains tombés
» des épis, lors de la moisson, suffisent pour l'ense-
» mencement. »

Pline confirme les observations de Strabon, et ajoute
que « grâce à la légèreté du sol, on se contente de
» remuer la surface du terrain avec une charrue légère;
» que la herse, qui a pour but de briser les mottes, y
» devient un instrument inutile, et que les terres ne
» reçoivent jamais d'engrais. — Le poids et la qualité
» du froment sont remarquables, »

M. l'abbé Desfontaines, célèbre botaniste et savant agronome, qui a parcouru l'Algérie en 1786
et 1787, place au premier rang le froment des environs
de Constantine. Il en a retiré à la mouture 70 livres de
fleur de farine, 4 livres de recoupe et 6 livres de son
sur 80 livres de grains. Les blés de Mascara et de Tlé-
mecen ne lui ont donné que 43 livres et demie de fleur
de farine sur 70 livres de beau blé.

Le maïs, le sorgho, le millet, sont très abondants
dans cette province. On les sème au mois d'avril et ils
mûrissent au mois d'août. Leurs feuilles fournissent
un excellent fourrage dans la saison des sécheresses.

Le safran, l'indigo, le pavot à opium, le tabac, le
gombault, les melons, les pastèques, les légumes d'Europe, sont cultivés avec succès dans cette province. La
vigne y réussit très bien ; on employait ses fruits pour
faire des raisins secs au lieu de les utiliser pour la fabrication du vin.

L'olivier croît parfaitement dans toute la Numidie.
Les montagnes du Petit-Atlas sont couvertes d'oliviers
sauvages qui, sans·être greffés, donnent d'excellentes
olives, petites, peu huileuses, mais que les gens du pays
mangent avec plus de plaisir que les fruits des oliviers
cultivés. On voit dans ce pays des olives naturellement
douces qui n'ont pas besoin d'être macérées dans l'eau
de saumure pour être comestibles.

Le cotonnier réussit dans l'Algérie, et l'écrivain
arabe Edrisi, que nous avons déjà cité, dit que cette
culture florissait dès son temps à Sétif, ville située sur le
plateau supérieur comme Constantine. Les malvacées,
parmi lesquelles les cotonniers se trouvent compris,
parviennent à une grande hauteur dans cette province.
Mais on nous assure que la laine des cotonniers de
Sétif est d'une qualité commune et même grossière.
L'exemple des deux Carolines et de la Georgie, dans
les États-Unis d'Amérique, montre que le cotonnier
croît avec force même sur les hauteurs, avec une température modérée; mais ce n'est que près de la mer,
et même dans son voisinage immédiat, qu'on obtient
des laines de coton de la meilleure espèce.

Le mûrier vient très bien dans toute cette province,
qui, à l'exception des hautes montagnes, convient sur
toute sa surface à la culture de cet utile végétal. On
commence à cultiver avec succès le mûrier multicaule
dans les environs d'Alger.

On a proposé d'introduire dans nos possessions algériennes la canne à sucre et le caféier. Ce dernier
végétal nécessite une chaleur plus forte que celle de la
température moyenne de cette partie de l'Afrique.
Nous pensons qu'il pourrait très bien réussir dans le
Beléduljérid, avec les dattiers, au sud du Grand-Atlas

Quant à la canne à sucre, c'est une folie que de chercher à établir dans l'Algérie la culture de cette plante saccharifère qui nécessite beaucoup de travail et de soins et qui épuise promptement le sol. Nous recommanderions plutôt la culture de sa nouvelle et puissante rivale, la betterave, qui améliore la terre au lieu de l'épuiser, et qui trouverait dans le sol aréneux, chargé d'humus végétal, de ce pays, les conditions convenables pour son extension et son développement. Elle servirait aussi à nourrir et à multiplier les animaux domestiques, qui se sont abâtardis par leur exposition continuelle aux intempéries de l'air et aux privations de la saison rigoureuse, et qui s'amélioreraient par le moyen d'un bon traitement alimentaire dans les étables et les écuries.

D'après les observations de Desfontaines, de Shaw et de Shaler, la terre, dans toute l'Algérie et surtout sur les plateaux supérieurs, renferme une grande quantité de nitrate de chaux, dont on peut tirer un excellent salpêtre par le lessivage. C'est à la présence et à l'abondance de ce sel que, d'après l'opinion des plus habiles agronomes, on peut attribuer la grande fertilité de ces provinces.

Dans la culture des végétaux, on doit avoir égard à la différence des deux plateaux supérieur et inférieur. Dans le plateau inférieur, au nord du petit Atlas, les orages sont fréquents, l'air est assez généralement insalubre. Dans le plateau supérieur où se trouve Constantine, la température est plus uniforme, le froid plus vif et la salubrité parfaite. On pense, d'après quelques observations barométriques, que ce plateau supérieur a une élévation moyenne de 5 à 600 mètres au-dessus du niveau de la mer, comme celle de Madrid et de la Nouvelle-Castille, en Espagne.

. Le, commerce actuel de la province de Constantine
est en grande partie dirigé vers la régence de Tunis. Il
convient, sans proscrire les relations directes, par
terre, avec les dépendances du gouvernement tunisien,
d'attirer l'attention des Constantiniens vers les ports
de leur propre littoral maritime, et par conséquent
vers la France... Sans cette mesure, les marchandises
étrangères pénètreraient facilement et frauduleuse-
ment dans nos possessions algériennes par la voie de
Tunis, où les produits de tous les pays sont admis en
payant le faible droit d'entrée de 3 pour o/o *ad va-
lorem*.

· Il sera de notre intérêt d'ouvrir à travers les monts
Auras les anciens rapports commerciaux de la capitale de la Numidie avec l'intérieur de l'Afrique. D'après
les magnifiques ruines qui existent sur les monts Auras, on peut croire que ce commerce était très avantageux.

Population. Les Arabes, les Turcs, les juifs, les
chrétiens et les Berbères ou Coubayes ou Kabayles sont
les éléments de la population de la province de Constantine et généralement de toute l'Algérie. Les Coubayes composent la population primitive, et parlent
une langue qu'on croit être celle des anciens Numi-
des. Cultivateurs et généralement sédentaires, ils sont
plus industrieux que la partie purement nomade des
habitants de l'Algérie. Établis sur les montagnes, ils
sont plus indépendants, plus fiers et plus belliqueux
que les autres Algériens... Comme ils n'ont pas un
type de figure distinct et des formes physiques bien
déterminées, on les regarde comme le résidu et le mélange de toutes les races dont le caractère indépendant

a résisté aux différentes invasions du sol africain. Les Arabes, qui firent la conquête de l'Algérie vers la fin du VII° siècle de l'ère chrétienne, forment la grande majorité de la population algérienne. Ils se divisent en deux classes. Ceux qui habitent les villes et leurs environs sont distingués sous le nom de *Maures*. Les tribus nomades, qui vivent sous des tentes et se livrent à la culture de la terre et à l'éducation des troupeaux, se nomment *Bédouins*.

Les Turcs, maîtres de l'Algérie, depuis le XVI° siècle. ne s'étaient jamais fondus dans la population indigène. Leurs enfants, dits Koul-oglous, nés d'une femme appartenant aux races du pays, n'étaient que dans des cas fort rares admis à participer aux priviléges de la milice souveraine. Cette milice se renouvelait par des recrutements en Turquie. Les renégats européens y étaient admis et pouvaient parvenir à la dignité de dey. Avec de telles restrictions les janissaires turcs ne pouvaient pas être nombreux.

Les juifs ne sont guère plus nombreux que les Turcs et les Koul-oglous. Ils étaient traités par les maîtres. du pays avec mépris et cruauté. Mais l'amour du gain les faisait passer sur toutes ces considérations humiliantes.

Quelques écrivains modernes ont donné à l'Algérie une population totale de 1,870,000 âmes. Nous ne croyons pas, d'après quelques documents comparatifs et précis, qu'elle dépasse la moitié de ce nombre, c'est-à-dire 900,000 âmes. On peut les répartir de la manière suivante :

Maures et Arabes cultivateurs e ouvriers,	400,000 âmes.
Bédouins ,	240,000
Berbères ou Coubayes ,	200,000
Juifs,	30,000
Turcs et Koul-oglous ,	6,000
Européens (non compris les garnisons) ,	24,000
Total	900,000

On pense que les deux cinquièmes de cette population appartiennent à la province de Constantine , mais
sous des rapports différents de ceux que nous venons
de présenter.

Suivant une statistique approximative, basée sur des
documents nombreux , on compterait dans la seule
province de Constantine 120,000 Coubayes, 125,000
Maures, 100,000 Arabes bédouins , 10,000 juifs,
3,000 Turcs et Koul-oglous , et 2,000 Européens.
Total 360,000 âmes. Les troupes françaises ne sont pas
comprises dans ce nombre.

Les Coubayes sont proportionnellement plus nombreux dans la province de Constantine qu'ils ne de-
vraient l'être d'après le tableau ci-dessus de la population de toute la régence d'Alger. Mais on doit observer
qu'une partie des tribus Coubayes se trouve agglo-
mérée sur les deux versants du Jurjura et sur le vaste
espace montueux compris, près du littoral maritime ,
entre Collo, Gigel et Bougie.

J'arrêterai ici mes considérations statistiques. Je
me contenterai d'observer que le savant M. Desfontaines, qui a parcouru , avec l'œil d'un habile observateur, toutes les régences barbaresques, regarde la
province de Constantine comme possédant le meilleur

terroir de cette partie septentrionale du continent africain, et comme étant susceptible d'obtenir en peu de temps une nombreuse population, et d'acquérir promptement une très grande prospérité par les produits considérables et variés de son agriculture et par ses relations commerciales avec la mer, Tunis et l'intérieur de l'Afrique.

(*Extrait du Spectateur Militaire.*)

QUESTIONS *adressées à M. le capitaine* CHESNEY *avant sa seconde exploration du cours de l'Euphrate* (1).

—

Xénophon parle de plusieurs canaux (1) que l'armée de Cyrus eut à traverser depuis le mur de Médie jusqu'à Cunaxa, c'est à-dire dans le pays où l'Euphrate et le Tigre se rapprochent le plus l'un de l'autre. Les géographes modernes en indiquent beaucoup sur leurs cartes; mais ils ne s'accordent ni dans le nombre, ni dans la direction qu'ils leur donnent. Rechercher les traces des canaux qui partaient de la gauche de l'Euphrate, et allaient se réunir au Tigre. Il doit être facile de trouver et de tracer d'une manière précise le Bahr-Melcha, ou canal royal qui passait près de Séleucie. Donner aux vestiges de ces canaux les noms par lesquels les habitants les désignent.

La carte de M. le capitaine Chesney indique une petite rivière (2) au N. de Babylone. Ne serait-ce pas le Nahr-Sares de Niebuhr? A quelque distance de

(1) Pour les renvois, voyez la carte.

l'Euphrate, on doit trouver sur cette rivière ou sur ce canal une ville appelée Kerbelai ou Meschid-Hosein ; et à partir de la ville, le canal doit s'élargir et former un lac desséché aujourd'hui, mais dont il serait peut-être possible de déterminer la forme et l'étendue (3).

A 25 milles au-dessous de ce lac en était un autre que d'Anville appelle Rahemah, et auquel Niebuhr donne le nom de Bahr-Nedsjef, Ebn-Hubeira ou El-Buheria. Il y a deux cents ans, il n'était pas desséché. Teixeira l'a vu plein d'eau ; il lui donne quarante lieues de circuit et six lieues de largeur. Sur le bord oriental de ce lac, était Koufa, et au nord se trouve Meschid-Ali qui est peut-être sur l'emplacement d'Alexandrie (4). Le lac communiquait avec l'Euphrate par deux canaux. Le canal septentrional (5) est appelé *Nilus* par d'Anville et Pallacopas par Niebuhr qui l'a vu plein d'eau ; le canal méridional (6) est le Pallacopas de d'Anville.

Niebuhr a vu un canal parallèle à l'Euphrate, qui, partant des environs de Ramahieh, s'étendait au sud, beaucoup au-delà de Lemlun (7). Entre ce canal et l'Euphrate, existait un marais qu'il croit avoir été le lac dans lequel Alexandre s'égara. Rechercher ce canal et ce marais ; en indiquer avec précision la forme et l'étendue. Dans cet espace, M. Chesney marque cinq canaux sur la rive droite de l'Euphrate ; jusqu'où s'étendent-ils (8) ?

M. le capitaine Chesney a indiqué un canal parallèle à l'Euphrate, qu'il nomme *Pallacopas*, *ancienne branche de l'Euphrate* (9). C'est l'opinion du docteur Vincent, de Reichard et de plusieurs autres géographes, qui n'arrêtent pas ce canal à la hauteur de Babylone (10), mais le prolongent au nord jusqu'aux environs de Hit (11). L'Edrissi le conduit même jusqu'à

Rahaba , qui devait être près de Tapsaque, aujourd'hui
Deïr. Ce canal devait traverser les deux lacs dont il a
été question (3 et 4). Rechercher les traces de ce canal,
et en indiquer le cours avec toutes ses sinuosités.

La partie de ce canal qui avoisine le golfe Persique
mérite surtout l'attention. M. le capitaine Chesney n'a
point marqué sur sa carte un canal qui existait encore
il y a peu d'années, que d'Anville nomme Nahr-Saléh,
et qui est appelé Djarre-Zaade par Niebuhr (12).
Selon d'Anville, ce canal était l'ancien lit de l'Euphrate
avant que ce fleuve ne se jetât dans le Tigre, ou avant
que sa communication avec le Tigre ne devînt son
cours principal. Le docteur Vincent pense que ce
canal n'a jamais été le lit de l'Euphrate, mais qu'il a
été creusé par les habitants de la contrée. Il est plus
probable que, selon d'Anville, c'était là l'ancienne
embouchure de l'Euphrate dans laquelle venait se
rendre le canal parallèle dont on a parlé (9). Examiner d'après la pente et les accidents du terrain, s'il n'y
a pas moyen d'acquérir des données certaines à cet
égard. Les relations des voyageurs Teixeira, Théve-
not, etc., font présumer que ce lit desséché a quelque profondeur, et qu'il est encore marécageux en
quelques endroits.

M. le capitaine Chesney indique un courant d'eau
qui vient se jeter du nord au sud dans le canal parallèle à l'ouest de Basra (13). Je doute que la direction
de ce cours d'eau ou de ce canal soit bien indiquée. Ce
doit être le canal que d'Anville, d'après Teixeira, fait
passer par Basra (14), et qui reçoit lui-même le canal
d'Oboleth (15). Il fut creusé ou renouvelé du temps
d'Omar; il était appelé Nahr-Moakeli.

L'embouchure de l'ancien lit de l'Euphrate (16) se
nomme Khore-Abdillah. Des voyageurs parlent d'un

canal qui partirait du Khore-Abdillah et se rendrait à
El-Kalif sur le golfe Persique près des îles Bahraïn (17).
Prendre des renseignements sur ce canal supposé,
D'après la carte de M. le capitaine Chesney, on pourrait croire que le Karoon (18) va se jeter dans le Schat-
el-Arab (19). Le Karoon se rendait directement à la
mer, et à partir du cours d'eau que M. Chesney appelle
Endiam (20), le Karoon était uni au Schat-el-Arab
par le canal Haffar, qui existait déjà du temps d'Alexandre ; Arrien l'affirme (21).

Sur la carte de M. Chesney, toutes les embouchures du Schat-el-Arab et du Karoon ne ressemblent
point à celles que l'on connaît; elles diffèrent surtout
des embouchures indiquées sur une carte anonyme
de la collection de Dalrimple. Il serait important pour
la géographie ancienne d'avoir ces cours d'eau tracés
avec exactitude. Observer s'il reste quelques vestiges
de changement dans leurs lits; s'il est possible de reconnaître les divers attérissements qui ont dû avoir
lieu. Ce n'est que dans des pays fort habités et bien
cultivés que ces traces disparaissent promptement;
dans des lieux presque déserts, il ne doit guère y avoir
que les changements opérés par la nature, et l'on doit
pouvoir en retrouver les traces. Par ces recherches, il
sera peut-être possible de retrouver la place qu'occupait le lac Chaldaïque. Le docteur Vincent le place à
l'embouchure du Schat-el-Arab, embouchure qui est
appelée Cossissa-Bony dans la carte anonyme (22);
d'Anville, entre le Schat-el-Arab et le Karoon (23);
Reichard, dans le Schat-el-Arab (24). Arrien dit qu'au
milieu du lac se trouvait une île. En cherchant entre le
Cossissa-Bony et le Karoon, car c'est là seulement que
peut avoir été le lac, si l'on trouve quelque éminence

entourée de terrain moins ferme, plus sablonneux, marécageux, ou seulement plus bas que le reste du sol, cela pourrait être un indice.

Indiquer exactement les ruines des anciennes villes situées sur les deux rives de l'Euphrate ; marquer la position, la nature et l'étendue de ces ruines.

A Babylone, rechercher les traces des anciens murs de la ville, de manière à en déterminer avec précision l'étendue ; rechercher les fondations des anciens monuments. M. Chesney a placé Hilla au milieu de l'ancienne Babylone. Niebuhr et d'autres voyageurs disent que Hilla est à 4 milles allemands ou à 20 milles anglais au sud de Babylone (25).

Rechercher les traces de l'ancien mur de Médie, que d'Anville plaçait trop au nord ; déterminer sa direction et le lieu approximatif où il devait rejoindre le Tigre (26).

Déterminer l'étendue et l'importance des ruines de Drahemia ou Zobéir (27), l'ancienne Basra, selon la plupart des voyageurs ; l'ancienne Orchoë, suivant d'Anville.

Rechercher près du canal parallèle à l'Euphrate (9), depuis le Nahr-Nedsjef (4) jusqu'à Zobéir, les ruines d'une grande ville qui aurait été Orchoë, suivant plusieurs géographes.

Déterminer la position des ruines de Al-Kasr ; quelle a dû être l'importance de cette ville (28)? Niebuhr a vu à quelques lieues de Meschid-Ali une grande ville entièrement abandonnée, parce qu'elle était privée d'eau ; indiquer les ruines des villes qui ont pu se trouver dans le même cas.

Rechercher les ruines de Téredon sur le Khore-Abdillah (29), d'Abadan sur le Cossissa-Bony (30) , et de
Spasina-Charax sur le canal Haffar (31).

POULAIN DE BOSSAY.

Paris, le 26 janvier 1835.;

Réponse *de* M. Ainsworth *aux questions adressées à*
M. *le colonel* Chesney, *par* M. Poulain de Bossay *au
nom de la Société de géographie de Paris.*

Londres , le 2 octobre 1837.

Monsieur,

Je regrette beaucoup que les questions et les renseignements géographiques que vous avez bien voulu
recommander aux soins de la Société de géographie
de Londres , soient restés dans cette ville pendant
tout le voyage en Orient, et que je ne les aie reçus
qu'à mon retour. Je le regrette d'autant plus, qu'il y a
dans les questions proposées par M. Poulain de Bossay
plusieurs indications qui m'auraient été d'une grande
utilité, et auxquelles je ne saurais maintenant donner
une réponse satisfaisante.

Les canaux du territoire de Babylone qui portent
encore des eaux, sont, au nord, l'Isa ou l'Abou-Gher-
rail des Arabes, le Sgayer-Elkher et le Tiber-Elkher,
le Daoudheia qui se porte dans le Tigre, une petite
lieue au-dessous de Bagdad. Le Nahr-Zimberanea
porte aussi les eaux de l'Euphrate dans le Tigre , à
une lieue au nord des ruines de Séleucie; et enfin
l'Amram, ou canal du Nil, porte ses eaux autour du
Mujeiliba.

Xénophon et Abulfeda , dans des temps bien diffé-

rents, parlent de quatre canaux dans le même territoire; mais le premier ne les place qu'à un farsang(1)
les uns des autres, tandis que le géographe oriental
leur donne une distance de deux farsangs. Le major
Rennell, dans son ouvrage sur l'expédition de Cyrus, avait déjà trouvé à redire à ce que l'historien grec
eût pensé que quatre cours d'eau de si grande importance eussent été tirés du même fleuve, dans un
espace aussi petit que quatre farsangs.

Du temps d'Abulfeda, le Nahr-Isa se jetait dans le
Tigre au centre de Bagdad sur la rive occidentale;
aujourd'hui il se perd en partie dans les marais
d'Accakuf; le reste est conduit par le Daoudheia
(canal construit par Daoud-Pacha) dans le Tigre au-
dessous de Bagdad. Ce canal paraît être le Barax ou
Baia Malcha d'Ammien Marcellin.

Le second canal était le Nahr-Serser ou Sarsar, qui
avait son origine au-dessous de l'Isa et entrait dans le
Tigre au-dessus de Madayn. C'est donc évidemment le
Nahr-Zimberanea d'aujourd'hui. El-Edrisi en parle,
« Unam pergit ad Isarsar. » Ceci est la ville dont Abul-
feda fait mention quand il dit qu'il y en avait une sur
chacun des quatre canaux. Ammien parle d'un canal
qui était entre Macepracta (Ambar) et Perisabor sur le
Nahr-Malcha. C'est le même que le Sarsar. Il l'appelle
Maoquamalcha, et parle aussi d'une ville du même nom.

Le troisième canal est le Nahr-Malcha, le flumen
regium et canal royal des auteurs. C'est le Nahr-Ma-
lek d'Abulfeda, le Basilike-Dioryx de Polybe, le
Basilikos Potamos de Ptolémée, l'Armalchar de Pline;
Abulfeda dit qu'il se jetait dans le Tigre au-dessous de

(1) Le farsang ou la parasange équivaut à une lieue de 25 au degré.

Madayn. Le lit existe encore aujourd'hui d'une manière très distincte; on l'appelle le Mahomedia.

Ptolémée dit : « Sub Apameam miscetur Regius fluvius cum Tigri. » Si nous regardons Apamea comme Korna, ceci rendrait le fleuve royal le même que l'Euphrate d'aujourd'hui; mais l'Apamea de Ptolémée est ici Séleucia. Pline a exprimé la même chose; il dit que Séleucie fut bâtie « in confluente Euphratis fossâ perducti atque Tigris. » Le témoignage d'Ammien vient à l'appui de cette opinion; son Perisabor est « ubi funditur Euphrates et trajecto-Nahr Malcha amne. » Je suis entré dans quelques détails à ce sujet, parce qu'il n'y a pas de doute dans mon esprit que l'Euphrate, dans les anciens temps, ne se perdît d'un côté par le Nahr-Malcha, qui, du temps d'Hérodote, portait des vaisseaux, de l'autre par le Pallacopas, et que ce qui constitue le principal lit d'aujourd'hui ne fût alors le Nahr Sares, continué par le Narraga, qui se perdait dans les paludes Babyloniæ où Alexandre s'égara (aujourd'hui les marais de Lemloom). La rivière contenant alors peu d'eau, et ayant un cours peu rapide, était généralement appelée Flumen fetidum.

Le quatrième canal était le Kutha ou Kulta, marqué sur la carte de Rennell Kawa. Sur ce canal, comme sur les autres, était une ville appelée Cush ou Kutha, dont le docteur Hyde fait l'histoire dans son ouvrage (Historia religionis veterum Persarum). Abou Mohammed en parle dans son Histoire universelle sous le nom de Cutha. Il y avait du temps d'Abulfeda une ville Mahommedia. A une distance de deux farsangs au-dessous de cette ville, existe encore le lit d'un canal et des monceaux de ruines connus sous le nom de Torveba, et que quelques voyageurs, grands spé-

culateurs, ont regardé comme appartenant aux limites
les plus septentrionales de l'ancienne Babylone.

Dans le temps d'Abulfeda, quand le Nahr-Malka
n'entraînait plus les eaux de l'Euphrate, le géographe
décrit la rivière comme se partageant en deux, après
avoir dépassé de six farsangs le Nahr-Kutha; mais
auparavant il fournissait les eaux des canaux qui appartenaient à la ville de Babylone propre. Comme
toutes les autres grandes villes des mêmes pays, Babylone eut à changer de nom avec le temps, et fut par-
tagée en divers quartiers.

Le quartier le plus au nord paraît être synonyme
avec le Kutha dont nous avons parlé. Le second fut
la ville Nil ou Nilus de d'Anville. Il existe encore aujourd'hui un canal qui se partage en deux pour envi-
ronner Mujeileeba, que nous regardons non comme
la *ville renversée* (Mukallib), mais la *demeure des
captives* peut-être Israélites (Mujallib). Ce canal porte
aujourd'hui le nom de Nil. Le colonel Chesney l'a
suivi jusqu'à sa perte dans un lac, célèbre pour la
culture du riz. Abulfeda décrit la rivière du Frat
comme passant par la ville de Nil, où est le canal
dit du Nil, après quoi la rivière est appelée Nahr-
Sirat.

Le troisième quartier de la Babylone d'Hérodote fut ensuite le Borsippa de Strabon. C'est le
Birs d'aujourd'hui. Birs n'est pas un mot dérivé de
l'arabe; on ne peut le trouver sans faire violence aux
lettres dans les langues hébraïque ou chaldéenne.
Dans le Sidra-Rablia des Sabéens, on en parle sous
le nom de Bursis d'où le Borsppa de Strabon. Nabon-
nedus s'y réfugia et y fut assiégé par Cyrus, selon le

récit de Josephe (contre *Apion*, p. 1045). Ptolémée l'appelle Barsita, et Cellarius pense que l'Hipparenum de Pline fut la même ville ; elle était célèbre par ses toiles dites Birséennes.

Comme tous les quartiers de Babylone, Bersippa ou Bursis avait un canal. Marcedi en parle dans son His toire universelle sous le nom de Nahr-el-Birs.

Le quatrième quartier de Babylone paraît être le El-Hamer d'aujourd'hui, marqué par un massif de 16,000 pieds anglais de superficie, 44 pieds de haut avec une petite ruine de 8 pieds de plus. Le nom signifie *rouge* d'après les couleurs de ce monument, comme on disait l'Alhamara (Alhambra) de Grenade.

Après avoir fourni les canaux du Nil et de Birs, l'Euphrate, alors le Nahr-Sirat, se partageait en deux branches ; l'une passait par Kufah, l'autre se perdait dans les Paludes Babyloniæ, et s'appelait le Nahr-Sares.

Dans les temps les plus anciens, le canal de Kufah se perdait dans le Pallacopas qui passait par Orchoë, et auquel Alexandre fit une contre-ouverture près du Dawaunia actuel. Dans le temps d'Abulfeda il se per-dait dans les marais de Rumigah, et El-Edrisi dit : « Euphrates in universam ditionem Kufa, residuum ejus aquis in lacus influentibus. »

Le nom de Nahr-Sares, le Νααρσαρης de Ptolomée et le Flumen fetidum de Pline et d'autres, paraît avoir été donné à la continuation de l'Euphrate, parce que la plus grande partie de ses eaux ayant été épuisée par le Nahr-Malka, le Kutha et les autres canaux, ce qui restait n'avait qu'un cours faible et presque sta-gnant avant de se perdre dans les marais de Lemloom ou les Paludes 'Babyloniæ. C'est presque le même cas

aujourd'hui, quoique le Nahr-Sares soit à présent le
lit principal de l'Euphrate. Pline l'appelle aussi Narraga.
« Flumen fœtidum (dit Hyde), quod ad paludes ducat
per Babyleen.» Abulfeda dit que le Nahr-Sares conduit
par Sura. «Aliud etiam ad Sura, » dit M. Edrissi.
Vologesia fut sur le même canal. La position de Sura
est bien connue ; il ne peut donc y avoir de doute au
sujet du Nahr-Sares.

Il y a sur la rive droite de l'Euphrate quelques canaux
modernes, tels sont le Nahr-el-Kadder, dit Alcator
d'Edrissi; le Nahr-el-Kerbelai, appelé par Ockley, dans
son Histoire des Sarrasins, la rivière de Kerbelai ; elle
fut ouverte par Hassan, pacha de Bagdad, quand la
persécution des Chiites par les Sunnites eut diminué,
et qu'il fut permis aux Perses de se retirer auprès du
tombeau de leur prophète. Vous me demandez si c'est
là le Nahr-Sares de Niebuhr; je ne connais pas le canal de cet excellent géographe et voyageur habile,
mais je vous indique en revanche le Nahr-Sares des
anciens. En dernier lieu il y a le canal dit Nahr-el-
Nesjeff, 16 farsangs de Kerbelai et 1 farsang de Kufah;
il fut construit par Nadir Shah et porte à Meschid Ali.

Vous avez cru que l'emplacement d'Alexandrie pouvait être au nord du Rumigah; mais la distance du
Pallacopas du héros macédonien à Babylone, est ex-
pressément rapportée dans Arrien : cette distance donnerait à peu près 76 milles anglais, et, en descendant
la rivière, conduirait aux environs de Dawania, où est
le Pallacopas de d'Anville, et où M. le colonel Chesney,
dans son premier voyage, visita les ruines d'Alexandrie.
Le Nilus de d'Anville est le Nahr-el-Nedsjeff. J'ai
déjà indiqué la position du Nil.

L'expédition a visité des ruines de la ville de Raha-

bah ou Rehoboth, sur l'Euphrate; il y a des briques
babyloniennes et une tradition d'une ville de Nemrod.
On n'y a pas vu le canal qui, selon les uns, était le
commencement du Pallacopas; mais, d'après l'inspection géologique, le courant du fleuve, situé à présent
à une lieue de distance, peut avoir passé au pied de
la ville. Je n'ai pas beaucoup de détails à vous donner
sur ce long et intéressant fleuve; je crois que les opinions des géographes sont trop d'accord sur ce sujet,
et que ce canal a été vu en trop d'endroits, pour qu'il
y ait aujourd'hui aucun doute sur son existence, mais
il manque encore des détails. J'ajouterai un ou deux
faits qui peuvent vous intéresser. Or, les ruines d'Orchoë
ont été vues premièrement par Pietro della Valle :
elles ne sont pas si près de l'Euphrate que vous les
marquez d'après Reichard, mais dans le même parallèle, et caractérisées, comme toutes les villes babyloniennes, par des monts élevés, les xoma de Strabon.
Le Pallacopas, non celui d'Alexandre, mais le grand
Pallacopas dont nous avons parlé, passait par ici; Arrien, Saumaise et Cellarius nous le disent. A combien
d'erreurs a conduit le fait raconté par Pline ! «Euphra-
ten præclusere Orchœni et accolæ agros rigantes, nec
nisi Pasitigri defertur in mare.» L'emplacement de
l'Orchoë de Ptolémée étant connu, combien cette as-
sertion devient simple! On sait que le Pasitigre de
Pline n'est pas celui de Néarque. Il restait encore à déterminer si le Pallacopas se perdait dans le golfe Persique par un canal propre, ou par le Djarre-Zaade, le
Nahr Saleh de d'Anville, qui passait par Zobeir. L'expédition a fait des recherches sur ce sujet. Le canal de
Zobeir a été trouvé d'une bien trop petite étendue pour
avoir contenu les eaux de l'Euphrate; mais au sud-

ouest était le mont dit Jebel-Senam, véritable relique babylonienne, et c'est là qu'on voulait chercher l'ancienne Teredon, par la distance donnée de Babylone, par le caractère du monument, par la tradition d'une ville plus ancienne que Zobeir, qui est elle-même l'ancienne Basra, et par les apparences géologiques. Récemment, le colonel Chaney, dans son dernier voyage à travers le désert de Zobeir à Palmyre et à Damas, a rencontré le lit du Pallacopas à une demi-journée à l'ouest de Zobeir en se dirigeant sur le Jebel-Senam. Je regrette de n'avoir aucun renseignement à vous donner sur le prétendu canal partant du Khore-Abdullah ou Obdillah pour se rendre à El-Katif. Les ruines de Gerrha ont été rencontrées près de Granie, mais dans l'intérieur; cet emplacement ne pourra être concédé qu'en reculant, comme nous le faisons, dans les temps du Néarque, l'embouchure de l'Euphrate à Teredon ou au Jebel-Senam, et non pas au Khore-Abdullah d'aujourd'hui.

Vous me faites quelques questions sur les rivières du Khusistan; je vais y répondre aussi brièvement que possible. Aujourd'hui le Karoon arrivant auprès de Mohamra se partage en deux cours, dont l'un, de peu de longueur, à la basse marée porte les eaux du Karoon dans le Shat-el-Strab, et l'autre est le Baham-Chiir, prononciation française; Baham-Sheer, prononciation anglaise, qui se porte droit à la mer. Le Baham-Chiir et la rivière de Mohamra portent tous les deux, à la haute marée, les eaux de la mer dans le Karoon.

A une distance de quatre farsangs ou de quatre grandes lieues de l'embouchure du Karoon dans le Baham-Chiir et le canal de Mohamra, sont les ruines de Sabla, auprès du lit ancien du fleuve qui s'appelle aujourd'hui le Karoon-el-Ama , c'est-à-dire Karoon aveugle; Niebuhr en parle sous le nom de Khore-Sabla. Il est donc évident que tout le cours de la rivière, entre cette branche et Nouamra, est le canal dit Haffar; car le Djihan-Nouma a rapporté que ce canal avait quatre farsangs de longueur.

A présent il vient du Jerahy par la ville de Felahia ou Dorak, résidence du sheik des Kaab Arabes, un petit canal qui passe par le Karoon-el-Ama. à un mille anglais de Sabla, et se jette dans le Karoon par ce même lit. Ce canal est navigable pour des petits bateaux; nous en avons fait le trajet jusqu'à Dorak.

Le Jerahy lui-même est presque mis à sec par de nombreux canaux d'irrigation qui sont tirés de la rivière pendant une grande partie de son cours; à deux lieues à l'est de Dorak, il n'en part pas moins de sept, dont deux se réunissent pour former le canal de Gaban, dont j'ai parlé ci-dessus. Ce qui reste du fleuve, selon les gens du Dorak, va se perdre dans le golfe par l'embouchure dite de Lusba; et dans le temps des crues, les eaux des autres canaux se réunissent après avoir été répandues sur le terrain pour former le Khore ou Khor-Moussa. Selon les informations prises avec soin, l'ancien fleuve du Karoon avait aussi deux embouchures, dont une plus à l'est appelée Seledge ou Selège; ce qui est certain, par l'examen fait du Karoon et du pays appelé Gaban et Dorakstan (le Margastana d'Arrien), contenu entre le Baham-Chiir et le Jerahy, c'est qu'il n'y a pas de traces ni de traditions d'autres branches du Karoon qui aient jamais traversé ce pays, comme l'indiquent les cartes de Vincent, de Dalrimple, de Rennell, de Barbié du Bocage, et de tous les auteurs modernes. Cependant il existait apparemment une connexion entre le Karoon et le Jerahy; car nous avons suivi les traces d'un canal ou lit de fleuve qui contient même encore de l'eau dans plusieurs endroits, et qui, partant du Karoon à Hawaz, se rendait dans le Jerahy, à un endroit appelé Oreiba.

L'expédition a aussi cherché et a rencontré les traces d'un ancien lit de fleuve qui appartenait jadis à la rivière dite Chaboun, et qui se rendait auparavant dans le Karoon à Hawaz, où les traces de la rivière sont bien évidentes. Selon de nombreuses informations prises dans les environs du Karoon, quand les Arabes de Bendikil ont empêché nos explorations dans cette direction, le Chaboun s'est reculé jusque vis-à-vis Weiss, village sur la rive gauche du Karoon, et à présent se verse dans l'Ab-i-Dez, la rivière de Dez ou Dezphool, au-dessus de la jonction de celle-ci avec le Karoon, le canal dit Shalito étant entre les deux. Le Chaboun, passant au centre des ruines de Susa, paraît correspondre à l'Ulaï ou Khoaspes et à l'Euleus des auteurs anciens. C'est ici un champ vaste de débats; mais si vous comparez la géographie moderne avec la géographie ancienne, vous sentirez les facilités qu'elle donne.

Le Kerah, Karason ou rivière de Suaz, se perd aujourd'hui par les canaux dits Nahr-Josem, partant au-dessus de Haweesa et le Bu-Jamoos au-dessous de la même ville, et qui, avec le Shat-el-Hud, venant du Tidre, forment les marais dits Samarga, habités par les Beni-Lam. La rivière, alors appelée Hawesa, donne d'autres canaux aux marais dits Samecda, et enfin se jette dans le Shat-el-Arab, une petite lieue au-dessous de Korna, ayant en premier lieu fourni un grand canal appelé Zeragia, et qui suit un cours parallèle au Shat-el-Arab jusqu'à Basra.

Le mur de Médie paraît être le même que le mur de Sémiramis ; comme il ne suit pas une ligne droite de l'Euphrate au Tigre, mais qu'il s'allonge du sud-ouest au nord-est suivant la disposition du terrain, il a été par les uns placé trop au nord, et par les autres trop au sud. Il a été visité en plusieurs endroits, quoique imparfaitement examiné, et paraît commencer à Ambar le Macepracta d'Ammien, les Peylœ de Xénophon, d'où il se portait, selon Strabon, sur Opis, c'est-à-dire au nord-est, où il a été retrouvé, portant le nom de Châlel ou Sid-Nimrood. Sa direction diagonale explique aussi la marche de Xénophon qui quitta le mur pour approcher de Sitace, qui doit être ou l'Acca-Kuf, ou le Shenat-el-Beitha « l'endroit où l'on va puiser de l'eau » d'aujourd'hui.

· Les ruines d'Opis ne me paraissent pas être à la jonction présente de l'Adhaym ou Physcus avec le Tigre, mais à son ancienne jonction où on trouve aujourd'hui les ruines dites de Babileen. Les ruines d'Akbara, que nous savons par toutes les autorités orientales avoir été sur le Tigre une ville florissante du temps des kalifes, sont aujourd'hui sur le même lit appelé Shatite, à présent desséché et qui partait du Tigre près de Kadesia (Voy. la carte dans l'ouvrage de M. Rich), et se continuait avec la rivière d'aujourd'hui au-dessus de Kazmeu et de Shenat el-Beitha.

Je ne puis comprendre comment Niebuhr a pu dire que Hillah est à vingt milles anglais au sud de Babylone ; ce doit être une faute d'impression. Hillah a à l'ouest le quartier de Babylone, de Bursif ou Borsippe qui contient le Birs Nemrod ; à l'est le quartier dit

El-Heïmar, et au nord-est le quartier du Nil et Torveïba.
Je ne saurai vous donner des indications décisives sur
Babylone ni sur l'ancien Drahemia ou Zobeir que quand
les cartes seront publiées.

Il reste encore deux questions qui sont tout-à-fait de
théorie, et sur lesquelles je ne puis donner qu'une
opinion. Il me paraît qu'il y eut deux lacs : le lac
Chaldéen, dont Pline parle quand il dit : « Tigris inter
Seleuciam et Ctesiphuntem vectus in lacus Chaldaicos
se fundit, » et le lac de Susiana, dont parle Arrien
dans le voyage de Néarque, et par lequel le navigateur
macédonien passa à son retour de Térédon ou Diridotis à Aginis. Supposant Térédon être le même que le
Jebel-Senam et Aginis, village de Susiens, le même que
Hawaz, le lac Chaldéen serait entre les deux. Polyclé-
tus nous apprend que l'Euleus et le Tigris se répan-
daient dans un lac. Strabon dit que tout l'intervalle
entre la côte de l'Arabie à Diridotis et l'extrémité de
la Susiane, est occupé par un lac qui reçoit les eaux
du Tigre. (Lib. xv, p. 729, éd. de Paris.) Et Pline
(lib. vi, c. 23) parle du « lacus quem faciunt Euleus
et Tigris juxta Characem. »

Quant au Spasini-Charax, je l'ai toujours placé au
Mohamra, pensant bien que ce canal était celui dont
parle Arian, et que Charax étant « in colle manufacto »
(Pline, lib. vi, c. 27), ou, comme d'Anville a très
bien écrit : « une bande de terre isolée par un canal, »
c'est le Messana de Xiphilin, île formée par le Tigre
et sous le gouvernement d'Athambilus (un nom lati-
nisé), que Trajan réduisit.

Je me suis beaucoup occupé, pendant mon séjour
dans ces pays, des questions qui concernent les pro.
grès des alluvions du delta de l'Euphrate et du Karoon,

et j'espère que quand les cartes et l'ouvrage que M. le colonel Chesney se propose de publier incessamment seront à votre disposition, vous y trouverez des indications plus détaillées sur quelques uns des sujets dont je ne puis pour le présent vous donner que des idées générales.

Veuillez recevoir, Monsieur, l'assurance de la considération très distinguée avec laquelle j'ai l'honneur d'être,

Monsieur,

Votre très humble et obéissant serviteur,

WILLIAM AINSWORTH,

Correspondant étranger de la Société de géographie.

NOTE *sur quelques explorations à faire en Syrie, en Palestine, et dans l'Arabie-Pétrée* (1).

Le voyageur qui se propose de recueillir des renseignements utiles à la géographie doit éviter, autant que possible, de suivre les traces de ceux qui l'ont précédé. Il serait superflu de lui recommander de tenir un registre exact des distances et des directions, éléments indispensables à la construction d'un itinéraire. Il est fort important d'ajouter à ces premiers documents des reconnaissances journalières où l'on dessine avec soin les formes du terrain. Il faut se tenir en garde contre toutes les illusions d'optique, et ne rien décider par conjecture; des apparences douteuses doivent constamment être mises de côté, ce sont presque

---

(1) Cette note a été adressée à M. de Berton, Français établi en Syrie, qui avait demandé des instructions à la Société de géographie.

toujours des causes d'erreur. On doit se contenter de représenter ce que l'on voit clairement à droite et à gauche de la route, sans trop se préoccuper de ce que l'on peut apercevoir vaguement à une trop grande distance. Quant aux observations astronomiques, on peut les négliger sans regret dans un pays où l'on a déjà un certain nombre de positions connues, servant de point de repère, et entre lesquelles on encadre assez facilement les itinéraires qui vont de l'une à l'autre. Il faut d'ailleurs une longue habitude de l'emploi des instruments et des méthodes d'observations, sans laquelle il est impossible d'arriver à des résultats satisfaisants ; il vaut donc mieux porter toute son attention sur la mesure des distances et des directions, sur le figuré du terrain et sur la transcription exacte des noms de toutes les localités qui doivent avoir place dans la carte itinéraire.

Pour ne pas sortir des limites que M. de Bertou paraît avoir posées à ses projets de voyage, on se bornera à donner quelques conseils pour l'exploration de la Syrie, de la Palestine et de l'Arabie-Pétrée.

Vers le nord, il serait utile d'étudier la forme du lac d'Antioche, les différentes vallées qui viennent y aboutir et toute l'étendue de son bassin. Le pays compris entre la vallée du Pyrame (Djihoun) et la plaine d'Antioche, est fort peu connu, à l'exception du littoral et de la route d'Alexandrette à Antioche. Entre cette direction et le cours du Kouëk (Chalus) on peut encore faire des recherches utiles, malgré les résultats que promettent les travaux de l'expédition anglaise de l'Euphrate.

Cette Commission paraît avoir exploré complétement le rivage qui s'étend depuis l'embouchure de l'Oronte jusqu'à Alexandrette, la route d'Aintab à Scandéroun par Killis et le Bèylan. Les officiers chargés de cette exploration ont suivi le chemin ordinaire de Constantinople jusqu'à Tarsous, et revenant vers l'est, ils ont visité le passage du Taurus, la ville de Sis et les ruines d'Anazarba d'où ils se sont dirigés sur Marach par Anabat; cette dernière partie était tout-à fait inconnue jusqu'alors. De Marach, on s'est rendu à Bir, d'un côté en suivant la route directe, de l'autre en passant par Roum-Kalah. Cette indication des principales recherches de l'expédition anglaise dans le nord de la Syrie, montrera à M. de Bertou les lacunes à remplir.

En descendant vers le sud, on peut étudier avec avantage le cours de l'Oronte (Nahr-el-Aassi) depuis Antioche jusqu'à sa source dont la découverte reste encore à faire. Bien que M. W. Barker pense l'avoir trouvée à l'E.-N.-E. de Balbek, à 5 heures d'El-Ras dans la même direction, il y a des raisons de croire que cette source n'est pas la seule, et qu'on doit en trouver d'autres du côté de l'ouest, au pied des montagnes du Liban; il serait donc à désirer qu'on fît des recherches le long du versant oriental du Liban sur toute la rive gauche du fleuve.

Entre la vallée de l'Oronte et le rivage de la mer se présente encore un vaste champ d'explorations; tout ce pays montagneux est à peu près inconnu, du moins quant aux détails; on peut faire dans cet espace une abondante moisson de renseignements utiles à la géographie. Il faut s'attacher à déterminer bien exactement l'étendue et la direction de chaque vallée, et les limites des montagnes du côté de l'est. Le plateau qui s'étend sur la droite de l'Oronte réclame aussi l'attention du voya-

geur ; il reste beaucoup à faire à droite et à gauche de
la route de Damas à Alep : l'intérêt de ces recherches
peut s'étendre jusqu'à Damas et dans la direction de
l'ouest jusqu'au fleuve de Tripoli.

Dans les contrées situées au sud de Tripoli et de
Balbek, on connaît seulement le littoral, les routes
de Tripoli à Damas par Balbek, de Beyrout à Damas
par Zahlé, de Balbek à Hasbèya par la vallée du Lèy-
tani, celles de Hasbèya à Sèyda par Arnoun, de Sèyda
à Damas, de Beyrout à Balbek par Zahlé, de Beyrout
à Balbek par Aïntoura, Ageltoun, Afka et Bcharré.
Les divers espaces compris entre ces routes auraient
besoin d'être reconnus avec détail. Le figuré du terrain
est surtout d'un grand intérêt dans ces pays de hautes
montagnes. L'Anti-Liban est beaucoup moins connu
que le Liban ; on n'a que trois itinéraires à travers
cette montagne : ce sont ceux qui partent de Damas
pour aboutir à Balbek, à Zahlé et à Job Djenein, encore
ce dernier laisse-t-il beaucoup à désirer.

Au sud de la ligne qui va de Damas à Sèyda, tout
l'espace compris entre la mer, la vallée du Jourdain et
la plaine d'Esdrélon, a besoin d'être étudié ; les voyageurs n'ont guère suivi que les routes du littoral, de
Damas à Nazareth, et de Saint-Jean-d'Acre au Mont-Tha-
bor, à Tibériade et à Safad. Il serait important de parcourir les lacunes comprises entre ces diverses routes,
et d'en rapporter des itinéraires détaillés. A partir du
lac de Houlé jusqu'à la mer Morte, le cours du Jourdain
serait fort intéressant à relever ; on ne devrait pas négliger les formes des lacs de Houlé et de Tibériade,
dont il faudrait faire le tour, ce serait là un grand
service à rendre à la géographie ; la vallée de ce fleuve
célèbre mérite d'être mieux connue. Une exploration

détaillée de la mer Morte compléterait les notions géographiques relatives au Jourdain, et ferait connaître à
l'Europe ce lac bitumineux dont Seetzen n'a donné
qu'une description trop courte, quoiqu'il soit le premier voyageur qui en ait à peu près fait le tour; il
serait d'une grande utilité d'en déterminer exactement
les formes et de faire avec soin une topographie des
pays qui l'avoisinent. Un voyageur anglais, M. Moore,
a tenté de faire cette exploration au mois de mars
1837; il serait utile de s'assurer quels ont été les résultats de sa tentative, et de remplir ensuite les lacunes
qu'il pourrait avoir laissées.

Les montagnes de Samarie et de Judée, entre la
plaine de Saron et le cours du Jourdain, demande-
raient aussi des recherches dirigées sur les parties que
les Européens n'ont pas l'habitude de traverser. A
l'exception du littoral et des routes qui conduisent de
Jafa à Jéricho par Jérusalem, de Hébron à Nazareth
par Jérusalem, Nablouz et Djenin; de Djenin à Tibériade et quelques autres itinéraires moins bien connus,
on n'a plus aucun document géographique d'une valeur
positive sur tout ce pays. La partie comprise entre la
mer Morte et le littoral, depuis Jafa jusqu'à Gaza, serait
du plus grand intérêt à visiter, et ne pourrait manquer d'être fertile en résultats nouveaux.

L'exploration de la vallée qui joint la mer Morte à
l'extrémité du golfe d'Akaba promet la solution d'une
question de géographie physique fort curieuse. Depuis
la découverte de cette longue vallée par Burckhardt,
tous les voyageurs et tous les géographes ont admis
qu'elle avait dû servir autrefois à l'écoulement des
eaux du Jourdain dans le golfe Élanitique; mais cette
opinion n'est encore qu'une simple hypothèse dont

l'exactitude n'a été confirmée par aucune observation
positive et qui repose uniquement sur une grande probabilité ; une exploration récente de M. le capitaine
Callier dans le désert situé à l'ouest de ce Ouadi, semble même prouver que cette opinion n'est pas vraisemblable, et que la mer Morte a un bassin particulier
indépendant du phénomène local auquel on attribue
la destruction des villes de la Pentapole, et de plus que
ce bassin est antérieur aux époques historiques. Pour
résoudre la difficulté et pour faire prévaloir l'une des
deux opinions, il faudrait suivre la vallée depuis la mer
Morte jusqu'à Akaba sans jamais s'en éloigner, afin
de constater si aucun obstacle n'a pu s'opposer autrefois à l'écoulement des eaux du Jourdain par cette
voie. Cette exploration doit être faite avec le plus
grand soin ; et il serait indispensable de l'entreprendre
pendant la saison des pluies, pour s'assurer d'une
manière certaine de la direction suivie aujourd'hui par
les eaux, et de la situation du point de partage qui
doit séparer *Ouadi-èl-Ghor* de *Ouadi-èl Araba ;* car il
n'est pas douteux d'après les renseignements recueillis par M. Callier, que ces deux ouadis ne coulent en
sens opposé, le premier dans la mer Morte, le second
dans le golfe d'Akaba. Il faut examiner si la disposition
des affluents qui aboutissent à *Ouadi-el-Ghor* est plus
favorable à l'une qu'à l'autre des deux opinions entre lesquelles il deviendra ensuite possible de décider. A la rigueur il faudrait un nivellement exact pour résoudre dé-
finitivement la question ; mais une exploration faite avec
soin, et surtout sans se préoccuper plutôt d'un système
que de l'autre, peut conduire également à une solution satisfaisante. Si quelques ruines attiraient l'attention du voyageur hors de la vallée ; il faudrait qu'il re-

vint au point de départ afin de ne point laisser de lacune dans l'itinéraire principal, le seul qu'on ne doive
pas perdre de vue. Le voyage de *Pœtra* ne paraît pas devoir fournir de résultats utiles à la science. Les publications qui ont déjà paru sur cette ville semblent avoir
bien fait connaître sa position et ses monuments. Après
Burckhardt, Bankes, Mangleset Irby, Strangwais et
Anson, Linant et Laborde, il y a peu de probabilité
de faire de nouvelles découvertes. Arrivé à Akaba, il
serait important de se rendre directement à Gaza ou
bien à El-Arich; cette portion du désert est fort peu
connue; il est indispensable de s'informer avec soin
des noms de tous les ouadis et des lieux où ils aboutissent; on peut arriver ainsi à faire passablement la
distinction des divers bassins et de leurs embranchements. L'étude de ce pays est plus difficile et réclame
beaucoup plus d'attention de la part du voyageur. Il
serait complétement superflu d'aller d'Akaba au mont
Sinaï, cette route est parfaitement connue; si l'on
tient beaucoup à faire ce voyage, il faudrait s'éloigner
tout de suite du bord de la mer, et prendre à travers
le désert aussitôt qu'on aurait quitté Akaba; la première partie de cette route pourrait fournir des documents nouveaux sur le pays compris entre le littoral et
le chemin qui mène du Sinaï à El-Arich.

Cette note, quoique très succincte, indique suffisamment au voyageur les lacunes où la géographie
réclame encore des explorations faites avec détail; le
rédacteur ne s'est pas d'ailleurs proposé d'autre but,
pensant qu'une pareille indication suffisait à la personne
instruit à qui elle s'adresse : il se bornera seulement à
rappeler encore, avant de terminer, qu'en aucune occasion il ne faut négliger un relevé exact des distances

et des directions, et un croquis pour représenter les formes du terrain. La moindre négligence dans ce travail, surtout dans l'appréciation des distances et des orientations, produirait des interruptions bien fàcheuses dans la construction définitive des itinéraires.

C°. CALLIER.

M. de Bertou ayant le projet de parcourir toute la vallée d'Araba, il lui sera possible de vérifier si le cours du Jourdain se prolongeait autrefois jusqu'au golfe Elanitique.

On peut arriver à une certitude par plusieurs moyens : en prenant le niveau de la mer Morte et celui de la mer Rouge, et en les comparant. Si l'on ne pouvait pas pénétrer jusqu'à la mer Rouge, il suffirait encore d'avoir la hauteur de Petra ou d'un autre point connu, situé entre les deux mers ; mais il y a un autre moyen qui doit être employé dans toute la longueur de la vallée, c'est d'observer la direction des ravins et des petits courants qui s'y précipitent. Si la mer Rouge n'a jamais reçu les eaux de la mer Morte, l'écoulement des eaux aura d'abord sa direction vers la mer Morte jusqu'au point le plus élevé du désert ; ensuite vers la mer Rouge à partir de ce point.

Il serait à désirer que la mer Morte fût explorée. On en connaît assez bien les contours ; mais le voyageur qui pourrait naviguer sur cette mer, en sonder souvent la profondeur, surtout dans sa largeur, rendrait un grand service à la géographie physique et à la géographie historique.

M. de Bertou est instamment prié de faire une exploration qui pourra mettre fin à une discussion archéologique et historique assez importante ; et puisqu'il habite Beyrout ; on espère que la proximité des lieux l'engagera à se prêter à cette exploration.

L'île où était bâtie la ville de Tyr, qu'assiégea Alexandre, était formée plus anciennement de deux îles d'inégale grandeur. Le port septentrional est l'entrée d'un canal qui séparait les deux îles, et qui a été en partie comblé. Jusqu'ici, c'est là une conjecture ; il s'agit d'acquérir une certitude qui confirme cette opinion ou qui la détruise complétement.

Pour cela, relever les côtes de la presqu'île actuelle depuis A jusqu'à B ; indiquer exactement les points où

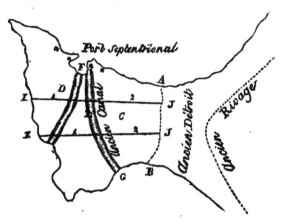

la côte est basse. Les points C et D ne sont-ils pas plus élevés que le point E ? et si les points C et D sont mal indiqués, n'est-il pas facile de reconnaître, à la simple inspection, que la presqu'île contenait deux points évidemment plus élevés que tout ce qui les entoure ? Au fond du port septentrional F, trouve-t-on de la pierre dure, ou au moins des terrains qui ressemblent aux autres rives du port et aux côtes voisines *a a a*, ou trouve-t-on uniquement de la terre qui a pu être rapportée ? Suivre par l'inspection des terrains et t par quelques fouilles la direction qu'a pu avoir le canal vers la partie méridionale de la presqu'île actuelle G. Sur la rive occidentale, il y avait un autre port H. Examiner s'il n'a pas pu exister autrefois un canal entre ce port et celui dont il a été question.

Enfin, rechercher par tous les moyens possibles le canal comblé et qui séparait les deux îles. Le meilleur moyen d'arriver à ce but serait de creuser de distance en distance et à une certaine profondeur dans la direction de l'O. à l'E. (I et J). Il n'est guère douteux qu'après avoir dépassé la croûte formée par les ruines et les décombres, on ne trouvât promptement la pierre dure dans certains endroits, tels que 1 et 2, et qu'au contraire on ne trouvât des terres évidemment rapportées entre ces deux points.

POULAIN DE BOSSAY.

TRADUCTION *d'un extrait de l'Encyclopédie Américaine.*
(Article Foulah.)

—

Les Foulahs, ou, comme on l'écrit quelquefois, les Foolahs, sont une nation nombreuse de l'Afrique centrale : ils se nomment eux-mêmes Fellan et Foulan. Les nègres les nomment Fellatahs. Ils s'étendent de l'Atlantique aux limites du Darfour, et ils parlent partout la même langue. On lit, dans une intéressante communication de M. Hodgson à M. du Ponceau, les observations suivantes, qui remontent à l'année 1829.

De toutes les nations de l'Afrique centrale, qui ont été décrites par le capitaine Clapperton, celle des Fellatahs est regardée comme la plus remarquable. La relation de son premier voyage au Soudan représente ce peuple comme habitant le pays des nègres, mais différant d'eux essentiellement sous les rapports physiques : ils ont les cheveux lisses, le nez assez relevé ; les pariétaux ne sont pas aussi comprimés que ceux des nègres, et leur front est moins arqué. La couleur de leur peau est d'un bronze clair, comme celle des Condréagants ou Mélano-Gétuliens, et, par ce seul trait caractéristique, ils peuvent être classés dans la variété éthiopienne de l'espèce humaine. Les Fellatahs sont une race guerrière de pasteurs, et dans une courte période de temps, ils ont subjugué une portion étendue du Soudan. L'infortuné major Laing, qui arriva à Timbuctoo, nous assure qu'ils étaient en possession de cette ville célèbre. Ce fut un ordre du gouverneur Fellatah qui le força de quitter Timbuctoo; et sa mort doit probablement être attribuée à l'instigation ou à la connivence de ce chef. Mungo-Park fut tué par un parti de cette nation lorsqu'il descendait le Quorra. On peut supposer qu'ils occupent les rives de ce fleuve, depuis sa source jusqu'à son embouchure. Ils sont connus sur les bords du Sénégal et de la Gambie, sous les noms de Foulahs et de Pouls. Mungo-Park les décrit sous la première dénomination, et M. Mollien sous la seconde. Il est probable que les Fellatahs érigeront un vaste empire dans le Soudan ; et l'influence que cette nation peut exercer dans la grande question de la civilisation européenne lui donne une importance remarquable. Si le sultan Bello pouvait être amené à abolir l'esclavage, on aurait trouvé le moyen le plus efficace pour arriver à son entière suppression. L'exemple d'un si grand empire, ou la menace de son chef, arrêterait certainement la cruelle cupidité ou la bar-

barie des plus faibles tribus qui sont sur les côtes. Un
tel événement amènerait une grande révolution dans
le commerc de ces contrées, et les arts de la civilisa
tion pourraient être promptement adoptés. Maroc et les
Régences perdraient le gain de leur trafic en esclaves ;
et dès qu'il ne serait plus un sujet de bénéfice, le
commerce choisirait les marchés les plus convenables
sur la côte atlantique, plutôt que de s'exposer aux
difficultés et aux périls du désert. Ce point de vue n'a
pas échappé à l'attention des Maures, qui, comme
on le sait, ont employé toute leur influence sur les
gouvernements nègres, pour s'opposer au libre accès
des chrétiens au milieu d'eux. La colonie de Liberia
est destinée à contribuer et à participer à une telle
révolution de commerce.

Comme ce peuple peut acquérir de l'importance
dans l'histoire des progrès du christianisme et de la
civilisation en Afrique, nous joignons ici un vocabu-
laire de quelques mots de la langue foolah, préparé
par M. Hodgson.

Eau,	Deem.		
Feu,	Gheabingol.		
Soleil,	Nandjee.		
Lune,	Lauro.		
Homme,	Gorkoo,	Gorbai	Pluriels.
Femme,	Debbo,	Erobai	

	Singulier.	Pluriel.
Tête,	Horée,	Koiee
Yeux,	Yeteree,	Gitee.
Main,	Djungo,	Djundai.
Chien,	Dawano,	Dawaree.
Vache,	Naga,	Nai.
Maison,	Sodo,	Ouro.
Cheval,	Putcho,	Putchee.
Chat,	Musoro,	Musodee.

Oiseau,	Sondo,	Chiullee.
Jour,	Handee,	Nyandee.
Nuit,	Djemma,	Buldee.
Année,	Dungoo,	Doobee.

Les adjectifs n'ont pas de changements de genre.
Les pronoms personnels sont :

Moi ou je,	Mee.	Nous,	Meenora.
Toi ou tu,	An.	Vous,	Anoon.
Lui ou il,	Kanko.	Ils,	Kambai.

Les pronoms possessifs s'emploient de la manière
suivante :

Ma tête,	Horee-Am.
Ta main,	Djungo-An.
Sa maison,	Sodo-Mako.

Les langues nègres ont un caractère particulier.
Quelques recherches sur les idiomes de Tibboo, de
Bornou, de Houssa, de Timbuctoo, montrent qu'ils
n'ont pas de distinctions de genres et de nombres.
Peut-être les verbes n'ont pas d'inflexions. Si les
langues complexes des Tuaricks au nord, et des Fellatahs au midi, qui tous deux occupent une longue
étendue en degrés de latitude, sont comparées aux
dialectes simples et grossiers du Soudan, on pourra
en inférer que l'auteur de l'univers a fait d'aussi grandes différences dans le langage que dans la couleur et
l'aspect des hommes.

LETTRE *de* M. JOMARD *à* M. *le Président dé la Société de géographie.*

———

Paris, le 1er décembre 1837.

M. le président,

Je demande la permission de faire hommage à la Société d'un modeste *Recueil de dissertations* (1), ouvrages des jeunes docteurs égyptiens qui sont venus chercher ici la lumière des sciences, jadis si florissantes dans leur patrie; ce qui m'enhardit à le présenter à une Société de géographie, c'est l'espoir que ces adeptes, heureux et fiers de la noble hospitalité qu'ils ont reçue parmi nous, contribueront aux succès des voyageurs français sur les bords du Nil, et aux progrès des découvertes dans l'intérieur de l'Afrique. Qu'il me soit permis d'ajouter que cette preuve évidente de l'aptitude des Arabes pour les sciences naturelles et les arts de la civilisation moderne, promet des fruits abondants à la France pour les germes qu'elle va planter sur le sol africain.

Je suis, etc.

JOMARD, *directeur de la Mission égyptienne en France.*

(1) En voici les titres : Dissertation historique et médicale sur la peste, par Mostafa-Effendi-el-Soubky Chams-el-Din;

Essai sur l'Éléphantiasis des Arabes, par Mohammed-Chabassy;

— les Hernies en général, etc., par Mohammed-Suckari;

— la Dyssenterie considérée comme endémique en Égypte, par Mohammed-Chaffey-Refa'y;

De l'Ophthalmie externe, par Mohammed-Aly-el-Bagl;

Syntheses pharmaceuticæ et chimicæ, etc., par Husseyn-el-Rachydy;

Quelques mots sur les trois principales maladies endémiques de l'Égypte, par Aly-Heybab.

DEUXIÈME SECTION.

Actes de la Société.

PROCÈS-VERBAUX DES SÉANCES.

Séance du 5 janvier 1838.

M. le baron Walckenaer, nommé dans la dernière séance président de la Commission centrale, adresse des remerciements à M. Roux de Rochelle pour le zèle éclairé et constant avec lequel il a exercé les fonctions de la présidence pendant le cours de la dernière année. M. le président exprime ensuite sa gratitude à ses collègues, et promet de faire tous ses efforts pour répondre à l'honorable confiance dont ils viennent de lui donner de nouvelles preuves. Il appelle l'attention de la Commission centrale sur l'utilité qu'il y aurait pour la Société d'accélérer ses publications, et sur les moyens d'augmenter ses ressources.

M. le ministre de la marine écrit à M. le président que, sur sa demande, il vient d'accorder une prolongation de congé de deux ans, à M. Lefebvre, enseigne de vaisseau, qui a été autorisé par son prédécesseur à concourir à une expédition scientifique dans l'intérieur de l'Afrique.

M. le ministre des travaux publics adresse un exemplaire du Recueil qu'il a fait publier sous le titre d'*Archives statistiques du ministère des travaux publics, de l'agriculture et du commerce.*

M. Kupffer, membre de l'Académie des sciences de Saint-Pétersbourg, adresse à la Société, au nom de M. le comte Cancrine, ministre des finances et chef du corps des ingénieurs des mines, un exemplaire d'une publication destinée à faire connaître au monde savant les résultats obtenus dans les observatoires météorologiques et magnétiques fondés depuis peu, sous les auspices de ce ministre, sur plusieurs points de l'empire de Russie.

M. le président invite M. Peytier à rendre compte de cet ouvrage.

M. le baron d'Hombres (Firmas) écrit d'Alais pour annoncer un nouvel envoi minéralogique de cette contrée, destiné au Musée géographique de la Société, et contenant quelques échantillons curieux et assez rares pour le choix.

M. Pingeon, secrétaire de l'Académie des sciences, arts et belles-lettres de Dijon, adresse une série d'observations critiques sur les voyages de Marco-Polo, présentée à cette Académie, par M. le docteur Vallot, l'un de ses membres. Ces notes sont renvoyées à la section de publication.

M. Hubert, professeur de philosophie à Charleville, fait hommage à la Société d'une *Géographie historique, physique, statistique et administrative du département des Ardennes*, et il offre de lui adresser de nouvelles communications sur les travaux géographiques auxquels il se livre.

MM. Combes et Tamisier écrivent à M. le président qu'ils désirent se mettre sur les rangs pour concourir

au prix annuel destiné à la découverte géographique
la plus importante, et qu'ils sont prêts à mettre à la
disposition de la Société les divers matériaux qu'ils
ont recueillis dans leur voyage en Abyssinie et dans le
pays des Galla.

M. Roux de Rochelle communique une lettre que
lui a écrite M. J. Washington, secrétaire de la Société
géographique de Londres, pour le remercier de l'envoi qu'il lui a fait des deux premières cartes du voyage
de M. d'Orbigny.

Le même membre fait hommage de la 2e édition
de son poëme des *Trois Ages*, qu'il vient de publier
avec de nombreuses additions.

M. Poulain dépose sur le bureau des observations
de M. Ainsworth, l'un des membres de l'expédition
de l'Euphrate, en réponse aux questions de géographie ancienne qu'il avait été chargé de lui adresser,
et qui né lui sont parvenues qu'à son retour en Angleterre. Les questions de M. Poulain et les réponses
de M. Ainsworth sont renvoyées au comité du Bulletin.

Après diverses observations, la Commission centrale renvoie à la section de comptabilité une demande
de M. d'Avezac, tendant à obtenir un tirage à part du
travail sur Plan Carpin, qu'il prépare pour le tome IV
du Recueil des Mémoires.

M. Jomard annonce la formation d'une nouvelle
Société fondée à Paris pour l'*exploration de Carthage;*
son but est de faire opérer des fouilles sur le sol de
l'ancienne Carthage, et de faire des recherches de
géographie et d'histoire dans les contrées environnantes. Les deux commissaires chargés des opérations
sont MM. Falbe et Greenville Temple, connus par

Jeurs publications sur e même pays. Ils sont sur les lieux, et ils ont déjà recueilli des plans, des dessins et des inscriptions pendant leur voyage à Constantine. Ils ont en outre rapporté des observations de latitude et des observations barométriques.

Le même membre fait connaître l'arrivée de M. d'Abbadie au Caire avec M. Lefebvre, et il communique à ce sujet une lettre de M. Linant, en date du Caire, 18 novembre 1837. Cette lettre contient des réflexions sur la direction choisie par les premiers voyageurs, et des nouvelles sur l'état actuel de l'Abyssinie et la difficulté des communications.

Plusieurs membres présentent successivement des considérations sur les avantages ou les inconvénients qui résulteraient pour la Société, de l'insertion, dans ses Mémoires, des ouvrages qui seraient couronnés dans ses concours annuels.

La Commission centrale nomme au scrutin la Commission spéciale chargée d'examiner les documents envoyés pour concourir au prix annuel offert par la Société à l'auteur de la découverte la plus importante en géographie, faite dans le cours de l'année 1835. Cette Commission est composée de MM. Eyriès, Jomard, Larenaudière, Roux de Rochelle et Walckenaer.

Séance du 19 janvier 1838.

Le procès-verbal de la dernière séance est lu et adopté.

M. de Navarette, *correspondant étranger* de la Société, à Madrid, adresse plusieurs ouvrages de géographie et de voyages espagnols, publiés en partie par ses soins au Dépôt hydrographique de Madrid.

Cés ouvrages seront déposés dans la bibliothèque, et des remerciements seront adressés à M. de Navarette.

M. J. R. Wellsted écrit de Londres pour offrir à la Société un exemplaire de ses *Voyages en Arabie*, et il espère qu'elle voudra bien apprécier ses travaux et ses recherches sur les contrées encore peu connues qu'il a visitées. Cet ouvrage est renvoyé à la Commission du concours.

M. Jomard présente, de la part de M. Frédéric Dubois, la première livraison de son voyage au Caucase, composée de douze planches, de cartes, vues, géographie, physique, etc.

Le même membre annonce que le collége de traducteurs établi au Caire et dirigé par un Ulema, ancien élève de la mission égyptienne en France, vient d'être chargé de traduire du français en arabe deux importants ouvrages. Cette décision du vice-roi lui a été annoncée par une lettre officielle du premier ministre égyptien. Le premier de ces ouvrages est l'*Histoire du Maïs*, par M. Bonafous, de l'Académie de Turin; l'autre est le *Traité sur l'éducation des vers à soie et la culture des mûriers*, traduit du chinois, par M. Stanislas Julien, par ordre du gouvernement français.

M. Barbié du Bocage communique un Extrait des voyages du cheikh Sidi Muhammed, contenant l'itinéraire de Tripoly de Barbarie au Caire, traduit de l'arabe, par M. Rousseau, fils de l'ancien consul général de France, et attaché à l'administration des domaines à Alger. Ce document est renvoyé au comité du Bulletin.

M. le secrétaire donne lecture de deux notes rédigées par MM. Callier et Poulain, sur quelques explorations à faire en Syrie, en Palestine, dans l'Arabie-

Pétrée, et particulièrement dans le vallée du Jourdain. Ces questions, qui sont destinées à M. le comte de Bertou, actuellement à Beyrout, seront insérées au Bulletin, et adressées ensuite, sur la demande de MM. Barbié du Bocage et Jomard, à plusieurs voyageurs qui résident dans la même contrée.

La Commission centrale, sur la proposition de la section de comptabilité, décide qu'il sera remis à M. d'Avezac cinquante exemplaires à part de son travail sur Plan Carpin, qui doit être publié dans le tome IV des Mémoires actuellement sous presse.

MEMBRES ADMIS DANS LA SOCIÉTÉ.

Séance du 5 janvier 1838.

M. J. P. CHEVALIER, membre de plusieurs sociétés savantes, pharmacien à Amiens.

M. Ambroise-Firmin DIDOT.

M. Gustave DE SPARRE.

M. Charles TEXIER.

Séance du 19 janvier 1838.

M. le vicomte DE PONTÉCOULANT.

OUVRAGES OFFERTS A LA SOCIÉTÉ.

Séance du 5 janvier 1838.

Par M. le ministre des travaux publics : Archives statistiques, 1 vol. in-fol.—*Par M. Kupffer :* Observations météorologiques et magnétiques faites en Russie, première partie, in-4°.—*Par M. Hubert :* Géographie historique, physique, statistique et administrative des Ardennes, 1 vol. in-12.—*Par M. Roux de Rochelle :* Les trois âges, ou les Jeux olympiques, l'Amphithéâtre et la Chevalerie, suivis de remarques et de mélanges littéraires, 2° édit., 1 vol. in-8°.—*Par M. Rienzi :* L'Univers pittoresque, Océanie, tome III, 59° à 84° livraisons. — *Par M. Morin :* Troisième mémoire sur les mouvements et les effets de la mer, in-8°.

Séance du 19 *janvier* 1838.

Par M. de Navarette : Relacion del ultimo viage al estrecho de Magallanes de la fragata de S. M. Santa-Maria de la Cabeza, en los años de 1785 y 1786, 1 vol. in-4°. — Relacion del viage hecho por las goletas Sutil y Mexicana, en el año de 1792, 1 vol. in-8° avec atlas in-fol. — Derrotero de las costas de España en el Mediterraneo y su correspondiente de Africa, escrito en los años de 1780 y 1783, por el brigadier de la real armada, don Vincente Tofiño de San-Miguel ; segunda edicion, corregida y adicionada por la real direccion de hidrografia. Madrid, 1832, 1 vol. in-8°. — Coleccion de los viages y descubrimientos que hicieron por mar los Españoles desde fines del siglo xv, por don M. F. de Navarrete, 3 vol. in-8°. — Disertacion historica sobre la parte que tuviéron los Españoles en las guerras de ultramar ò de las cruzadas, y como influyéron estas expediciones desde el siglo xi, hasta el xv, en la extension del comercio maritimo y en los progresos del arte de navegar, por don M. F. de Navarette, 1 vol. in-4°. — *Par M. Vellsted:* Travels in Arabia, 2 vol. in-8°. — *Par les auteurs et éditeurs :* Journal asiatique, cah. de décembre. — Bulletin de la Société de géologie, tom. 7, feuilles 21 à 25. — Nouvelles annales des voyages, cah. d'octobre, novembre et décembre. — Journal de la marine, cah. de décembre. — Bibliothèque de Genève, cah. de novembre. — Journal des missions évangéliques, cah. de décembre. — Annales de la propagation de la foi, cah. de janvier. — L'Écho du monde savant et l'Institut.

BULLETIN

DE LA

SOCIÉTÉ DE GÉOGRAPHIE.

FÉVRIER 1838.

PREMIÈRE SECTION.

MÉMOIRES, EXTRAITS, ANALYSES ET RAPPORTS.

ESQUISSE *de l'émigration des colons habitant les frontières de la colonie du cap de Bonne-Espérance.*

Extrait d'un Journal inédit d'une visite au chef Moselekatse par le capitaine Harris, du corps des ingénieurs de la compagnie des Indes.

On ne trouvera certainement dans l'histoire des colonies anglaises aucun fait qui puisse être comparé avec le départ des anciens habitants hollandais qui quittent aujourd'hui la colonie du Cap, pour aller s'établir dans un nouveau pays. Les émigrations partielles ne sont sans doute pas rares; mais il s'agit ici de cinq à six mille personnes qui, d'un commun accord, abandonnant le sol qui les a vus naître, les demeures de leurs ancêtres auxquelles elles doivent être attachées par une foule de liens, se sont lancées sans réflexion au milieu des espaces inconnus de l'intérieur de l'Afrique, bravant les périls et les travaux pénibles de la vie sauvage, et, plusieurs déjà sur le déclin de l'âge, cherchant une nouvelle patrie dans une contrée étrangère et sur un sol inhospitalier.

Les pertes qu'ils ont souffertes par l'émancipation de leurs esclaves, l'absence de lois qui puissent les protéger contre les maux qui résultent d'une fainéantise que rien ne peut stimuler et contre les ravages d'une nuée de vagabonds dont la colonie est infestée, et par-dessus tout le peu de sûreté qu'ils trouvent sur les frontières de l'Est, à cause de la faible protection que leur accorde le gouvernement anglais contre les agressions de leurs voisins les Caffres, toujours en guerre et aux aguets pour les surprendre, et dont les incursions répétées ont rendu désertes les plus belles habitation et ruiné plusieurs centaines de colons riverains; telles sont les causes que donnent les émigrants pour justifier le parti hasardeux qu'ils ont pris.

La marche au-delà des frontières de ces exilés volontaires et leur position au milieu des tribus nombreuses dont ils sont entourés ne sont pas généralement connues; nous allons donc essayer de les suivre depuis le commencement de l'émigration.

En 1835, plusieurs fermiers des frontières ayant entendu vanter le sol et la position du Port-Natal, et voulant vérifier par eux-mêmes l'exactitude de ces rapports, formèrent une expédition nombreuse, et avec dix à douze wagons s'avancèrent pour explorer le pays. Ils furent si charmés de ce qu'ils virent qu'ils résolurent de s'établir dans cette partie, et retournèrent

aussitôt pour chercher leurs familles ; mais la guerre
qui survint avec les Caffres les força à suspendre
l'exécution de leurs desseins.

Peu de temps après que la guerre fut terminée, le
premier parti des émigrants actuels, composé d'environ trente familles, quitta la colonie sous la conduite
d'un fermier d'Albany, nommé Louis Triechard. Voulant éviter les tribus des Caffres, après avoir traversé
la Grande-Rivière, ils se dirigèrent vers le N.-E., longeant
la chaîne de montagnes qui sépare la Caffrerie du
pays des Bechuanas ; ils voulaient, après les avoir dé-
passées, tourner vers l'est et gagner les environs du
Port-Natal. Cette chaîne présente un aspect extrêmement âpre et inégal ; ce sont d'innombrables pyramides entassées les unes auprès des autres de la manière la plus bizarre et la plus désordonnée, un pic
s'élevant au-dessus d'un autre et le surplombant,
comme pour détruire toute possibilité de passage à
l'homme, et encore bien davantage à toute espèce de
chariot. Les émigrants n'avaient qu'une connaissance
très imparfaite de cette partie de l'Afrique méridionale, dont la géographie est encore couverte d'un
voile bien obscur ; ils furent donc conduits en suivant
cette chaîne, beaucoup au-delà de la latitude du Port-
Natal, et se trouvèrent, vers le mois de mai 1836,
dans un pays fertile, mais inhabité, situé entre les 26
et 27e parallèles de latitude méridionale, et sur la rive
orientale d'une belle et large rivière qui coule lentement vers le N.-E., au milieu d'un pays plat, et que
l'on dit joindre le Oori ou Limpopo et se jeter dans la
baie Delagoa.

Pour, en partant de ce point, regagner le pays inoc-
cupé qui se trouve aux environs de Natal, il eût fallu

nécessairement traverser dans toute sa longueur le pays soumis à Dingaan : ce voyage eût présenté des difficultés immenses, tant en raison des habitants que du climat qui est très meurtrier. Se trouvant donc alors dans un pays abondamment pourvu d'eau et de gibier, et fournissant tous les matériaux nécessaires pour bâtir, les émigrants résolurent d'arrêter là leur voyage.

L'exemple donné par Louis Triechard fut bientôt suivi par plusieurs de ses compatriotes. De nombreux partis furent formés sur la frontière par les colons, qui, avec leurs familles et leurs troupeaux, traversèrent la Grande-Rivière, et se lancèrent au milieu du désert. Ils ne se faisaient peut-être pas une idée bien nette du but définitif de leur émigration; mais ils étaient fermement déterminés à abandonner pour toujours leur pays natal, et à fixer leur résidence dans quelque contrée éloignée. Afin d'avoir des pâturages suffisants pour leurs nombreux troupeaux, ils s'étendirent le long des rives verdoyantes du Likwa, que l'on nomme aussi Vaal-River, jusqu'à ce qu'on eût exploré le pays en avant, et qu'ils eussent disposé et arrêté leurs plans.

Vers la fin de mai, deux partis, sous la conduite de J.-S. Bronkhorst et de H. Potgieter, quittèrent le camp des émigrants, dans le but de reconnaître le pays au N.-E. Ils visitèrent Louis Triechard à Zout-Pans-Berg (montagne de la Saline), et pénétrèrent à seize journées au-delà, à travers un pays agréable, fertile et non occupé ; ils arrivèrent ainsi à six journées de distance de la baie Delagoa, et rencontrèrent une tribu de naturels qui les reçut amicalement, et qu'ils nommèrent Caffres Knob-Nosed (nez bossu), en raison d'une proéminence qu'ils ont sur le nez. Ils retournèrent ensuite à leur camp par le plus court chemin, pour y faire le récit de leurs succès et de la découverte qu'ils avaient faite d'une terre où coulaient le lait et le miel ; mais ils le trouvèrent entièrement désert, et virent le sol jonché des cadavres de leurs amis et de leur parents. Les émigrants avaient été attaqués la veille par Moselekatse, et vingt-huit des leurs avaient été massacrés.

Moselekatse, appelé ordinairement Sillekat, est le chef despote d'une tribu nommée Abaca-Zooloo ou Matabili. Son père était un petit chef dont le territoire était à quelque distance vers le N.-E. de Natal ; mais ayant été attaqué et complétement défait par une tribu voisine, il se réfugia auprès de Chaka, prédécesseur de Dingaan, et il resta avec lui jusqu'à sa mort dans un état de dépendance ressemblant à celui dans lequel se trouvent les Fingoes parmi les Caffres. Cependant Moselekatse parvint à gagner la faveur et la confiance de Chaka, et avec le temps il obtint le commandement d'un poste militaire important, et la surveillance d'un nombreux troupeau de bétail. Peu de temps après, il se révolta, et s'enfuit avec ses gens et son butin vers le N.-O., ruinant dans sa marche les nombreuses tribus qui occupaient le pays ; il devint bientôt si formidable que son nom seul inspirait la terreur dans une vaste étendue de pays.

Ayant complétement subjugué ou détruit toutes les tribus dont il avait à craindre quelque opposition, il choisit en définitive pour sa résidence les environs des sources du Molopo et du Moriqua où il règne maintenant, et d'où il répand la terreur chez toutes les nations voisines.

La contrée sur laquelle Moselekatse prétend exercer la souveraineté est d'une grande étendue ; elle est bornée du côté du sud par le Likwa ou Vaal-River, une des deux branches principales du Gareep. Dans cette partie, il a été plusieurs fois attaqué par Jean Bloem et d'autres chefs des bandes pillardes des Griquas ; qui n'ont pas craint d'envahir son territoire et d'enlever ses troupeaux. En 1831, il fut attaqué par une forte compagnie de Griquas de Barend-Barend, qui réussit à s'emparer de tous les troupeaux des Matabili ; les guerriers réguliers de Moselekatse étaient en ce moment occupés à une expédition vers le nord et la tribu fut presque entièrement ruinée. Cependant les attaquants ayant négligé les précautions convenables, ils furent battus par une poignée de soldats irréguliers qui les attaquèrent pendant la nuit, et en tuèrent la plus grande partie avant que le jour parût.

Depuis cette circonstance, Moselekatse a publiquement défendu qu'aucun marchand ou voyageur entrât dans son pays par cette route, et en même temps pour se garantir des invasions de l'ennemi, il envoie fréquemment de forts partis bien armés visiter le pays dans cette direction ; mais d'un autre côté, il a déclaré qu'il recevrait avec plaisir, et comme des amis, tous ceux qui viendraient le visiter en passant par la route de Kuruman ou New-Latakoo, se fiant entièrement à M. Moffat, l'habile missionnaire de cette station.

Est-il donc surprenant que, dans de pareilles circonstances, Moselekatse ait vu d'un œil jaloux et soupçonneux l'approche d'un corps d'étrangers aussi formidable que celui des émigrants, lors même qu'ils n'étaient pas arrivés encore sur son territoire ; et quand leur conduite n'eût fourni aucun bon prétexte pour les attaquer, n'était-il pas probable que les magnifiques troupeaux de ce riche voisin qui était venu s'établir là avec si peu de cérémonies, auraient offert au despote une tentation irrésistible, et l'auraient engagé à donner au nouveau venu une bonne leçon sur la nécessité où il se trouvait de se le rendre favorable par des présents, ce qui, comme on sait, est le seul moyen sûr de s'assurer l'amitié et les bons offices d'un sauvage? Vers la fin d'août, une compagnie composée d'environ 5oo guerriers choisis fut donc envoyée de Mosega dans ce dessein. En se rendant au camp des émigrants, qui étaient alors sur la rivière Vaal, ils rencontrèrent fortuitement Stéphanus Érasmus qui, dans une expédition de chasse, s'était avancé plus au nord et qui retournait alors à la colonie par la route défendue. Érasmus, arrivant le soir à ses wagons avec un de ses fils et les trouvant entourés d'une nuée de sauvages armés, s'enfuit précipitamment et gagna le camp le plus proche qui était éloigné d'environ cinq heures de marche à cheval; là il parvint à engager onze fermiers à l'accompagner et à retourner avec lui; mais ils furent joints en route par les Barbares dont les attaques furieuses les obligèrent à chercher un refuge dans leur camp. Le camp lui-même fut attaqué avec fureur par les assaillants, mais ils furent enfin repoussés avec une grande perte, tandis que du côté des fermiers on ne perdit qu'un seul homme nommé Bronkhorst.

Mais ce n'était là que le prélude d'une tragédie bien plus sanglante; un parti de soldats Matabili s'était, pendant ce temps, détaché du corps principal pour tomber sur neuf autres wagons qui étaient rassemblés à quelque distance du camp. Les wagons furent sauvés, mais la plus grande partie du bétail fut enlevée et vingt-

quatre personnes furent massacrées, savoir : Barend-
Liebenberg aîné, Stephanus, Hendrik et Barend-Lie-
benberg jeune, Johannes de Toit, un maître d'école
anglais, nommé Macdonald, mistress H. Liebenberg,
mistress de Toit, quatre enfants et douze esclaves noirs.

Six jours après cette catastrophe, Erasmus voulut
s'assurer du sort de sa famille et de ses biens ; s'étant
donc rendu au lieu où il était campé, il trouva les
corps de ses cinq esclaves noirs, et put distinguer aux
traces que ses wagons avaient été emmenés vers le nord.
Deux de ses fils et un jeune homme nommé Carel
Kruger avaient été faits prisonniers ; on apprit plus
tard, qu'ayant tenté de s'échapper, il avaient été tués
en les conduisant vers le roi.

Immédiatement après ces événements, les émigrants
ayant été rejoints par les partis qui avaient été reconnaître le pays du côté du N.-E., ils rétrogradèrent de
quatre journées de marche de leur première position,
et s'établirent sur la rive sud de la Vaal, auprès du
point où le Nama-Hari ou Donkin se réunit à cette rivière. Là ils restèrent dans une aveugle sécurité, sans
prendre aucun moyen pour établir des relations ami-
cales avec le roi, lorsqu'à la fin d'octobre, à leur
grande surprise et consternation, ils reçurent la nouvelle de l'approche d'un autre corps des guerriers de
Moselekatse, bien plus formidable que le premier. La
retraite étant impossible, ils mirent tous leurs soins à
fortifier leur position ; ils formèrent avec leur cinquante
wagons un cercle serré ; ils fermèrent les ouvertures
qui étaient entre eux avec des fagots d'épines qu'ils
attachèrent fermement par des lanières de cuir aux
roues et aux timons. En dedans de l'enclos formé ainsi,
ils en établirent un autre plus petit pour mettre les

femmes et les enfants à l'abri. Ces dispositions étant
achevées, ils coururent en avant pour reconnaître l'ennemi, qu'ils virent s'avancer vers le camp au nombre
d'environ 5,000 hommes; quelques escarmouches eurent lieu, dans lesquelles plusieurs Matabili furent tués.
Leur arme principale est une courte sagaie appelée
umkonto, qu'ils ne lancent pas comme les Caffres, mais
dont ils se servent pour frapper ; c'est pourquoi ils se
précipitent tout-à-coup sur leurs ennemis. Cette manière de combattre, quoique assez terrible contre des
tribus moins guerrières, ne peut pas faire beaucoup
d'effets contre de la cavalerie armée de mousquets. La
supériorité du nombre rendait cependant impossible
de les attendre en dehors des wagons ; les fermiers se
retirèrent donc dans l'enclos. Là, tandis que les fusils
furent disposés; ils furent attaqués d'une manière furieuse par ces hordes barbares, qui, avec des cris
sauvages et des hurlements affreux, s'élancèrent comme
nne nuée de sauterelles sur le camp. Entourant de
toutes parts ce retranchement, ils saisissaient les épines avec une intrépide résolution; plusieurs fois ils
essayèrent de rompre cette ligne ou d'escalader par-
dessus les wagons. Mais leurs attaques furent constamment repoussées; et après quinze minutes d'un
combat désespéré, leur déconfiture fut complète. Lan-
çant leurs umkontos au milieu du retranchement, ils
se retirèrent par-dessus des monceaux de cadavres,
laissant morts ou blessés sur le champ de bataille plus
de 150 des leurs.

Dans cette affaire, qui eut lieu le 19 octobre, Nicho-
laus Potgeiter et Piet Botha furent tués en dedans du
retranchement et douze autres fermiers furent blessés.
L'assaut avait été dirigé par Kalipi, le principal capi-

taine de Moselekatse et son conseiller le plus intime.
Quoique blessé lui-même au genou, il sut faire une
bonne retraite et ne se retira pas d'ailleurs les mains
vides. Tous les bestiaux et les troupeaux des émigrants,
qui se montaient à 6,000 têtes de gros bétail et à 41,000
moutons ou chèvres, furent enlevés par les Matabili et
conduits à Kapain. Les fermiers profitèrent de la retraite de leurs sauvages ennemis pour en tuer encore
quelques uns, jusqu'à ce que le soleil descendant sous
l'horizon mit fin à cette scène de carnage.

Cette seconde tentative (1) sur le territoire de sa ma-
jesté produisit l'effet désiré. Une partie des fermiers
resta avec les débris du camp naguère si florissant,
tandis que les autres se hâtèrent de conduire les femmes et les enfants à la station de M. Archbell, le missionnaire, à Thaba-Unchu; s'étant ensuite procuré
d'autres bœufs, tout le parti se retira et vint camper
auprès des sources de la rivière Modder. Leur nombre
fut bientôt renforcé par un fort parti d'émigrants sous
la conduite de Maritz, riche bourgeois de Graaf-Reinet,
dont l'ambition se manifesta bientôt en se faisant nommer gouverneur-général. A cette époque, le nombre
des wagons rassemblés auprès du village populeux de
Thaba-Unchu se montait à environ 150, et celui des
individus pouvait être à peu près de 1,800.

La première démarche de Maritz, après avoir pris
les rênes du gouvernement, fut de rassembler des

(1) *This second gentle hint on the part of his Majesty had the desired
effect.* On croit devoir rapporter ici le texte même, car on a de la peine à
concevoir sous quel point de vue on peut appeler cette incursion, qui eut
pour résultat la perte de tous les troupeaux, un essai agréable, *gentle
hint*. Serait-ce une expression ironique? La suite ne parait pas justifier
cette supposition.

forces dans le dessein de venger les injures que les émigrants avaient souffertes de la part de Moselekatse,
mais qu'ils ne devaient réellement attribuer qu'à leur
obstination et à leur imprudence.

Le 3 janvier dernier (1837), une expédition composée de 107 fermiers hollandais, 40 cavaliers griquas de
Peter-David et 60 sauvages à pied, partit de Thaba-
Unchu pour faire une irruption sur le territoire de
Moselekatse. Prenant beaucoup à l'ouest du nord, ils
traversèrent la partie supérieure de la rivière Hart; et
par cette manœuvre habile ils se dirigèrent sur les Matabili par un côté où ceux-ci n'étaient nullement pré-
parés à une attaque. Une belle et fertile vallée, bornée
au nord et au nord-est par les montagnes Kurrichaine
et ayant la forme d'un bassin de dix à douze milles de
circonférence, contient la ville militaire de Mosega et
quinze autres des principaux Kraals de Moselekatse ;
c'est là que réside Kalipi et une grande partie des
guerriers. Ce fut vers ce point que se dirigèrent les
émigrants. Aux premiers rayons de l'aurore du 17 janvier, la petite troupe de Maritz sortit tout-à-coup et
en silence d'une passe dans les montagnes qui se trouvent derrière les maisons des missionnaires américains,
et avant que le soleil eût atteint sa hauteur méridienne,
les corps de 400 des plus habiles guerriers Matabili
étaient étendus sur le sol ensanglanté de la vallée de
Mosega. Pas un seul individu ne soupçonna l'approche
du danger. Le sifflement d'une balle qui entra par une
fenêtre de leur chambre à coucher, fut la première annonce que reçurent les missionnaires du massacre qui
se faisait autour d'eux. Un de leurs domestiques, un
Bechuana nommé Baba, qui a accompagné en qualité
d'interprète l'expédition du docteur Smyth, et plus tard

aussi le rédacteur de cette note, ayant été pris pour un Zooloo, fut vivement poursuivi jusqu'à la rivière dans laquelle il fut obligé de se précipiter comme un hippopotame, et où même il n'échappa qu'en faisant le mort; après avoir entendu le sifflement de trois balles qui passèrent sur sa tête. Les Matabili coururent aux armes à la première alarme et se défendirent bravement; mais ils furent tous tués comme des oiseaux à mesure qu'ils se montrèrent, et pas un d'eux ne parvint à percer le vêtement de cuir des Hollandais. A l'époque de cette attaque, Moselekatse résidait à Kapain, environ 5o milles plus au nord; et Kalipi ayant été appelé la veille par son souverain, échappa au sort cruel qui détruisit une grande partie de ses braves compagnons d'armes.

Si Maritz, poursuivant l'avantage qu'il avait obtenu, avait marché sur-le-champ sur Kapain, Moselekatse n'aurait peut-être pas pu s'échapper; mais, satisfaits de ce qu'ils avaient fait, les fermiers s'emparèrent de 7,000 têtes de bétail et des wagons qui avaient été enlevés à Erasmus avec lesquels ils se retirèrent à marches forcées. Les missionnaires américains, qui ne trouvaient plus d'occasions pour leurs travaux apostoliques, se retirèrent avec eux, et ils arrivèrent en peu de jours à Thaba-Unchu sans être inquiétés ni poursuivis par les Matabili.

La nouvelle de cette victoire produisit un effet magique sur les colons hollandais. Ce qui n'était que des étincelles jaillissant d'une cendre embrasée devint une flamme dévorante, et la fureur de l'émigration s'accrut et s'étendit comme un immense incendie. Toute la ligne des frontières fut bientôt dans un état de fermentation et de mouvement; on voyait chaque jour de fortes ca-

ravanes franchissant les limites, courir se ranger sous
l'étendard de leurs amis qui s'expatriaient. En avril
dernier, M. Piet Retief, un brave officier du Winterberg,
qui, avec une nombreuse troupe de cavaliers, était
campé à peu de distance de Maritz, fut forcé, après
beaucoup de démarches et d'invitations, d'accepter la
charge de gouverneur et de commandant en chef, poste
que d'ailleurs il était très capable de remplir et auquel
il fut appelé par les suffrages unanimes de tous les
émigrants. Retief nomma plusieurs officiers pour le
seconder; il établit des lois sages, et ratifia les traités
qui avaient été conclus avec les chefs du voisinage dont
les principaux étaient Sikonyela, roi des Mantatées;
Moshesh, chef de Basuto; Moroko, chef des Barolongs,
résidant à Tuaba-Unchu; Tauani, chef de ce qui reste
des Baharootsis; et Peter David, chef des Lishuama
Bastards. Ce dernier est le successeur de Barend-
Barends dont nous avons précédemment signalé
les exploits; ce sont tous les ennemis mortels de
Moselekatse.

D'après les nouvelles les plus récentes, les *émigrants
unis* se sont avancés de Thaba-Unchu dans la direction
de la rivière Vaal. Au mois de mai dernier, plus de
1,000 wagons et au moins 1,600 hommes effectifs étaient
rassemblés auprès du confluent de la rivière de Vet.
Un parti composé de 500 fermiers devait se mettre en
marche le premier juin, dans le dessein de traiter d'un
arrangement avec Moselekatse, ou de détruire entièrement sa puissance; après quoi ils devaient reprendre
leur voyage vers la position occupée par Louis Triechard. Là, leur intention était de jeter les fondements
d'une ville, et une nouvelle Amsterdam devait élever
sa tête au centre de ce désert sauvage.

Quelques souffrances qu'aient déjà endurées ces exilés volontaires, et quoique leur route ait été jusqu'ici baignée de sang, ils ne peuvent cependant encore se faire aujourd'hui qu'une idée très imparfaite des dangers et des difficultés énormes qui menacent leur entreprise. Entourés d'un côté par Moselekatse, qui *jamais* n'oubliera ce qui lui est arrivé, mais qui, semblable à un chat, guettera l'occasion favorable de prendre sa revanche avec cette vigilance continuelle d'un sauvage; de l'autre, par Dingaan, qui ne peut pas manquer de regarder leur établissement en ces contrées d'un œil jaloux et soupçonneux; environnés partout d'une nuée de maraudeurs qui sont toujours disposés à s'enrichir aux dépens de leurs voisins plus opulents, la condition des fermiers émigrants peut difficilement être regardée comme étant devenue meilleure par la démarche qu'ils ont faite. Ils ont secoué le joug d'un gouvernement qu'ils ont cru trop pesant; ils sont maintenant juges et maîtres de leurs propres affaires; mais aux yeux d'un observateur sans préjugés, leur position paraît hérissée de difficultés et environnée de périls. Jusqu'ici leur route a été marquée par le sang, et le sang doit la teindre jusqu'à la fin; le leur, si elle devait se terminer par leur destruction, ou celui de plusieurs milliers d'hommes de la population originaire de l'Afrique méridionale.

Notice sur la partie N.-E. de l'île Gilolo.

—

Lors de mon voyage aux Molúques, en 1829, je rencontrai à Ternate le capitaine Despéroux, né en France, et qui depuis six années parcourait ces innombrables archipels. Il y a peu de mois, je l'ai retrouvé à Paris ; il arrivait des Moluques. Je l'ai prié de me donner quelques notes sur ces îles, et il a eu la bonté de me fournir celle que je vais lire. A une autre séance, si MM. les membres de la Commission les trouvent dignes de l'intérêt de la Société, je lirai une autre Notice du capitaine Despéroux sur la rivière Benger Massen à Borneo.

G. LAFOND.

D'après les données du capitaine Despéroux, cette île est de forme très bizarre, ce qui provient des presqu'îles qui la composent. Les deux plus au nord de ces presqu'îles renferment le golfe de Kaoh qui, presque partout du côté de l'ouest, et à partir de l'île de Babily, offre un mouillage sûr. Cette île de Babily, très fertile, est placée au milieu des deux pointes qu'elle semble en quelque sorte lier entre elles, en laissant toutefois un passage à l'est.

Un navire peut faire voile jusqu'au fond de la baie ; il n'est alors séparé de l'île Ternate que par un isthme très étroit et la baie de Gilolo. La navigation y est saine, et depuis Babily les sondes sont régulières d'une terre à l'autre, à la distance moyenne de quinze milles anglais. Les seuls dangers qui existent, et en petit nombre, sont très près de terre. On peut mouiller au milieu du passage par quinze ou vingt brasses, et de là vers la côte ouest jusqu'à un mille et moins, par cinq et six brasses, très bon fond. Cette côte est bordée d'habitations, et même de villages, dont le prin-

cipal est celui de Kaoh, qui donne son nom au golfe.
On peut s'y procurer des rafraîchissements en volailles, fruits, tortues, porcs, etc.; et l'on y trouve
du bois et de l'eau, ce qui en fait une très bonne relâche pour un navire venant de l'Océanie ou Poly-
nésie.

Tout le long de la côte ouest, dans l'espace ci-dessus, le fond est couvert d'huîtres perlières de différentes formes et grandeurs. La pêche de ces perles fait
l'objet d'un monopole appartenant au sultan de Ternate dont ce pays est tributaire.

Ces huîtres gisent presque à plat sur un fond sableux
de quatre à cinq brasses. Les plongeurs les enlèvent
sans difficulté. Il y en a de quatre sortes. La première
a jusqu'à 12 pouces de diamètre, dont 11 pouces de la
nacre la plus belle. Elle donne les plus grosses perles,
et l'on a une chance d'une sur six pour en rencontrer.

Une autre huître plus petite, et dont la nacre est de
même nature, mais de mauvaise couleur dans la moitié
de la coquille, produit des perles tirant généralement
sur le noir. C'est la nacre franche, et l'on nomme ces
perles des Veuves.

La troisième sorte, d'un tiers plus petite que la
première, est de forme ondulée, et la quatrième, de la
grosseur de nos huîtres ordinaires, est plate. La nacre
de ces deux espèces s'effeuille, et n'a aucune valeur
Elles produisent les perles les plus petites, mais d'une
belle eau.

Tandis que le côté ouest du golfe est soumis au sultan de Ternate, ainsi que la partie nord de l'île, les
terres du côté opposé et la partie sud dépendent du
sultan de Tydore. On y trouve également plusieurs
villages, entre autre Vassely.

Plus au nord et sur le même côté que Kawr, on trouve le village de Tobels, dont les anciens habitants étaient les pirates les plus redoutés des mers voisines, et ont laissé un nom qui est encore aujourd'hui un objet de terreur dans ces contrées. Le sultan de Ternate, aidé des Hollandais, les a refoulés dans l'île Ceram. Le petit nombre d'individus qui les ont remplacés à Tobels s'occupent d'agriculture et de pêche. Près de là commence une longue suite de jolies petites îles entourées de hauts fonds, où le caret (tortue à écailles) et le trépang (holothurie) sont très abondants. La pêche s'en fait en grande partie au profit du sultan de Ternate.

Après Tobels, vers le nord, la côte continue à être bordée d'îles très rapprochées les unes des autres, et couvertes de la plus belle verdure. Cette côte n'est plus qu'un joli rivage plat et sableux, au-dessus duquel les arbres présentent des massifs de feuillage interrompus par des cases d'Indiens. Ces îles forment, avec Gilolo, un joli canal où voguent les petites embarcations du pays.

Cette suite d'îles continue jusqu'à plus de demi-chemin de Galeta, principal village et chef-lieu de cette partie de Gilolo. A cette hauteur, les terres du côté opposé se terminent, et laissent la mer ouverte jusqu'à l'île Mortag. L'espace entre elles et cette dernière forme le détroit de Mortag par où on entre dans le golfe en serrant de près la côte est.

Aux approches de Galeta, l'aspect du rivage change. Ce n'est plus que la lave d'un volcan très actif et voisin de la mer. Cette lave pétrifiée forme la côte, et s'étend presque à toucher le village, formant un côté de la petite baie où il est situé. On entend

presque continuellement gronder ce volcan, distant
d'environ trois lieues au sud, mais dont le bruit semble beaucoup plus rapproché. Tantôt ce sont des dé-
tonations semblables à celles des plus gros canons,
tantôt on dirait des coups de tonnerre, et souvent les
deux ensemble ; puis un roulement sourd et continuel.
Ce volcan, qui brûle toujours, fait de fréquentes éruptions qui ont plus d'une fois mis en fuite les habitants
voisins.

Le village de Galeta est bâti presque sur la plage :
dans l'intérieur, et à environ deux lieues de la côte, est
un joli lac d'une longueur de cinq milles dans une
direction est et ouest et d'une largeur de trois, semé
d'îlots couverts du plus beau feuillage. Ses bords s'élèvent verticalement à une grande hauteur, et les villages
ombragés par de beaux arbres qui couronnent ces
rives, fournissent une perspective très intéressante.
L'ancienne lave, dont les côtés de ce beau bassin,
ainsi que le plateau au-dessus, sont formés, indiquent
l'ancien cratère d'un grand volcan. Les oiseaux aqua-
tiques, tels que les poules d'eau, les canards, les sar-
celles, etc., y abondent.

C'est principalement sur les bords de ce beau lac
que sont les habitations de la peuplade Galeta, peuplade qui se distingue avantageusement de celle des
îles voisines, tant au physique qu'au moral.

Les naturels de Galeta sont doués d'une forte et belle
stature, bien supérieure à celles des autres peuples
de la Malaisie. Leur physionomie est généralement
agréable. Il s'en trouve de très martiales, et aux traits
prononcés et se rapprochant de l'Européen : beaucoup
même portent moustaches. Leur teint est d'un beau
noir, leur chevelure lisse et touffue. Ils sont robustes

et d'une grande agilité, et quoique doux et hospitaliers chez eux, ils sont très belliqueux. Dépendants du sultan de Ternate, l'un des princes indiens, le plus fidèle allié des Hollandais, les Galetas ont souvent été d'un grand secours à ceux-ci, et leurs *koras kora* ou pros de guerre sont encore les gardes-côtes des pays voisins tributaires de cette nation.

Le vol est inconnu chez eux; particularité bien remarquable, entourés qu'ils sont de peuples adonnés à ce vice. Le Galeta quittant son village pour une absence qui doit être longue, laisse sa case sous la sauvegarde de ses voisins; une indication à l'extérieur fait connaître son absence. Il est sûr à son retour d'y retrouver tout dans le même état, quoiqu'il y ait souvent laissé de fortes sommes en espèces. Ils ont beaucoup d'industrie et d'activité, et c'est une coutume chez eux de s'expatrier pendant des années pour chercher fortune. Ils parcourent alors les côtes et les îles voisines où ils font la chasse et la pêche. De temps en temps ils vont vendre les produits à Ternate et à Tidore, qu'ils approvisionnent ainsi de chair de porc et de cerf séchée au soleil. Ils y apportent aussi de l'écaille, du tripan qu'il vont chercher quelquefois à cinq brasses de profondeur. Ils sont renommés pour leur parcimonie. S'ils cultivent le riz, c'est pour en vendre la plus grande partie, leur nourriture principale étant le sagou et le *pissang*, grosse figue bouillie; cet aliment leur est favorable, car ils ont tous de l'embonpoint. Leur habillement est des plus simples; les jours ordinaires, les hommes se contentent d'une ceinture d'écorce d'arbres préparée, et d'un mouchoir qu'ils portent à la tête comme les Malais. Les jours de fête, ils aiment à se parer d'habits somptueux, où se trouvent mêlés

6,

l'or et la soie. L'habillement des femmes est le même que celui des Malaises, ayant de plus quelques ornements en verroterie et en coquillages, tels que colliers et bracelets. Elles sont en général belles et bien proportionnées ainsi que les hommes ; leur teint est cuivré, et leurs manières sont agréables ; elles aiment passionnément les fleurs, qu'elles portent à la tête, ornement qui sied très bien aux jeunes femmes.

Ce peuple a plusieurs sortes de danses ; la plus intéressante est la danse guerrière, qu'ils appellent *tyckalatay*, et qui se compose de mouvements d'attaque et de défense ou exercice avec le parang, espèce de sabre, et le bouclier. Ces mouvements s'exécutent en cadence, et sont accompagnés de la musique du tiffa, sorte de tambour, et du gong, instrument métallique de forme circulaire et concave. C'est là qu'ils déploient toute la force et la souplesse de leurs membres : le tout accompagné de hurlements effroyables.

Ils exécutent une autre danse à laquelle les femmes prennent part ; elle est très monotone, et paraît triste à un Européen ; c'est une ronde dont le pas est extrêmement lent et cadencé, et qu'on accompagne d'un chant analogue auquel se joignent le tiffa et le gong, instruments très bruyants, peu harmonieux. La mesure et le pas ne varient jamais, non plus que le chant dont les paroles se répètent, et ont quelque chose de plaintif ou d'une mélancolie douce ; les paroles sont improvisées par le chanteur. Ce sont généralement les plaintes d'un amant malheureux, ou les travaux, les voyages d'un pauvre exilé.

Cette danse a lieu le soir. Les danseurs ont la tête parée de fleurs, et c'est entre les deux sexes l'occasion

de liaisons, qui aboutissent au **mariage,** cérémonie
fort simple chez ce peuple. La femme s'enfuit avec son
amant, qui apaise au moyen de quelques présents
la colère simulée des parents, et une fête scelle les
nouveaux nœuds, pour lesquels on se passe de prêtres
que les Galegas ne connaissent pas.

Les Galegas prennent la dénomination générale d'Al-
fours. Ce nom dérive de leur religion qui s'adresse aux
bêtes, aux oiseaux, aux serpents, etc. Ils croient également aux bons et mauvais génies. Ils rendent un culte
à leurs morts, et leurs plus grandes solennités ont lieu
à cette occasion. Ils ont l'usage du moraï ; ils exposent
leurs morts à quelque distance d'un feu peu actif.
après les avoir enveloppés d'herbes odorantes, et
lorsque les chairs s'en sont détachées, ce qui a lieu
après peu de jours, ils les enferment dans un coffre
qu'ils suspendent aux branches d'un arbre voisin de
leurs habitations. Ils ont soin, lorsque le temps
l'exige, de remplacer le coffre. Si l'un d'eux meurt
éloigné des siens, sa famille ou ses amis s'empressent,
si la chose est possible, d'aller recueillir ses restes
pour les porter au moraï de leurs ancêtres. Les habitants des lieux où le cortége vient à se reposer doivent
pourvoir à tous les besoins de ceux qui le composent ;
car, dans le cas contraire, ils se procureraient de vive
force ce dont ils manquent.

Dans l'intérieur de l'île, il existe une race d'hommes
sauvages et féroces, qui inspirent beaucoup de crainte
aux habitants des côtes. Du reste, quoique cette partie
soit la plus peuplée, elle l'est encore très peu ; et à
quelque distance de la mer, le pays est inculte et
couvert de forêts. On y voit plusieurs rangées de montagnes très élevées. Gilolo est la patrie des **muscadiers**

et des girofliers qui y croissent naturellement. Ce sont toutes les îles de cet archipel qui furent appelées autrefois les îles des Épices par le grand nombre de muscadiers et de girofliers qu'on y trouve. Les Hollandais, pour assurer leur monopole, paient une indemnité aux sultans de Ternate et de Tidore, afin qu'ils en empêchent la culture, qu'ils ont, eux, transportée à l'île de Céram. Les résidents de Ternate veillent à l'exécution de ces traités. C'est à Gilolo que l'on trouve ces loris rouges de couleurs si éclatantes, les kakatoas à chapes jaunes et rouges, et les beaux pigeons mangeurs de noix de muscade.

Dans un autre article, je parlerai de Ternate et de l'influence des Hollandais dans ce pays.

Le Cᵉ GAB. LAFOND.

———

OBSERVATIONS *météorologiques et magnétiques faites dans l'étendue de l'empire de Russie, publiées par* A. T. KUPFFER, *de l'Académie des Sciences de Saint-Pétersbourg.*

—

Le gouvernement russe a ordonné une mesure qu'il serait bien à désirer, dans l'intérêt des progrès de la météorologie, de voir adopter dans d'autres pays.

De petits observatoires destinés aux observations météorologiques et magnétiques ont été construits sur plusieurs points qui relèvent du département des mines; dans quelques uns, on fait des observations météorologiques et magnétiques; dans d'autres, des observations météorologiques seulement.

On a fondé à Saint-Pétersbourg, à l'Institut des mines, un observatoire normal, où un certain nombre d'officiers reçoivent les instructions pratiques nécessaires pour pouvoir ensuite être chargés des fonctions d'observateurs dans les établissements de l'intérieur. On leur donne alors des instructions détaillées, afin qu'il y ait uniformité dans les méthodes d'observation, dans les heures et dans le choix des instruments, qui tous sortent de l'Institut des mines après avoir été comparés à ceux de cet établissement.

Les observations météorologiques se font huit fois par jour, de deux heures en deux heures, en commençant à huit heures du matin.

Les baromètres qu'on emploie donnent les pressions atmosphériques en demi-lignes, mesure russe ou anglaise.

Les températures sont observées avec des thermomètres de Réaumur, dont les degrés sont divisés en cinq parties. On observe en outre le minimum de la température de chaque jour avec un thermomètre à minimâ.

Pour mesurer l'état hygrométrique de l'air, on se sert d'un second thermomètre de Réaumur, dont le réservoir est recouvert d'un morceau de mousseline humectée. L'évaporation est d'autant plus rapide, et par suite le froid produît d'autant plus considérable que l'air est plus sec; de sorte que la différence des températures des deux thermomètres peut servir à mesurer la quantité de vapeurs renfermée dans l'air. Si l'air était saturé de vapeurs, il n'y aurait pas d'évaporation, et les deux thermomètres marqueraient le même degré. Des tables psychrométriques qui se trou-

vent à la fin du résumé d'observations météorologiques
de M. Kupffer, donnent la tension des vapeurs conte -
nues dans l'atmosphère, à l'aide des observations du
thermomètre à air libre, et de celui couvert de mousseline humide.

On observe encore aux mêmes heures l'état du ciel
et la direction des vents.

On observe deux fois par jour la quantité de pluie
ou de neige tombée, à huit heures du matin et à huit
heures du soir; on fait en outre une observation après
chaque forte pluie, et dans l'été les observations sont
plus fréquentes, afin d'éviter l'évaporation.

On observe encore, aux mêmes heures, les variations horaires de l'inclinaison et de la déclinaison de
l'aiguille aimantée.

L'inclinaison absolue est observée une fois par mois
avec une boussole d'inclinaison de Gambey. Il en est
de même de la déclinaison.

L'observatoire météorologique de l'Institut des mines n'est formée que depuis 1834; la première année
a été employée à tout organiser, à tout régler. Pendant
la seconde on a fait des observations météorologiques
régulières dont M. Kupffer envoie le résumé à la Société. Ces observations commencent au 1er juillet 1835,
et finissent au 30 juin 1836.

Observations barométriques. — Les pressions barométriques exprimées en demi-lignes (mesure russe ou
anglaise), sont toutes réduites à la température 13° ⅓
de Réaumur, qui est la température normale de la
mesure linéaire en Russie.

Le résumé de M. Kupffer donne toutes les observations barométriques par mois, jours et heures, ainsi
qu'une moyenne des différentes heures par mois, et

enfin une moyenne des différentes heures pour l'année. Il résulte de ces dernières moyennes que la période diurne _est de 0.08 lignes ($0^m,2$), et que le maximum de pression a lieu à dix heures du matin.

Observations thermométriques. — Le résumé de M. Kupffer donne les tableaux des températures par mois, jours et heures; puis les moyennes par mois et heures, puis des moyennes générales par mois, et enfin la moyenne de l'année.

Températures moyennes des différents mois.

1835				1836			
	Juillet	+	13°.99		Janvier	—	7°.79
	Août	+	10.15		Février	—	4.57
	Septembre	+	8 55		Mars	+	1.17
	Octobre	+	5 92		Avril	+	4.78
	Novembre	—	4.12		Mai	+	5.60
	Décembre	—	10.11		Juin	+	10.59

Moyenne de l'année + 2. 68. ;

Maximum de chaleur le 7 juillet..	20.3	Maximum de froid le 25 décembre.	— 26.4

A la suite des températures, le résumé de M. Kupffer donne les tensions des vapeurs contenues dans l'air, que l'on obtient avec les tables psychrométriques. M. Kupffer pense que ce mode d'observations psychrométriques n'est pas très exact, quoiqu'il lui paraisse cependant le meilleur. Dans l'hiver, le thermomètre à mousseline humectée marque quelquefois une température plus forte que le thermomètre libre. Dans ce cas, il a rejeté les observations. Dans l'été, deux psychromètres placés l'un à côté de l'autre marquent des degrés différents lorsqu'il existe une petite différence dans la forme des réservoirs et dans la finesse de la mousseline qui les couvre.

Il résulte de ces observations que c'est à midi qu'a lieu le maximum de tension de la vapeur contenue dans l'air, et qu'au mois de juillet elle est presque quatre fois aussi grande qu'en décembre.

En retranchant des pressions barométriques les tensions des vapeurs de l'atmosphère, on obtient ainsi les pressions de l'air seul. Cela change les heures des maximâ et minimâ. L'heure de dix heures devient celle du mininum, et le maximum a lieu alors à dix heures du soir.

Les observations magnétiques, commencées plus tard que les observations météorologiques n'étant pas en nombre suffisant, le résumé de M. Kupffer n'en fait pas mention.

Quant aux observations sur l'état du ciel, sur la direction des vents et sur la quantité d'eau tombée, quoiqu'il les ait consignées dans son résumé, M. Kupffer ne les regarde pas comme assez nombreuses pour en tirer des résultats.

Voilà, Messieurs, l'analyse succincte du Recueil d'observations météorologiques publié par M. Kupffer, et dont votre président m'avait chargé de rendre compte à la Société.

PEYTIER.

SUR *la mesure des hauteurs par l'observation de la température de l'eau bouillante.*

—

M. Francis Lavallée, vice-consul à la Trinidad de Cuba, a adressé à la Société de géographie une note sur une méthode pour mesurer les hauteurs par le thermomètre, qu'il paraît regarder comme nouvelle, et qui lui a été communiquée par M. Caldas, physicien à Popayan.

Cette idée n'est cependant pas neuve, car on doit au révérend Francis John Hyde Wollaston, frère du célèbre physicien, un thermomètre appelé baromètre thermométrique, servant à mesurer avec précision la température de l'eau bouillante sous différentes pressions atmosphériques, et même M. Wollaston convient que l'idée n'est pas de lui (1); qu'on la trouve dans une dissertation de Fahrenheit, portant le titre de *Barometri novi descriptio*, Transactions philos., vol. XXXIII, p. 179, et dans un Mémoire de Cavallo, inséré dans le vol. LXXI du même recueil; mais qu'avant lui l'instrument avait peu de précision.

Le thermomètre de Wollaston, dont il est ici question, marque seulement quelques degrés près de la température de l'eau bouillante; alors ces degrés peuvent avoir une longueur considérable. Ce physicien construisit un thermomètre dont les degrés Fahrenheit avaient chacun 4 pouces anglais (0^m,1016) de longueur. Ces degrés étaient divisés en cent parties, et un vernier donnait les millièmes de degré.

Des comparaisons de ce thermomètre avec d'excellents baromètres de Trougthon et Carry avaient fait voir à M. Wollaston qu'une diminution de 1 degré centigrade dans la température de l'eau bouillante correspond à une différence dans le baromètre de 0^m,027; mais cette différence n'est pas constante pour toutes les variations de 1 degré, dans le terme de l'ébullition de l'eau (ce chiffre 0^m,027 n'est exact que près de 100 degrés, il est plus faible pour les températures inférieures); et pour réduire les observations thermométriques de l'eau bouillante en pressions ba-

(1) Annales de chimie, tome VIII, page 84.

rométriques, il serait nécessaire de former par une suite d'expériences une table donnant les températures d'ébullition sous des pressions décroissantes par différences très petites. Encore vaudrait-il mieux diviser le thermomètre, de manière à marquer directement ces pressions.

La table de Dalton donne bien les pressions correspondantes aux températures d'ébullition de degré en degré ; mais les termes de cette table ne sont pas assez rapprochés, et jusqu'à ce que, par une série d'expériences, on ait formé une table à termes beaucoup plus rapprochés, les déterminations de hauteurs par le thermomètre de Wollaston seront bien inférieures à celles que donne le baromètre.

M. Wollaston cite cependant quelques résultats obtenus avec son thermomètre, dont l'exactitude paraît vraiment surprenante. Ainsi, il a obtenu pour la hauteur de la galerie dorée du dôme de Saint-Paul, à Londres, 279 pieds anglais au lieu de 281. A une station près de Woolwich, il a obtenu 448 au lieu de 444, et dans deux autres épreuves sur des hauteurs d'environ 300 pieds, l'erreur ne dépassa pas 2 pieds.

Le thermomètre barométrique de M. Wollaston est formé d'un tube de verre capillaire, terminé par un réservoir en forme de boule qui doit être plein de mercure. Un petit renflement du tube au-dessus de la boule forme une capacité suffisante pour contenir le mercure dilaté jusqu'à une température peu éloignée de 100 jusqu'à 90, par exemple, si l'on veut que le thermomètre marque les degrés à partir de 90. Le tube étant capillaire, les degrés peuvent avoir une longueur assez considérable. $0^m,027$ environ suffit pour que l'échelle du thermomètre ait un degré de précision égal à l'é-

chelle du baromètre. Au lieu de marquer sur ce thermomètre les degrés et fractions de degré depuis 90
jusqu'à 100, il vaudrait mieux y marquer la pression
correspondante.

Un thermomètre ainsi construit, et dont les degrés
auraient o^m,027, aurait une longueur de o^m,37 environ,
en comptant la boule, le renflement et la partie perdue
à l'extrémité du tube. On voit que cet instrument
serait beaucoup plus portatif qu'un baromètre ; mais il
demanderait peut-être plus de soin dans l'observation,
et donnerait sans doute de plus grandes erreurs, une
erreur de o°1 dans la température de l'eau bouillante
en donnant une de o^m,027 dans la pression barométrique.

Bien entendu qu'indépendamment de la température
de l'eau bouillante, il faut en outre observer celle de
l'air libre.

M. Caldas, dans la note envoyée par M. Francis
Lavallée, ne dit pas s'il se sert d'un thermomètre
analogue à celui de M. Wollaston, ou simplement
d'un thermomètre ordinaire. Mais la manière dont il
parle du baromètre qu'il regarde comme d'une construction fort difficile, tandis qu'il dit que le thermomètre est d'une construction facile, fait présumer qu'il
emploie un thermomètre ordinaire, et dans ce cas,
ses observations donneraient des résultats bien peu
satisfaisants.

M. Caldas paraît regarder comme constante la différence de pression correspondante à une variation de
1 degré dans le terme d'ébullition, et il établit comme
résultat de ses expériences que 12 lignes (o°,02707)
du baromètre correspondent à une variation de o^m,974
Réaumur, dans la température d'ébullition. M. Caldas

fait quelques exemples de calculs en partant de cette
hypothèse qui n'est pas exacte : car si on examine la
table de Dalton, on verra un décroissement très sensible dans la pression correspondante à une variation
de 1 degré dans la température d'ébullition. Vers 100°
cette différence de pression est de 0^m,027, et vers 80°,
elle est de 0^m,015.

M. Caldas dit aussi qu'avec un thermomètre et un
instrument propre à mesurer les angles et les distances
zénithales, un théodolite, par exemple, on pourrait
non seulement faire un nivellement, mais encore calculer les distances des sommets entre eux (à l'aide de
l'observation d'une distance zénithale faite à chaque
sommet), et par suite faire assez rapidement le levé
d'un pays. Il est bien certain que, connaissant la différence de niveau de deux sommets et la distance zénithale de l'un d'eux prise à l'autre, on peut calculer
leur distance. Cependant ce moyen est peu exact,
puisqu'il emploie une très petite base pour en calculer
une grande; et si l'on admet qu'un voyageur soit muni
d'un théodolite, ou de tout autre instrument propre à
mesurer les angles, il vaut alors bien mieux qu'à tous
les sommets il observe les angles horizontaux entre les
divers points qu'il veut déterminer et leurs distances
zénithales, parce qu'alors s'il peut se procurer une
base, et déterminer la hauteur d'un seul point d'une
manière un peu exacte, les calculs géodésiques donne-
ront avec précision les hauteurs des autres points
ainsi que leurs distances.

Il est cependant à désirer que cette méthode de mesurer les hauteurs par le thermomètre se répande
davantage. L'instrument de Wollaston étant plus portatif que le baromètre, cela pourrait engager un plus

grand nombre de voyageurs à faire des observations (1).

La Société doit savoir gré à M. Francis Lavallée du
zèle qu'il met à lui communiquer tout ce qui paraît devoir l'intéresser.

———

Extrait *des Voyages du Scheykh Sydy Mohhammed.*

Itinéraire de Tripoli de Barbarie au Caire, traduit de l'arabe, par
M. A. Rousseau, attaché à l'administration des domaines à Alger ;
communiqué à la Société par M. Barbié du Bocage.

1. De Tâgjourah à Ouady-el-Mesyd : en partant au
lever du soleil, on arrive à trois heures après midi.

2. De Ouady-el-Mesyd à Souâny Sydy A'bdela'athy :
partant au lever du soleil, on y arrive à trois heures
après midi. Je m'y suis reposé une demi-heure.

3. De là on repart, et on arrive à la chute du jour à
Sâhhel-el-Ahhâmed ; la journée étant à cette époque de
douze heures.

4. Parti de Sâhhel-el-Ahhâmed au lever du soleil, arrivé à *l'assr,* ou à trois heures après midi, à Tarf-Esly-
ten-el-Scherqy.

5. Parti immédiatement de là, et arrivé au coucher
du soleil à Zâouyat-el-Mahhgjoub.

6. Parti de ce dernier lieu au lever du soleil ; arrivé
le soir à un lieu appelé El-A'ra'âr, plus haut que Mess-

—

(1) M. Lerebours construit des thermomètres semblables à celui de
Wollaston, décrit dans les Annales de chimie, tome VIII ; ils se it malheureusement d'un prix un peu élevé.

râtah , au bord de la mer; on y trouve de la bonne
eau.

7. Au lever du soleil, parti de A'ra'âr; arrivé au
coucher à El-Sseqa'h-ou-el-Menschourah. Il y a là des
sources d'eau bonne , et près de ces sources un ancien
château d'origine arabe.

8. Parti de El-Sseqa'h-ou-el-Manschourah au lever
du soleil, arrivé à *l'assr* à un endroit appelé Methrâou.
L'eau y est mauvaise.

9. Parti de Methrâou au lever du soleil, arrivé au
coucher à El-Za'farân au bord de la mer. L'eau y est
bonne.

10. Parti d'El-Za'farân au lever du soleil, ayant eu
soin de prendre de l'eau , attendu qu'elle est mauvaise
en route; arrivé après dix-huit heures de marche à El-
Na'ym. L'eau y est détestable. Cette distance forme une
traite et demie.

11. Parti d'El-Na'ym au lever du soleil , arrivé
au coucher près de A'moud-Qerousch. L'eau y est
bonne.

12. Parti de A'moud-Qerousch au lever du soleil ,
arrivé à El-Hhenyouah. L'eau y est bonne. Il y a trois
constructions romaines.

13. Parti d'El-Hhenyouah au lever du soleil, arrivé
à Solthân en dix heures. L'eau y est bonne.

14. Parti de Solthân au lever du soleil, arrivé au
coucher à Djeldet-Aby-Sa'dah. L'eau y est bonne.

15. Parti de Gjeldet-Aby-Sa'dah au lever du soleil
en prenant de l'eau, attendu qu'elle est mauvaise en
route; arrivé au coucher à Assryghyn.

16. Parti de Assryghyn au lever du soleil, arrivé à
l'assr à El-Mana'l. L'eau y est bonne. Avant d'y arriver
on passe à El-Hhedâdyah, où l'eau est mauvaise.

17. Parti d'El-Mana'l en s'approvisionnant d'eau, on passe à El-Baryqah à midi ; puis on couche à sept heures du soir à l'ynqân. L'eau y est mauvaise.

18. Parti de l'ynqân au lever du soleil, passant par un terrain sablonneux, où l'on trouve de la bonne eau ; arrivé au coucher à El-Merât, où l'eau est très mauvaise.

19. Parti d'El-Merât au lever du soleil, arrivé à *l'assr* A'rq-el-Ousbahh. L'eau y est bonne. L'on y passe le reste de la journée et la nuit.

20. Parti de A'rq-el-Ousbahh, et arrivé à El-Bouyb. L'eau y est bonne. L'on y passe une demi-journée.

21. Parti d'El-Bouyb au lever du soleil, arrivé à midi à Qemyness, où l'eau est bonne. L'on y passe le reste de la journée.

22. Parti de Qemyness au lever du soleil, arrivé à midi à El-Deghâfelah, où l'eau est bonne. On y passe la journée.

23. Parti d'El-Deghâfelah au lever du soleil, arrivé à midi à Bény-Ghâzy.

24. Parti de Bény-Ghâzy au lever du soleil, arrivé au coucher à El-Abyâr, où l'eau est. mauvaise.

25. Parti d'El-Abyâr au lever du soleil, arrivé à *l'assr* à Gjerdès ; avant d'y arriver on passe à El-Benyah, qui est à environ dix milles de Gjerdès.

26. Parti de Gjerdès au lever du soleil, en s'approvisionnant d'eau; on ne suit plus la route dans l'est, on se dirige vers le sud. On entre dans le territoire appelé Ardh el-Serouâl. On n'y trouve point d'eau pendant quatre jours ; arrivé à *l'assr* à Ouâdy-Smâlous, où il y a des citernes.

27. Parti de Ouâdy-Smâlous au lever du soleil, arrivé à El Mekhyl au coucher. C'est une petite ville

romaine, où l'on trouve des citernes sans eau. Il y a
aussi un immense réservoir où devait couler l'eau de la
rivière.

28. Parti de Mekhyl, et arrivé à un endroit où se trouvent des constructions romaines. Il y a un grand nombre de citernes, mais ayant très peu d'eau.

29. Parti de cet endroit au lever du soleil, arrivé au
coucher à El-Temym, où l'on trouve un puits d'une
eau excellente.

30. Parti d'El-Temym en passant par A'yn-el-Ghazâ-
lah, où l'on trouve de la mauvaise eau. De Temym, il
faut s'approvisionner d'eau jusqu'à El-Tharfâouy. Entre
le premier point et celui-ci, il y a trois traites ou trente-
six heures de marche. On voit sur la route plusieurs
citernes sans eau.

31. Parti d'El-Tharfâouy au lever du soleil en prenant de l'eau, et arrivé au coucher du soleil à un
endroit qui se trouve en-deçà de A'qbat-Aoulâd-A'ly. Il
y a des puits profonds, mais l'eau y est mauvaise.

32. Parti de ce lieu au lever du soleil en passant par
A'qbat-Aoulâd-A'ly à midi, et arrivé au coucher du
soleil à un endroit où l'on trouve des puits appelés
El-Abyâr-el-Thouâl. L'eau y est mauvaise.

33. Parti de ce lieu au lever du soleil en prenant
de l'eau ; on couche le soir sur la route.

34. Reparti le matin en passant par un endroit où
l'on trouve des constructions romaines; plusieurs citernes. Il y a un bois de figuiers. On arrive à Schemâs
à sept heures du soir. L'eau y est bonne et abondante.

35. Parti de Schemâs au lever du soleil, arrivé
à El-Methrouhh au coucher. L'eau y est bonne. Il y a
des constructions romaines.

36. Parti d'El-Methroubh au lever du soleil, arrivé à El-Medâroubah, où l'eau est bonne. Cet endroit est au bord de la mer. Il faut s'y approvisionner d'eau pour deux jours.

37. Parti d'El-Medâroubah au lever du soleil, arrivé au coucher à El-Schemâmah. L'eau y est mauvaise.

38. Parti d'El-Schemâmah au lever du soleil, arrivé au coucher à El-Hhemmâm. Il y a des puits. L'eau y est bonne.

39. Parti d'El-Hhemmâm au lever du soleil, arrivé au coucher à El-Roussât. Il n'y a point d'eau.

40. Parti d'El-Roussât au lever du soleil, arrivé à El-Hhousch au coucher. Cet endroit est sur les bords du fleuve de l'Égypte, le Nil.

TRIBUS *arabes sédentaires et nomades, campées dans les lieux indiqués ci-dessus dans l'Itinéraire.*

—

1. Tâgjourâ (sédentaires, habitant des maisons). El-Thyour, Aoulâd-Aby-el-Aschehar, El-Zerqah, El-A'mârenah, El-Tarschah, El-Mathys, Aoulâd Khassyb, El-Gharsah, Aoulâd-A'byd, El-Knâderah, El-A'kâremah, El-Fârcs, Aoulâd el-Qemoudy, El-Merâounah, Aoulâd-Sydy-O'tsmân, Aoulâd-el-Theschâny, Aoulâd-Sydy-A'ly-el-Nefâty, El-Maqâqah. Ces derniers habitent l'extrémité du territoire de Tâgjourâ du côté de l'est.

2. Ouâdy-el-Mesyd (nomades, habitant les tentes). La tribu d'El-A'thâyah qui se divise en trois autres tribus, savoir : El-A'thâyah, El-Zyâynah, El-Qemâthah. Cette dernière tribu se subdivise en quatre autres, sa-

voir : El-A'maryyn, El-A'doul , El-Schahb , El-Me-
râdalt.

3. Aoulâd-Sydy-A'bd-el-A'âthy (sédentaires, habitant des maisons dans les montagnes). Cette tribu se
subdivise en trois tribus : 1° Aoulâd-Sydy-A'bd-el-A'â-
tnhy, El-Hhegjâouât, Aoulâd-Ben-Ahnydy. Ces tribus,
qui habitent la montagne, cultivent la vigne, et ont
des bois d'oliviers et de figuiers.

4. Sàhhel-el-Ahhâmed(sédentaires). Trois tribus :
Aoulâd-el-Scheykh, El-Ahhâmed et El-Kouâraghlyah.

5. Azlyten , jolie petite ville. Deux tribus sédentaires : El-Fouâtyr habitant dans la partie sud, Aoulâd el-Scheykh habitant le côté nord. Cette dernière se
divise en deux tribus, Aoulâd-A'bd-Allah et Aoulâd-
Ahhmed.

6. Messrâtah, assez grande et jolie ville commerçante. Quatre tribus : Aoulâd-el-Mahhgjoub, Aoulâd-
el Scheykh-Zerrouq, El-Kouâraghlyah, El-Ra'yah. Il y
a à Messrâtah beaucoup de dattiers; les chaleurs y sont
excessives. Près de Messrâtah se trouve Tâourghah.

7. El-A'ra'âr. Aucune tribu n'habite ce territoire,
attendu les lacs qui l'entourent. Il n'y a d'ailleurs
point de pâturages. C'est là le commencement de
Sert (Cyrénaïque).

8. El-Ssaqa'h-ou-el-Manschourah, située au milieu
de Sert (nomades , habitant les tentes). Trois tribus :
Ma'dân, El-Qazâzfah, El-Ssahf.

9. Methrâou. Deux tribus nomades : Fethâym et Te-
mâym.

10. El-Za'farân (nomades.) Deux tribus : El-Zâouyah
et Aoulâd-Suleymân. Cette dernière est peu considérable.

11. El-Na'ym. Ce terroir n'est presque point ha-

bité. Une partie des tribus ci-dessus y séjournent quelquefois.

12. A'moud-Qerousch Ce terroir n'est habité quelquefois que par les susdites tribus. On y voit un château et une ville romaine. Il y a de bons pâturages ; il était anciennement habité par les Scherydât. Cette ribu s'étant révoltée contre le gouvernement tripolitain, ils ont été anéantis et n'existent plus.

13. El-Hhenyouah. Ce terroir n'est point habité ; il y existe une construction romaine. On y voit les restes d'une ville qui a dû être bien grande.

14. Solthân. Ce terroir, qui est dans le désert, n'est point habité.

15. Gjeldat-Aby-Sa'dah. Ce terroir n'est point habité.

16. Assryghyn, habité par les tribus ci-dessus nommées et par celle dite El-Sa'âd. Limites de Sert.

17. El-Mana'l, dans Barqah. Deux tribus nomades : El-Hhesoun et El-Sa'âdy.

18. A'ynqân, habité par les susdites tribus.

19. El-Merât n'est point habité. L'eau y est très mauvaise.

20. A'rq-el-Ousbahh. Deux tribus nomades: El-Fergjân et Mesâmyr. D'autres tribus y séjournent ; leurs noms sont inconnus.

21. El-Bouyb. Deux tribus nomades : El-Meqerfyn et El-Hhoutah.

22. Qamyness. habité parfois par les susdites tribus.

23. El-Deghâfelah, habité par les susdites tribus ; il y a près de là une construction romaine.

24. Bény-Ghâzy, ville commerçante sur le bord de la mer, ayant un grand château du côté de l'ouest et

plusieurs tribus sédentaires aux environs, entre autres
Aoulâd Messrâtah et El-Schetâounah.

25. El-Abyâr. Deux tribus nomades : El-A'bydàt et
El-Hherabah.

26. Gjerdès : Amthyryd, très grande tribu nomade et
pillarde. Plusieurs autres tribus dont les noms me sont
inconnus.

27. Ouâdy-Smâlous n'est point habité. Il n'y a
point d'eau. La tribu ci-dessus vient s'y établir en
hiver.

28. Amkhyl, ancienne ville dans le désert, inhabitée
aujourd'hui.

29. Lieu où se trouvent des constructions romaines,
dit El-Qossour, n'est point habité. Les Arabes nomades
A'rab-Hhadoutsah viennent s'y établir en hiver, et en
été vont camper dans la montagne appelée Gjabal-el-
Akhdhar.

30. El-Temym, un peu plus loin que la ville de
Dernâ. Trois tribus : El-Qetha'ân, Zouâbys et Fouâyd.

31. El-Tharfâouy, habité par les susdites tribus.

32. El-Abyâr-el-Thouâl, habité par les susdites tribus, et par celle appelée Aoulâd-A'ly.

Tout le reste du territoire jusqu'à Massr (Caire) est
habité par la grande tribu Aoulâd-A'ly.

RECHERCHES MÉTÉOROLOGIQUES
Proposées par la Société météorologique de Londres.

—

38. Britannia Street, city Road, june 1837.

1. Déterminer la température moyenne de chaque saison de l'année, ainsi que de toute l'année, à diverses stations sur la surface du globe.

2. Indiquer la marche journalière de la température et déterminer la forme de la courbe thermométrique diurne, également à diverses stations; et déterminer par ce moyen les deux périodes de chaque jour, où se rencontre la température moyenne pour chaque station.

3. Déterminer la pression atmosphérique moyenne pour toute période donnée, comme par jour, par mois, par an.

4. Indiquer les divers phénomènes atmosphériques, et l'état du ciel immédiatement avant et après chaque observation.

5. Noter la direction et la force du vent à de nombreuses stations, et déterminer la forme des courbes anémométriques particulières à certaines latitudes, certaines saisons, etc.

6. Déterminer la nature des rapports qui existent entre les courbes anémométriques, barométriques, thermométriques et hygrométriques.

7. Noter les quantités de pluie à diverses stations, et en vérifier la distribution proportionnelle à diverses hauteurs.

8. Rechercher l'influence de la lune sur les phénomènes atmosphériques.

9. Remarquer les retours de pluie, grêle, gelée, brouillard, rosée; la cristallisation de la neige, etc.

10. Examiner les phénomènes de tempêtes, ouragans, tourbillons, etc., et les rapporter à leurs causes originelles.

11. Déterminer jusqu'à quel point les phénomènes atmosphériques sont influencés par l'action volcanique, électrique, magnétique.

12. Former des histoires locales de climat ; constater les maladies prédominantes en chaque station pour chaque mois, et déterminer jusqu'à quel point elles sont influencées par l'action atmosphérique.

W. H. White, *secrétaire.*

Extrait *de plusieurs Lettres de* M. de Falbe *à* M. Jomard, *datées de Tunis,* 16 *et* 30 *janvier.*

—

Depuis ma dernière sir Grenville Temple et moi nous avons fait une excursion à l'île d'*Argimuros* (Zimbrel-el-Gjamour), auprès du cap Bon, ainsi qu'à Porto-Farina et Utica, qui n'a pas été entièrement infructueuse, mais qui a un peu retardé la rédaction de notre *relation,* dont je vous envoie ci-joint les feuilles 8, 9, 10, etc. . . . .

Nous avons escavé un peu plus sur la colline n° 53 (voir le plan de Carthage de M. de Falbe), et nous avons creusé la ruine n° 70, qui est tout près, à 12 pieds de profondeur, sans trouver autre chose que des débris, et vérifié que c'est un temple d'assez curieuse architecture. Nous travaillons avec une soixantaine d'hommes par jour. Aussitôt cette ruine un peu déblayée, nous irons à la recherche de la ville de Nepheris et de la colonie romaine qui a dû y être établie après. Lorsque nous aurons fait cette tournée, nous penserons à une grande course dans l'intérieur, vers Sbiatla et Kef....

COLONIE DE LIBERIA.

Les directeurs de la Société américaine pour la colonisation , qui nomment le premier médecin de la
colonie, lui ont accordé la direction générale des autres médecins. C'est lui qui fixe les lieux où ceux-ci
doivent s'établir, et règle les devoirs qu'ils ont à remplir pour veiller à la santé des habitants. Il y a actuellement trois médecins assistants à Monrovia, à Cald-
wille et à Millsburg. L'infirmerie qui se trouve sur le
Stocktone est sous la direction du médecin en chef qui
réside à Monrovia. Personne ne peut faire usage de
médicaments sans l'ordonnance du docteur que l'on
doit avertir à la moindre indisposition. Tout individu
qui n'est pas à la charité publique est tenu à payer,
d'après ses moyens, les médicaments et honoraires
du médecin, que celui-ci ne reçoit pas, mais qui sont
déposés au trésor de la Société de colonisation.

On vient d'établir une *école* pour les *arts mécaniques* sous le titre de *White planis* (1), *manual-labeur-
school*. Les jeunes orphelins africains y apprennent les
premiers éléments et les arts mécaniques. Ils y sont
reçus depuis l'âge de dix à quinze ans jusqu'à celui de
vingt-un. Cet établissement est situé sur les bords de la
rivière Saint-Paul.

Il existe deux *factoreries* dans le pays de Galinas,
dont on exporte tous les ans plus de 7,000 esclaves.

(1) Ainsi nommée d'après le lieu de ce nom dans l'État de New-York.

(*Extrait du Liberia-Herald.*)

DEUXIÈME SECTION.

Actes de la Société.

PROCÈS-VERBAUX DES SÉANCES.

Séance du 2 février 1838.

Le procès-verbal de la dernière séance est lu et adopté.

M. le duc de Doudeauville, président honoraire de la Société, écrit qu'il regrette beaucoup que le mauvais état de sa santé l'empêche d'assister plus souvent aux séances de la Commission centrale, et de prendre une part plus active à ses utiles travaux.

M. Chevalier, membre de la Société à Amiens, en faisant hommage de son Traité de géographie métallurgique, annonce qu'il s'occupe d'un travail sur les montagnes primitives et secondaires, et d'une nouvelle boussole appliquée aux voyages de long cours.

M. Cassin offre à la Société, au nom de l'auteur, M. Tassin, géographe à Calcutta, une carte de l'Inde en six feuilles, publiée en anglais et en persan.

M. Huerne de Pommeuse présente un nouvel ouvrage sur les colonies agricoles, servant de complément à celui qu'il a publié récemment sur le même sujet, et contenant ses réponses aux questions qui

lui furent soumises, en 1832, par M. le ministre
de l'agriculture, du commerce et des travaux publics sur les moyens d'établir en France des colonies agricoles de divers genres, et d'y fonder une
Société de bienfaisance propre à en assurer le succès.
Cet ouvrage est extrait, comme le premier, des Mémoires de la Société royale et centrale d'agriculture.

M. d'Avezac offre, de la part de l'auteur, M. Charles
Lenormand, le premier volume du cours d'histoire
ancienne qu'il professe à la Faculté des lettres de Paris. M. d'Avezac est prié de rendre compte de cet ouvrage.

Le même membre présente à la Société M. le capitaine William Allen, de la marine royale britannique.
Cet officier, qui a fait en 1833 un voyage dans l'intérieur de l'Afrique, met sous les yeux des membres
une carte du cours des rivières Quorra et Tchadda,
qu'il a relevé avec exactitude, et il annonce qu'il espère
publier incessamment, avec la permission de l'amirauté, les nombreux documents qu'il a recueillis dans
cette expédition. M. le président félicite M. le capitaine Allen sur le succès de sa mission, et il lui té-
moigne tout le prix que la Société attacherait à recevoir ses intéressantes communications.

M. le capitaine Peytier donne lecture de deux rapports qu'il a été chargé de faire; le premier sur la
mesure des hauteurs par l'observation de la température de l'eau bouillante; le second sur les observations
météorologiques et magnétiques faites en Russie, et publiées par M. Kuppfer, de l'Académie des sciences de
Saint-Pétersbourg. Ces deux rapports sont renvoyés au
comité du Bulletin.

M. Gabriel Lafond communique une Notice sur la partie N.-E. de l'île Gilolo, d'après les données de M. le capitaine Despéroux, qui a parcouru pendant plusieurs années les nombreux archipels des Moluques.

M. le président rappelle l'attention de ses collègues sur la nécessité de donner une nouvelle impulsion aux travaux de la Commission centrale, et sur son invitation, MM. d'Avezac et Jomard donnent des renseignements sur la situation des travaux qu'ils se sont chargés de livrer à l'impression pour compléter le tome IV des Mémoires qui est commencé depuis plusieurs années. M. le président communique ensuite la liste des ouvrages qui ont été renvoyés à divers membres pour en rendre compte, et il invite MM. les rapporteurs à communiquer leur travail dans les prochaines séances.

Séance du 16 *février* 1838.

Le procès-verbal de la dernière séance est lu et adopté.

M. Lush, voyageur anglais, qui arrive de Bombay par l'Arabie et l'Égypte, assiste à la séance, et remet à la Commission centrale plusieurs numéros du journal publié par la Société géographique de cette ville.

M. le capitaine Harris, du corps des ingénieurs de l'armée britannique dans l'Inde, écrit du cap Town, le 23 octobre 1837, pour offrir à la Société une carte des contrées nord-est de la colonie du Cap. Cette carte est accompagnée d'une Notice renfermant des renseignements curieux sur les projets et les mouvements des émigrants hollandais qui s'éloignent des fontières de la colonie pour s'avancer dans l'intérieur du pays. M. le capitaine Harris se propose de publier le Journal de son expédition dans l'intérieur de l'Afrique, lorsqu'il aura réuni un nombre suffisant de souscripteurs. Sur la demande de M. le président, la communication de M. Harris est renvoyée au comité du Bulletin.

M. le docteur James Burnes, qui a bien voulu transmettre l'envoi de M. le capitaine Harris, informe la Société de son retour à Bombay, et lui offre ses services.

M. le président donne quelques détails sur la comparaison qu'il a faite de plusieurs cartes avec celle du Quorra, présentée par M. le capitaine Allen dans la dernière séance ; il annonce ensuite le retour de M. Harris d'un voyage de neuf années qu'il vient de faire dans plusieurs contrées de l'Amérique centrale, où il a recueilli de nombreux documents géographiques.

M. Charles Texier, dans une lettre adressée à M. le président, appelle l'attention de la Société su ses derniers voyages en Orient, présente un ensemble de ses travaux, et exprime le désir de concourir au prix annuel pour la découverte la plus importante en géographie. Sa lettre est renvoyée à la Commission du concours.

M. Brière écrit à la Société pour lui annoncer la prochaine ouverture d'un cours public, et gratuit sur les hiéroglyphes égyptiens et les mystères du paganisme, et il adresse des billets d'entrée pour ceux des membres qui voudraient y assister.

MM. Lecoq et Bouillet, secrétaires de la 6ᵉ session du congrès scientifique de France, annoncent à la Société que la prochaine session aura lieu cette année, au mois de septembre, à Clermont-Ferand, et ils la prient de vouloir bien leur adresser les questions qu'elle jugerait convenable, dans l'intérêt de la science, de faire insérer au programme du congrès qui paraîtra le 1er avril prochain.

M. le président apprécie tous les avantages que les sciences peuvent retirer de ces grandes réunions annuelles, et il invite la section de correspondance à répondre à l'appel de MM. les secrétaires du congrès.

M. Albert Montémont fait l'hommage de la 3e édition de ses Lettres sur l'astronomie, édition entièrement refondue et augmentée de nombreux documents. M. le colonel Corabœuf est prié d'en rendre compte.

M. d'Avezac lit une série de notices sur divers voyageurs du moyen âge, Simon de Saint-Quentin, Guillaume de Rubruck, Guillaume de Tripoli, Marc Pol de Venise, Ricoldo de Monte-Croce, les deux Hayton d'Arménie, Jean de Monte-Corvino, Odéric Matthiussi de Frioul, Jean de Core, archevêque de Sultanié, Jourdain de Séverac, Pascal de Victoria, Balducci Pegolotti, Jean de' Marignoli, Mandeville, Ruy Gonzalez de Clavijo, et Hans Schiltperger de Munich.

Dans ces notices, M. d'Avezac présente quelques observations sur le manuscrit n° 7367 de la Bibliothèque royale, d'après lequel la Société de géographie a publié, en 1824, son édition des voyages de Marco-Polo, et il regarde la langue française de ce manuscrit comme celle dans laquelle fut primitivement écrite la relation.

M. Roux de Rochelle rappelle à cette occasion qu'une opinion différente a été exprimée et motivée dans l'in-

troduction du volume publié par la Société : il avait
été chargé de rédiger cette introduction, et son travail
avait été mis sous les yeux de la Commission centrale.
Puisque cette question est mise aujourd'hui en con-
troverse, il demande à développer dans un nouveau
Mémoire les motifs qui l'ont porté à croire que cet
ancien voyageur vénitien écrivit et publia sa première
relation dans sa propre langue. M. le président invite
M. Roux à s'occuper de cette dissertation.

Un membre annonce la mort récente du plus jeune
des fils de M. le capitaine d'Urville, et la Commission centrale exprime les regrets unanimes que lui
fait éprouver cette perte.

MEMBRES ADMIS DANS LA SOCIÉTÉ.

Séance du 2 février 1838.

M. Willam ALLEN, capitaine de vaisseau de la marine royale britannique.

M. LACHEURIÉ, directeur de la chambre maritime
d'assurance.

M. PLOYER, directeur de la compagnie d'assurance
maritime d'indemnité.

Séance du 16 février 1838.

M. Ch. BÉLANGER, naturaliste, ancien directeur du
Jardin Royal de Pondichéry, etc.

OUVRAGES OFFERTS A LA SOCIÉTÉ.

Séance du 2 février 1838.

Par M. Tassin : Anglo-Persian Map of India, 6 feuilles.
— *Par l'Académie de Dijon :* Mémoires et séance pu-

blique de cette Académie pour 1836. 2 vol. in-8°.
— *Par M. Chevalier :* Traité inédit de géographie
métallurgique. 1 vol. in-8°. — *Par M. d'Avezac :* Règlement de la Société météorologique de Londres.

Séance du 16 *février* 1838.

Par M. le baron de Humboldt : Examen critique de la
géographie du Nouveau-Continent, 17ᵉ livraison. —
Par M. le capitaine Harris : Africa, north-east of the
Cape Dolony, 1 feuille. — Sketch of the emigration of
the border colonists. Extracted from the unpublished
Journal of a visit to the chief Moselekatse by capt.
Harris. — *Par M. Lush :* Proceedings of the Bombay
geographical Society. 1836 et 1837. 2 vol. in-8°. —
Par les auteurs et éditeurs : Constantine et terrain
environnant, 1 feuille. Plan de la partie de l'enceinte
de Constantine faisant face au Coudiat-Aty et du terrain des attaques, 1 feuille. Vue de la brèche de
Constantine, 1 feuille. — Encyclopédie nouvelle, 27ᵉ livraison. — Plusieurs numéros des Annales maritimes, — de la Bibliothèque de Genève, — du Journal
asiatique, — du Bulletin de la Société de géologie, —
du Journal des Missions évangéliques, — du Journal
de l'Institut historique, — du Bulletin de la Société
élémentaire, — du Recueil industriel, — du Mémorial encyclopédique, —des Annales d'agriculture de la
Charente, — du Recueil de la Société d'agriculture
de l'Eure, — du Bulletin de la Société d'agriculture
du Mans, — du Bulletin de la Société industrielle
d'Angers, — de l'Institut, — et de l'Écho du monde
savant.

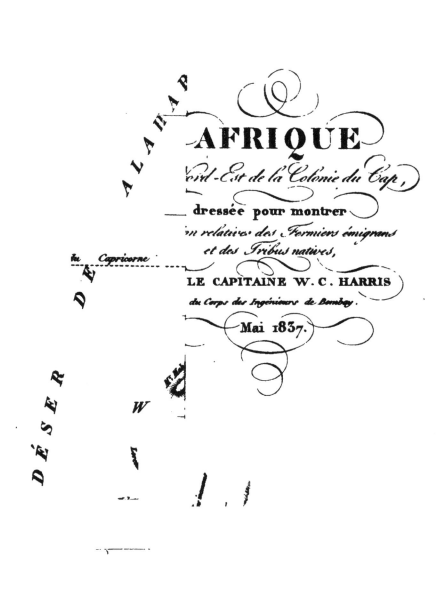

ALABAP

AFRIQUE

Nord-Est de la Colonie du Cap,

dressée pour montrer

...on relatives des Fermiers émigrans
et des Tribus natives,

LE CAPITAINE W. C. HARRIS

du Corps des Ingénieurs de Bombay.

Mai 1837.

Tropique du Capricorne

DÉSER DE

W

BULLETIN

DE LA

SOCIÉTÉ DE GÉOGRAPHIE.

MARS 1838.

PREMIÈRE SECTION.

MÉMOIRES, EXTRAITS, ANALYSES ET RAPPORTS.

MÉMOIRE *descriptif de la route de Tehran à Meched et de Meched à Jezd, reconnue en 1807, par* M. TRUILHIER, *capitaine au corps du génie.*

M. Truilhier, capitaine du génie, qui avait accompagné le général Gardanne en Perse, étant parti en 1809 pour l'Espagne, laissa ses papiers à M. Burckardt, qui avait examiné avec lui ses observations. Ces manuscrits se composent, 1º d'un cahier intitulé, Mémoire descriptif de trois routes reconnues en Perse, savoir, de Tehran à Meched, de Meched à Kengever par Jezd et Ispahan, et de Kengever à Tehran. Malgré son titre, ce cahier ne contient réellement que la description de la route de Tehran à Meched et de Meched à Jezd; 2º plusieurs feuilles contenant tous les relèvements pris successivement sur les trois routes indiquées ci-dessus, excepté cependant une lacune qui se trouve entre Meched et Jezd; 3º un cahier d'observations de hauteurs du soleil et de plusieurs étoiles pour déterminer les latitudes d'un grand nombre de points; malheureusement l'instrument avec lequel elles ont été faites était un mauvais sextant en bois, et

8

elles présentent par conséquent quelque incertitude ; 4° enfin, plusieurs cahiers de calculs. M. Burckardt m'avait donné ces papiers pour que je tâchasse d'en tirer parti. J'avais donc tracé toutes ces routes au moyen des relèvements, et cherché à obtenir les résultats les plus probables des observations. Ce travail interrompu long-temps par beaucoup d'autres occupations m'a paru être de nature à intéresser les personnes qui s'occupent de la géographie de l'Asie. J'ai donc pensé qu'il trouverait un accueil favorable auprès des membres de la Société, et je donne ici le Mémoire descriptif de la route de Tehran à Jezd. Plus tard, j'espère pouvoir donner, ou les relèvements eux-mêmes de toutes les routes, ou le tracé que j'en ai fait, ce qui épargnerait aux géographes qui voudraient les employer la peine d'en faire une construction, qui ne laisse pas que d'être assez longue ; enfin, j'y ajouterai la discussion des observations qui, quoique imparfaites, présentent cependant de l'intérêt pour un pays sur lequel on possède si peu de données certaines.

P. Daussy.

———

On compte 6 farsakhs (1) de Tehran à Rehoun-Abad, qui est fréquemment la première station des caravanes de Meched. Cette route en plaine est sans difficulté. A un fort farsakh de Tehran on traverse les ruines de Raï (Ragœ) ; une partie de l'enceinte est encore nettement indiquée : le reste de l'emplacement offre des ondulations de terrain parsemées de débris de poteries. On remarque une tour dont la projection horizontale est un cercle dentelé ; les pointes ont 2 ou 3 pieds de saillie. Une vague tradition veut qu'elle ait servi

(1) Le Farsakh ou la Parasange est d'environ 17 au degré. D'après une suite de distances données par M. Truilhier en Farsakhs et en kilomètres, on déduirait par une moyenne qu'on peut compter le farsakh pour environ 6 kilomètres.

jadis aux Guèbres pour appeler au son du tambour le peuple à la prière.

Raï était bâti à la pointe d'une montagne nommée *Albourd*, qui est une ramification de la grande chaîne régnant au nord de Tehran : cette montagne est à gauche, et à une forte lieue de la route que l'on suit. Le village Châ-Abdoul-Azem (500 maisons) est bâti sur les ruines de cette ville. On le laisse à très peu de distance et à droite de la route. L'eau qui sert aux besoins de la culture et de la vie vient des fontaines d'Ali (*Ali-Tcheschmé*) par-dessous terre, et du village d'Ali-Schabar à découvert. Les fontaines d'Ali sont un réservoir naturel situé au milieu des ruines de Ragœ. Le village de Châ-Abdoul-Azem tire encore une partie de ses eaux d'un ruisseau assez volumineux qui vient de la gauche, et dont on coupe la direction une demi-heure avant de parvenir au village. A peine dépasse-t on les dernières maisons qu'on aperçoit à gauche l'enfourchement de la route directe d'Aïouanek, laquelle concourt à Sâd-Abâd avec celle que j'ai suivie. Elle lui serait préférable d'après ce que je puis présumer. On pourrait faire station sur le bord de l'un des ruisseaux qui entrent dans la plaine au-delà de la montagne *Albourd*, et l'on arriverait facilement à Aïouanek. On pourrait encore faire la station à Sâd-Abâd.

Au-delà de Châ-Abdoul-Azem commence la contrée de Veraminn, à laquelle une ville ruinée a donné son nom, et qui s'étend jusqu'à Aïouanek inclusivement ; sa largeur est bornée, par les montagnes d'une part, et de l'autre par le désert de Khoum. Elle comprend une centaine de villages qui appartiennent à divers propriétaires et gouverneurs. Arrosée d'un assez grand nombre de ruisseaux qui sortent tous d'une

8.

gorge voisine de Raï, elle offre néanmoins beaucoup
d'intervalles stériles entre les villages.

Les eaux qui traversent la contrée de Veraminn se
pèrdent dans le désert de Khoum; je les ai trouvées .
assez vives et abondantes dans les premiers jours de
juillet. La neige n'avait pas entièrement disparu sur les
montagnes du nord. Le pic de Damavend, remarquable entre ces montagnes par son élévation, ne se dè-
couvre pas toutes les années et jamais avant la mi-
août; c'est du moins ce que l'on m'a assuré.

D'après les renseignements que j'ai pris, il paraîtrait
que le pic de Damavend sépare deux gorges, où
.sont deux chemins de Raï au Mazenderan. Je crois que
le passage occidental est celui connu sous le nom de
Caspiæ-Þilæ. On y voit de gros serpents en assez grand
nombre, et des concrètions sulfureuses; mais aucune
de sel marin. A l'entrée de ce défilé, on voit les ruines
d'un vieux château qui en défendait l'accès.

Dans le pays de Veraminn, comme dans presque
toute la Perse, la distribution des eaux devient pendant
les chaleurs le sujet de querelles fréquentes et quelquefois sanglantes entre les villages. Je consignerai ici
une remarque à laquelle j'ai été conduit par l'aspect
·des limites entre les divers gouvernements et contrées
particulières : c'est que la division de ces gouvernements a été faite anciennement, de manière à réunir
sous l'autorité d'un seul homme un bassin entier ou
une partie de bassin telle qu'elle ne pût donner lieu à
aucune rixe pour le partage des eaux. J'ignore à quel
souverain il faudrait faire honneur de cette conception,
dont la sagesse ne peut être révoquée en doute.
Mais elle me paraît avoir servi de base à une ancienne
division de la Perse, qu'ont défigurée plus ou moins

d'aveugles faveurs après un certain laps de temps.

De Châ-Abdoul-Azem à Rehoun-Abad, on suit d'a-
bord pendant plus d'une heure un petit ruisseau; on
en coupe ensuite plusieurs autres; tous coulent de
gauche à droite, mais dans une direction peu oblique
à celle de la route. On passe aux villages de Khart-
chek (40 maisons) et de Bouïnek (60 maisons). On
en voit 7 de différents points et à peu de distance du
chemin. Le pays est dénué d'arbres, et cultivé dans
les environs des villages.

Rehoun-Abad (200 maisons) appartient à Mirza-
Riza-Khouli, qui possède dans le pays de Véraminn
onze villages jusques et compris Aïouanek. On y voit
d'assez jolis jardins, un courant d'eau assez volumineux, et un moulin qui peut moudre en un jour 45 batman *taurisi* (1) de farine. Les habitants font en grains
une récolté qui excède leurs besoins. Ils exportent leur
superflu à Kachan. Ils récoltent un peu de coton pour
leur consommation, possèdent un millier de moutons
ou chèvres, environ 100 bœufs et 4 ou 500 chevaux,
mulets ou ânes. Le pays de Véraminn est en général
fertile en grains. Il y avait à Rehoun-Abad de superbes
platanes : on n'a pu conserver le dernier qu'en opposant une allégation superstitieuse à la rapacité des
agents du gouvernement, qui avaient fait couper et
enlever les autres.

La plaine de Véraminn se prolonge vers Khoum.

La direction depuis Tehran est presque sud; mais en
partant de Rehoun-Abad pour aller à Aïouanek, on
marche vers l'est la distance de 6 farsakhs. Le chemin
est uni et sans difficulté : le pays est entièrement dé-
-sert et aride au-delà de Guelil-Abad, mais seulement

(1) Le Batman taurisi est d'environ 4 kilogrammes. (Voy. en Perse de
Dupré.)

par intervalle jùsqu'à ce village. On traverse plusieurs
ruisseaux qui, sortis des montagnes par la gorge voisine de Raï, coulent tous à droite vers la plaine de
Khoum. On dit que ces eaux prennent leur source
commune au pied même du Damavend. '

Au sud-est de Rehoun-Abad, et à une petite lieue
de distance, on voit les ruines de Véraminn, qui fut
fondée à l'époque de l'établissement de l'islamisme en
Perse, et fut quelque temps florissante. On reconnaît
l'enceinte d'assez loin, mais elle ne renferme aujour-
d'hui qu'un village. Sur la façade d'une mosquée an-
ciénne, on lit en vieux caractères l'indication de l'époque où fut bâtie la ville. Il est probable qu'elle s'agrandit aux dépens de Ragœ, et qu'après avoir hérité des
avantages d'une situation vers laquelle se croisent les
routes de Tauris au Khorasan, d'Ispahan au Mazanderan, elle les transmit à Tehran lorsqu'elle fut détruite.

La route passe ensuite à Sad-Abad, village de 20 maisons. Là elle s'unit avec la route directe de Raï à
Aïouanek. Une heure plus loin, on voit à gauche les
ruines de vastes écuries que Nadir-Châ avait fait construire pendant un séjour qué son armée fit en ce lieu.
A partir de ce point, on ne voit plus aucun village sur
la gauche. La culture est beaucoup moins étendue
quoique l'eau ne manque pas. On passe successivement aux villages de Zoghrabi (20 maisons), de
Djoumi-Karsoun et de Guelil-Abad (100 maisons).
Dans ce dernier intervalle, on trouve un petit camp
de nomades, on voit encore un peu de culture, et
l'on passe trois ruisseaux; mais quand on est parvenu
à une heure au-delà de Guelil-Abad, il n'y a plus
qu'une bruyère aride jusqu'à Aïouanek; à gauche,
elle est terminée par une montagne continue qui sem-

ble parallèle à la chaîne du Damavend, èt qui se prolonge depuis la gorge voisine de Raï en obliquant vers
la route jusqu'à Aïouanek; cette montagne s'appelle
Kaheurt. A droite, on aperçoit une autre montagne
plus accidentée, qui converge également vers la route
à mesure qu'on avance. Elle contient beaucoup de
sel qu'on en retire près de Khoum, où s'étend son prolongement, par une exploitation réglée. C'est de ces
mines de Khoum que l'on tire le sel qui est transporté
jusqu'à Ispahan, Raicht, etc. On voit au pied de la
montagne, à une forte demi-lieue et à droite de la
route, deux heures avant Aïouanek, de la verdure
produite par l'écoulement des eaux de ce village.

De Tehran à Aïouanek on voit près de la route un
assez grand nombre de levées en terre de forme carrée.
La tradition les suppose autant de villages guèbres ruinés. Aïouanek est bâti très près de la montagne *Kaheurt*, sur les bords d'un ruisseau qui en sort par une
coupure et dont l'eau est bonne. On emploie encore
pour la culture, et même pour les besoins de la vie,
l'eau de quelques sources moins pures et moins douces. On voit beaucoup de figuiers et quelques autres
arbres dans des jardins clos. Le village est fermé d'une
enceinte neuve en terre, de 20 pieds d'élévation; on y
compte 30 ou 40 maisons, mais on achève d'en construire environ 150, sur un rayon d'un quart de lieue,
pour de nouveaux habitants envoyés par ordre du roi.
Il paraît que la situation du ruisseau d'Aïouanek a
déterminé les souverains à y entretenir constamment
la population. Le petit village de Robât où l'on passe,
un quart d'heure avant d'arriver à Aïouanek, et qui en
dépend, peut faire foi de ce qu'on avance ici. Il fut
bâti par Châ-Abbas-le-Grand.

Aïouanek possède environ 20 chevaux et une cinquantaine de mulets ou ânes, 4 ou 500 moutons ou
chèvres, 80 bœufs. Il y a un excédant sur les récoltes
de grains en sus de la consommation. On vend cet excédant aux caravanes, qui ne peuvent éviter de faire ici
une station. Il y a un moulin qui peut moudre en un
jour 2 khalvars (1) de farine. Les habitants d'Aïouanek
font des bénéfices considérables sur la vente aux caravanes de ce qui leur est nécessaire. On croit qu'ils
enfouissent l'argent dont ils peuvent disposer. Ils sont
néanmoins indociles, et répugnent beaucoup à fournir
les chevaux pour le relais de poste.

D'Aïouanek à Aradan on compte 7 farsakhs. A quelques minutes du village on passe le ruisseau dont l'eau
est la meilleure ; il coule directement au sud vers les
montagnes de sel (Kouï-touz), et va se perdre à leur
pied. Le chemin oblique vers le sud-est au travers d'un
désert sans eau, et l'on parvient ainsi à l'entrée du défilé appelé Serdari Khâr ; ce point est à deux heures
d'Aïouanek. On y trouve les ruines d'un caravanseraï
ou château carré, qui fut construit avec des pierres
composées presque entièrement de cristaux de sel. Il
est situé sur un mamelon dont le reste est couronné
d'une levée de terre de forme régulière. Ce mamelon est
bien placé pour empêcher qu'on ne débouche du défilé,
quoiqu'il soit inférieur aux montagnes qui le resserrent.

Voici comment les montagnes m'ont paru s'enchaî-
ner les unes aux autres. La grande chaîne à laquelle
appartient le Damavend n'est plus en vue depuis le désert avant Aïouanek. Près du Damavend, il est probable
qu'elle diverge un peu au nord-est. Il s'en détache

(1) Le Kalvar ou Karwar est d'environ 400 kilogrammes. (Voy. en
Perse de Dupré.)

un grand contre-fort, ou plutôt une chaîne secon
daire dont la direction est un peu au sud de l'est, et
qui enferme la fertile vallée d'Itsch, appelée aussi
Firouz-Kouh. Un rameau de cette dernière forme la
montagne de Kaheurt, à peu près parallèle à la chaîne
principale, et vers l'origine de laquelle prend sa source
le ruisseau d'Aïouanek. Le défilé de Serdari - Khâr
coupe la direction d'un vaste contre-fort, qui, partant
plus loin de la chaîne secondaire, va s'unir, dit-on,
aux montagnes noires de Khourou (Sia-Koù). Ce contre-fort est le Kouï-touz, et autant que j'ai pu en
juger, il se dirige vers le sud-ouest. Il est moins accidenté près de son origine.

Le défilé de Serdari-Khâr a deux lieues de longueur;
il est sinueux. On y trouve plusieurs bonnes positions
défensives. Un petit ruisseau salé le suit d'une extrémité à l'autre, et court vers le pays de Khâr. Un quart
d'heure après l'entrée, on voit à gauche près du chemin une belle roche de sel qui a été jadis exploitée.
Au milieu du défilé est une vallée stérile qui a un fort
quart de lieue de largeur, et plus d'une demi-lieue
dans le sens de la longueur que l'on suit. Le défilé de
Serdari-Khâr, que l'on m'a assuré être le seul passage
pour franchir les montagnes de sel, fut le théâtre du
second combat de Nadir-Châ, lorsqu'il vint du Khorasan attaquer les Agwans, alors maîtres d'Ispahan. Il
fut blessé dans cette rencontre. Les montagnes qui forment le défilé, souvent très serrées et taillées à pic,
ne sont pas en général d'une grande hauteur.

La gorge de Serdari-Khâr, ou plutôt les montagnes de
sel, séparent la contrée de Véraminn du pays de Khâr,
dans lequel on débouche à quatre heures d'Aïouanek;
la première partie en est aride et inculte; on aper-

çoit au süd ouest les montagnes Noires fort éloignées, et le chemin se dirige vers l'est-sud-est, ayant à gauche, à une distance moyenne d'une demi-lieue, les montagnes qui séparent le pays de Khâr du pays d'Itsch. A droite et en avant, on voit une vaste plaine qui ne commence à être cultivée qu'à six heures d'Aïouanek et à quatre d'Aradan. Les six premières sont entièrement désertes et sans eau douce.

Le pays de Khâr contient environ 20 villages; il appartient à divers particuliers et gouverneurs; c'est la dernière contrée de l'Irak-Adgemi; il a pour borne le désert, excepté au nord, où la montagne nommée Kalibav le sépare du pays d'Itsch. Une rivière sort de ces montagnes trois heures avant Aradan, et se divisant en une vingtaine de ruisseaux que l'on traverse tous, va se perdre au sud après avoir arrosé le pays de Khâr. La culture est fréquemment interrompue par des intervalles stériles, et, en général, on la laisse de même que les villages sur la droite. La gorge étroite d'où sort la rivière, éloignée de la route de près d'une heure, offre un chemin par où l'on va à Firouz-Kouh. A la fonte des neiges il est souvent couvert d'eau. De Firouz-Kouh un chemin direct, mais très mauvais, au passage de la chaîne secondaire dont on a parlé, conduit à Tehran en deux journées.

Le pays de Khar est assez abondant en grains et bestiaux. Celui d'Itsch l'est bien davantage, mais il n'est guère plus étendu. Il s'y trouve quelques hordes nomades.

Pour aller du Khorasan à Kachan, sans passer dans le Véraminn, il n'y a qu'une route; elle se sépare au pays de Khâr, traverse un désert aride dans lequel il est très dangereux de s'égarer, le terrain étant très

peu compacte et souvent creux. Châ-Abbas y a fait
établir une route qui conduit à un défilé des montagnes Noires. Ce défilé est le seul mauvais passage.

Les stations en partant d'Aradan sont :

Tourki-Robât (caravanseraï)	6 farsakhs.
Défilé de Sia-Kou	6
Mérindjab (village)	6
Kochan	6
	24 farsakhs.

La route directe ne passe pas à Jateri, mais laisse
ce village à une demi-lieue sur la droite. C'est celle
qu'il convient de suivre ; elle est meilleure.

Aradan a 60 ou 80 maisons, 30 chevaux, 10 mulets,
20 ânes, 20 bœufs, 30 chameaux, 4 à 500 moutons
ou chèvres ; il appartient moitié à Ismaël et moitié à
Mirza-Chèfs : c'est un village abondant. En général le
pays de Khâr n'a besoin d'aucune importation de
grains, bestiaux ou fruits, et a au contraire un superflu. On voit près du chemin des tours parsemées
dans la campagne. C'étaient des lieux de refuge contre
les Turkmen pour les cultivateurs en des temps de
moindre sécurité. Cette époque encore peu éloignée
occasionna la clôture de la presque totalité des villages. Aradan a un petit château en fort mauvais état
sur une butte élevée de main d'homme, ce qui servait
à la fois pour une meilleure défense, et pour voir au
loin.

D'Aradan à Deynemek on compte 3 farsakhs. Le
chemin est uni et sans difficulté. Les montagnes de gauche sont à une distance moyenne d'une lieue. Ce sont
des rameaux irréguliers. A Padi, trois quarts d'heure
après Aradan, finit la culture, et commence un désert

assez étendu. On voit 3 ou 4 villages près de la route dans cette première partie.

Deynemek, hameau de 4 ou 5 maisons avec un caravanseraï est le dernier village de l'Irak. Il est au milieu du désert sur les bords d'un ruisseau dont l'eau est saumâtre et purgative. Il possède 12 bœufs et quelques ânes. On récolte assez de grains pour en fournir à la consommation des caravanes qui font d'ordinaire station en cet endroit. Le ruisseau coule de gauche à droite.

De Deynemek à Laskiert on compte 7 farsakhs. Le chemin est tout désert. Les montagnes de gauche s'approchent insensiblement de la route. C'est un rameau assez élevé dont la pointe n'est plus qu'à un quart de lieue du chemin à 4 farsakhs de Deynemek. C'est à un demi farsakh plus loin que l'on passe, sur un pont d'une arche bâti par ordre de Kerim-Khan, un ruisseau salé fort encaissé, qui est la limite précise du Khorasan et de l'Irak. On appelle le pont Iol-Keupri. Une tour en ruine est à côté. On voit d'autres tours de distance en distance; depuis Deynemek elles formaient une chaîne de signaux entre le pays de Semnann et celui de Khâr, pour avertir de l'approche des Turkmen : cet ouvrage est de Kerim-Khan, qui chercha inutilement à metre un terme à l'anarchie sous laquelle gémissait la Perse. On voit les ruines d'un ou deux villages qui n'ont pas résisté aux déprédations des Turkmen.

A peu de distance au-delà du pont Iol-Keupri, on passe encore deux ravins profonds par le moyen de deux ponts en fascines de 18 ou 20 pieds de longueur. Dans le second de ces deux ravins coule un ruisseau salé. Le terrain va en pente à droite, et vers le point par où l'on arrive. La direction depuis Serdari-Khâr jusqu'ici est au sud de l'est. On oblique ensuite à gauche, et on monte insensiblement vers une ramification large et peu haute, que l'on coupe dans un petit défilé. Cette ramification se prolonge au sud-est, et paraît tenir à une suite de collines nues que l'on aperçoit à une ou deux lieues à droite du chemin, depuis avant Deynemek.

Les hauteurs que traverse le défilé prennent une belle découverte sur le glacis par où l'on monte, et cette position serait bonne à défendre, si elle ne pouvait être tournée. On voit à l'entrée du défilé une tour pour les signaux, qui est éloignée de Laskiert d'un demi farsakh. On débouche après un quart d'heure sur le plateau élevé de Laskiert. A ce point est une source d'eau assez bonne, mais qui cesse tout de suite d'être potable en se versant dans un ruisseau salé qui coule dans la gorge, et descend dans le second ravin dont on a parlé ci-dessus.

Laskiert a un caravanseraï et environ 80 maisons. Le village est bâti d'une manière très bizarre. Les maisons, toutes à deux étages, forment une enceinte circulaire continue, élevée sur un escarpement de terre d'une vingtaine de pieds de hauteur. Cet escarpement, sans doute revêtu primitivement d'une chemise, maintenant taillé à pic, n'est soutenu que par l'extrême compacité des terres. Il ne serait pas facile d'arriver à la porte qui est fort élevée. Laskiert a des jardins étendus et beaucoup d'arbres fruitiers. L'eau est bonne et assez abondante ; elle vient des montagnes d'Itsch, dont le pied se voit à une demi-lieue à gauche. On compte 2 farsakhs de Laskiert au pays d'Itsch, et ce chemin est assez mauvais.

Les revenus de Laskiert apparténaient à la mosquée

d'Imam-Riza de Méched ; Feit-Ali-Châ s'en est em-
paré. Le village est réuni au gouvernement de Semnann.

Le grain que l'on récolte suffit aux besoins. On
recueille aussi un peu de coton qui est vendu à Semnann.

De Laskiert à Semnann le chemin est très bon : il
lescend légèrement. On a toujours à gauche les montagnes à une distance moyenne d'une demi-lieue. A
droite la plaine s'étend, bornée au loin par des montagnes peu élevées. Jusqu'à un farsakh au delà de
Laskiert ces collines ne sont guère éloignées de la
route que d'une demi-lieue. A 2 farsakhs de Laskiert,
selon le compte des habitants, on passe au village de
Sorkha (100 maisons), dont la construction ressemble
à celle de Laskiert. Il est un peu à droite du chemin
sur lequel est bâti le caravanserai. On y voit des jardins
clos assez étendus. Un peu avant Sorkha, on laisse à
droite à 500 toises le village de Dgehan-Abad qui a
20 maisons. A peu près à moitié chemin de Sorkha à
Semnann, on voit à gauche à la distance de 500 toises
et près des montagnes le village de Mouminn-Abad
(15 maisons). Il n'y a de culture que dans les environs de ces divers villages : les intervalles sont déserts.
En général, l'eau du pays vient des montagnes de
droite par des ruisseaux découverts ou des aqueducs
souterrains. On passe trois de ces divers cours d'eau
entre Laskiert et Sorkha. En approchant de Sorkha,
on voit sur la gauche une trentaine de tours disposées
en échiquier dont on a déjà expliqué l'usage pour se
garantir des surprises des Turkmen. Ces tours indiquent une ancienne culture, aujourd'hui beaucoup
diminuée. On passe à côté d'une citerne dont l'eau est

bonne à peu près à la hauteur de Mouminn-Abad; une demi-lieue au moins avant d'entrer à Semnann, on commence à marcher entre des ruines. La culture ne commence guère avant ces.ruines, mais elle en couvre tous les intervalles.

Semnann est une ville réduite à 600 maisons; elle a été bien plus considérable, et sa fondation remonte certainement à la plus haute antiquité. Son ancien nom était Sèm-Lam, de celui de deux prophètes, Sèm et Lam, dont les tombes ont subsisté jadis en ce lieu : c'est par corruption qu'on a formé le nouveau nom de Semnann. Les seules antiquités sont quelques pierres couvertes de caractères cuffiques, m'a-t-on dit. On y découvrait fréquemment des médailles; mais depuis le règne actuel, on cache avec soin celles qu'on trouve dans les ruines, pour se garantir de l'avide et soupçonneuse inquisition de l'autorité, qui suppose des trésors cachés.

Zulfakhar-Khan, frère d'Ismael-Beg-Telaoui es gouverneur du pays de Semnann qui se compose de la ville, 3 ou 4 villages et autant de hameaux. L'impôt est aujourd'hui de 7,000 toumans pour la contrée; il n'était que de 1,000 sous Kerim-Khan. Le gouvernement de Semnann est borné par les deux déserts qui le séparent du pays de Khâr et du caravanseraï d'Aïouann.

Semnann est entouré d'une mauvaise enceinte de briques crues avec un très mauvais mauvais fossé. L'enceinte a 15 ou 18 pieds de hauteur moyenne. Ali-Khouli-Khan, frère d'Aga-Mohammed-Khan avait fait construire dans cette ville un beau palais. Après la mort de son frère, il prétendit à la couronne de Perse. Feit-Ali-Châ, l'ayant invité amicalement à une conférence, le fit arrêter par trahison et lui fit arracher les yeux.

L'eau de Semnann est excellente ; on l'emploie tout entière à la culture ; mais elle est trop peu abondante. La récolte de grains ne suffit que pour trois mois ; on tire le supplément des contrées de Dèmghann et de Khâr. La récolte du coton est considérable : on en fait à Semnann des toiles communes en grande quantité ; on les teint et imprime : elles sont expédiées dans toute la Perse et jusqu'à Astrakhan. Les manufactures emploient encore des cotons apportés de Dèmghann et de Khâr. Ces manufactures paient 2,000 toumans (1) de droit fixé à 2 pour 0/0 ; ce qui conduit à évaluer la fabrication totale des toiles à la somme de 100,000 toumans par an.

Semnann possède environ 600 chevaux, 100 mulets, une centaine d'ânes, autant de bœufs, environ 50 chameaux, 11 moulins à eau qui peuvent chacun moudre en un jour de 2 à 4 khalvar de grains. On donne le vingtième pour la mouture. Il y a deux mesures, la brasse chaï et la brasse *moukesser*. Nous évaluerons ailleurs la première. Leur rapport entre elles est celui-ci : 14 chaï valent 10 moukesser. On divise le rial en 25 *chaï* (monnaie longue), ou 12 $\frac{1}{2}$ chaï (monnaie courte).

L'air de Semnann est très salubre.

A 4 lieues au sud-est de Semnann est une source d'eau thermale qu'on emploie dans quelques maladies.

Un médecin de Semnann m'a dit avoir fait l'épreuve du baume *moumnié* dit de l'os de poule, qui consiste à casser une jambe à cet animal. En une heure de

(1) Le Touman vaut 29 francs 64 cent. (Annuaire du bureau des longitudes).

temps un emplâtre de bitume et une ligature doivent
avoir réparé la fracture.

Le Zabit (fermier) de Semnann m'a dit que les montagnes de ce pays, savoir, celles au-delà de la ville, se
prolongent jusque près d'Iezd.

On compte 5 ½ farsakhs de Semnann au pays d'Itsch.

On m'a assuré à Semnann que le pays d'Itsch n'é-
tait point borné au nord par la grande chaîne, mais
bien par un contre-fort nommé *zerin-kou*, et que l'intervalle entre ces deux dernières montagnes est habité
par des tribus de Turkmen établies sous des cabanes
de paille. Au-delà de la grande chaîne qui porte, dit-
on, le nom de *Sarilov*, il y a un vaste désert.

De Semnann au caravanseraï d'Aïouann on compte
6 farsakhs. Cette route est entièrement déserte et privée d'eau. On a à gauche les montagnes à une distance
moyenne d'une demi-lieue. A trois heures et demie de
Semnann, où commence une montée extrêmement
douce d'une lieue et demie, tous les villages du gouvernement restent alors en arrière.

Le sommet de la montée est une belle position militaire, parce qu'à droite les montagnes se relèvent et
se prolongent indéfiniment. Il n'y a guère plus d'une
demi-lieue entre les montagnes de droite et de gauche. La
descente est courte, praticable et peu rapide; elle conduit
dans un petit vallon perpendiculaire à la direction de la
route, qui se prolonge à droite en une gorge resserrée
entre les montagnes. C'est par là qu'arrivent les brigands turkmen. Un second rameau de montagnes plus
large et plus élevé que le précédent et qui coupe de même
que le premier la direction que l'on suit, ferme d'un
côté la gorge dont on vient de parler. On en monte le flanc
par une pente insensible, aussi d'une heure et demie.

Cette partie du chemin est tortueuse, entre des mamelons et des accidents de terrain qui ne permettent de voir qu'à très peu de distance. C'est le lieu le plus périlleux pour les Turkmen. Les Persans disent que cette route *pue le sang*, pour exprimer la fréquence des assassinats.

En général, le pays actuellement infesté par les Turkmen, n'est que l'intervalle entre Semnann et Damghann; la partie déserte est la plus périlleuse. La route est aussi plus dangereuse l'hiver que l'été; circonstance que l'on attribue à l'usage des Persans, de ne voyager que de nuit pendant cette dernière saison. Les tribus qui attaquent ici les caravanes portent divers noms. Leurs forces ne sont pas considérables; elles sont établies dans le désert à droite de l'intervalle que nous venons d'indiquer, et à la distance de 6 à 8 farsakhs au moins. Peut-être ces tribus sont-elles les mêmes qui se présentent quelquefois sur la route de Tehran à Ispahan, sortant du grand désert salé. Les armes des Turkmen sont la lance, le sabre, l'arc, les flèches et le bouclier. Quand on ne voyage pas en caravane, on prend une escorte de Semnann à Damghann. Avant les temps présents, le péril s'étendait jusque dans le pays de Khâr, comme on l'a observé.

A la seconde montée, les montagnes de gauche, toujours à peu près à même distance qu'auparavant, ne paraissent pas formées de roches; elles sont coupées en plusieurs endroits, et semblent autant de rameaux de la grande chaîne, ayant toutes la direction commune du sud-sud-est. Au reste, il ne me semble pas très facile de démêler ici la direction et l'enchaînement des montagnes, au moins de gauche. Quant à celles de droite, c'est un rameau du contre-fort sur lequel on monte en avançant, et il est éloigné du chemin d'un fort quart de lieue, et du double quand on arrive au point de partage des eaux.

Ce point est encore éloigné d'Aïouann d'environ demi-heure. Depuis Laskiert jusqu'ici, la direction paraît être à peu près de l'ouest à l'est.

Au-delà du point de partage, on a à droite un nouveau rameau de contre-fort, et à gauche un autre pareil, éloignés respectivement d'un quart de lieue. On franchit celui de gauche par une coupure, et on s'avance le long d'un vaste glacis, dont la pente est à gauche vers une vallée déserte ; l'on trouve bientôt après Aïouann.

Le caravanseraï d'Aïouann, station ordinaire des caravanes, prend son nom, qui signifie *fontaine*, d'une source légèrement saumâtre et peu abondante qui surgit de terre, et coule à gauche vers la vallée. Ce caravanseraï est vaste et bien bâti. On voit à côté de lui les ruines d'un autre plus ancien.

Du caravanseraï d'Aïouann à Damghann ou Damkhan, on compte 12 farsakhs. La route se dirige au nord-est ; elle est unie et sans difficulté. Le chemin converge insensiblement vers le fond de la vallée, et traverse un terrain un peu inégal. Le rameau qui règne à droite est peu saillant au-dessus de la crête de ce glacis. On aperçoit dès Aïouann, par le débouché de la vallée, les villages du pays de Damghann qui sont à grande distance : tout le reste est désert. La vallée a deux lieues de largeur, et quoiqu'on ne la découvre guère qu'en arrivant au caravanseraï, son origine semble placée à hauteur de la demi-distance depuis Semnann. Elle est bornée au nord et au nord-ouest par des montagnes élevées et nues, comme toutes celles que l'on aperçoit depuis Tehran.

Dans la belle saison, les caravanes, au lieu de s'arrêter au caravanserai d'Aïouann, vont bivouaquer
près d'une source un peu plus abondante que la première et non moins bonne, située à 2 farsakhs
d'Aïouann, une demi-lieue à droite de la route directe. Cette eau est employée à quelques cultures, et se
perd au-dessous. Les cultivateurs habitent deux petites
tours, qui leur servent en même temps d'asile contre
les Turkmen. On appelle ce lieu Akhouri.

Le chemin continue de suivre le glacis en descendant
insensiblement. On laisse à droite, à un grand quart
de lieue, la pointe d'un rameau perpendiculaire à la
direction de la vallée, et on débouche dans la plaine
de Damghann près d'uu caravanserai en mauvais état,
où il n'y a d'eau que cinq jours sur dix : c'est un ruisseau dont l'origine est située trois ou quatre lieues plus
haut vers le fond de la vallée; il coule alternativement
au profit d'un groupe de 3 ou 4 villages appartenant à
Zulfakhar-Khan, et qui sont cachés deux lieues au nord
d'Aïouann, et ensuite au profit du village d'Emraouan.
C'est dans cette dernière direction qu'il passe à côté
du earavanserai, dont la distance d'Aïouann est estimée 6 farsakhs.

La plaine de Damghann est bornée au nord par des
montagnes hautes, nues et accidentées, qui règnent
à peu près de l'ouest à l'est : leur distance de la route
varie d'une lieue à deux. A droite le terrain est tout
découvert; seulement on distingue vers l'horizon des
pics isolés qui semblent appartenir au système des
montagnes d'Aïouann.

Du Karavanserai à Bakhsch-Abad, station ordinaire
des caravanes, on compte 3 farsakhs. On coupe la
direction de huit ou dix aqueducs souterrains indi-

qués par autant de files de puits, la plupart ruinés et sans eaux. La direction générale de ces aqueducs est de gauche à droite, c'est-à-dire des montagnes vers une file de villages que l'on découvre une demi-lieue à droite vers le désert, et qui sont distribués parallèlement à la route. Leur nombre est de 4 ou 5.

Les premiers villages que l'on trouve à portée du chemin sont ceux de Dёze (6 maisons) , et de . . . . le premier 200 toises à droite, et le second 300 à gauche du chemin en face l'un de l'autre. Il y a un filet d'eau à découvert. Un quart d'heure plus loin, il y a un second ruisseau plus abondant que le premier.

De là, à 2 farsakhs en avant, le terrain est presque tout cultivé; il était inculte auparavant. Il y a un groupe de 7 à 8 villages au centre desquels est Bakhsch-Abad, un peu à gauche de la route. Le seul de ces villages où l'on passe est celui de Daoulèt-Abad; il est nouveau, fermé d'une double enceinte avec fossé, et habité souvent par la famille de Mont-Ali-Khan, gouverneur de Damkhan. Mont-Ali-Khan est frère d'Ismaël-Beg-Telaouï, ministre de la guerre.

Ces villages sont assez agréables; ils ont tous des jardins et quelques belles touffes d'arbres.

Bakhsch-Abad a 50 ou 60 maisons au moins, environ 30 bœufs, 20 chevaux, 30 ânes et mulets, 4 ou 500 moutons ou chèvres. Les eaux sont bonnes, l'air est salubre. Tout ce groupe de villages récolte des grains au-delà de leurs besoins. On exporte le superflu à Damkhann ou à Semnann.

Entre le groupe de villages dont on vient de parler et la ville de Damghann, règne un rideau de terrain qui se rattache aux montagnes. Il n'est guère sensible que parce qu'il cache la vue de cette ville jusqu'à peu de distance; mais il est assez élevé pour ne pouvoir être

arrosé, et il a dû par cette raison être inculte., même
. lorsque¯Hécatompylos florissait.

On trouve une citerne dont l'eau est bonne au tiers
de la distance'de. Bakhsch-Abad à Damghann. Damghann ou Dèmghann ou Damkhan (je crois le premier
nom plus correct) doit avoir 4 ou 500 maisons. Mon
arrivée avait inspiré dans cette ville une extrème dé-
fiance. On m'a assuré que les habitants possédaient
600 chevaux y compris ceux du gouverneur·, 20 chameaux, 10 mules, 100 ânes, 1,000 moutons ou chèvres, 150 bœufs ou vaches. Ces évaluations, surtout
les dernières, me paraissent faibles. Il y a 3 moulins. On
tisse, teint et imprime quelques toiles de coton communes de même qu'à Semnann. Le pays, en général,
est riche et assez abondant; il fournit à Semnann des
grains et même du coton. Les poids et mesures sont
les mêmes qu'à Tehran. Le rial s'y divise soit en 25
chais comme à Tehran, soit en 12 1/2.

La ville est fermée d'une vaste enceinte très délabrée,
dont le développement peut avoir une lieue et demie
au moins; cet espace est rempli de ruines et de terres
cultivées. Il y a beaucoup de jardins. L'eau est très
bonne et abondante; elle est fournie par la petite
rivière de Tchéschmé-Ali, que l'on passe en entrant
dans la ville sur un beau pont de quatre arches. Elle
avait à mon passage 7 à 8 pieds de largeur sur 8 à
10 pouces de profondeur moyenne; son volume diminue encore dans les deux mois suivants. Il est à remarquer qu'au-dessus de la ville on en dérive beaucoup
de canaux pour l'arrosement des terres. Un miracle du
prophète Ali en fit, selon les Persans, jaillir la source
4 farsaks au-dessus de Damkhan, pour satisfaire aux
besoins de son armée. Le cours de la rivière est nord
et sud depuis son entrée dans la plaine, mais il est

bien probable que dans les montagnes elle suit la direction de l'O. à l'E. , en déclinant très peu vers le S.

La contrée de Damghann s'étend depuis Aïouann jusqu'à Deymoullah exclusivement. Elle comprend, m'a-t-on dit , · une trentaine de villages ; mais je crois qu'il faut porter ce nombre à quatre-vingts. Le premier groupe situé au milieu du désert, deux lieues à gauche d'Aïouann , a pour gouverneur Zulfakhar-Kan. La plaine, jusqu'à Meymandous, est sous le gouvernement de Mont-Ali-Kan, son frère ; le reste appartient à Mirza-riza.

Mont-Ali-Kan se rend d'ordinaire au camp d'exercice, où le roi passe la saison des chaleurs. Il avait conduit quelques centaines de soldats.

J'ai cherché les ruines d'Hécatompylos ; j'ai parcouru pendant cinq ou six heures l'espace compris entre Firous-Abad et Deoulet-Abad, au sud-ouest de Damghann. Tous les renseignements que j'ai recueillis tendent à établir qu'il n'existe nulle part des ruines dans les environs, pas même dans le dernier état de délabre-ment. Aucune partie de la lisière du désert du sud ne présente une quantité remarquable de débris de poteries. Mais il y a presque partout des inégalités de terrain sous lesquelles on pourrait à la rigueur supposer des ruines.

La tradition veut qu'une très grande ville ait subsisté en cet endroit. On l'appelait *Chéri guiamusch* (ville d'argent) ; elle s'étendait depuis Firous-Abad jusque près de Deymoullah sur une longueur d'environ 10 farsakhs, et l'eau y venait en partie du Mazanderan. Essayons d'accorder cette tradition locale avec les récits historiques.

L'eau de Tcheschmé-Ali , la meilleure et la plus

abondante du pays, dont le cours coupe au milieu l'étendue indiquée, a nécessairement coulé dans la ville d'Hécatompylos. Située au milieu d'un désert, cette rivière fut la première cause de la fondation et la raison principale de l'accroissement de la ville, je dirai même de la population de la contrée. Mais le Tcheschmé-Ali n'ayant pas de cours souterrain, il faut chercher ailleurs les aqueducs dont parlent les historiens ; de plus, cette rivière coule entre deux plans assez inclinés, qui ne permettaient pas de distribuer sur une grande largeur ses dérivations, si ce n'est à une certaine distance des montagnes du nord. Lorsque la population augmentée a forcé de tirer d'autres eaux par des conduits souterrains, on a dû chercher à raccourcir le développement des travaux, par conséquent s'approcher des montagnes, et les limites de ce rapprochement ne paraissent pouvoir être déterminées.

Dans un pays où l'usage des bains est de la plus haute antiquité, où les chaleurs de l'été sont vives, où l'aspect de la végétation devait être plus agréable par le contraste avec les pays environnants, où enfin l'on aimait à se procurer des cours d'eau dans l'enceinte des maisons, à en juger du moins par de fortes inductions, une ville déjà fondée n'a dû s'étendre que dans les points où les eaux des aqueducs souterrains viennent à surgir, et commencent leur cours à découvert.

A quelques lieues avant et après Damghann, on aperçoit en assez grand nombre ces files de puits. Ceux qui sont ruinés et la plupart de ceux qui ont encore de l'eau se prolongent à droite de la route d'une demi-lieue, plus ou moins, surtout avant d'arriver à la ville. Mais la croupe que forme le terrain près de Meïmandous rend impossible, selon moi, qu'Hécatompylos se soit étendue à l'est à plus d'une lieue et demie de Damghann ; et, comme une ville que l'on nous a peinte si vaste, même entre celles d'Orient, peut bien avoir eu le double de ce diamètre et davantage; comme d'ailleurs on voit des files de puits plus nombreuses et plus rapprochées à l'ouest, et qu'enfin la distance d'Aïouann, station unique pour aller à Semnann, se trouvait ainsi diminuée, tandis que les mulets chargés ne font qu'avec peine, en un jour, la route de Damghann jusqu'à ce caravanseraï, je regarde comme très probables les conclusions suivantes :

Hecatompylos ne s'est guère étendue au nord, et au-dessus de la ville actuelle de Damghann ; elle se prolongeait davantage dans la direction est et ouest, et de telle manière que la plus grande partie de la ville était sur la rive droite de la rivière Tcheschmé-Ali.

On ne trouve plus à Damghann ni dans les environs de médailles, ni de pierres gravées, ce qu'il est facile d'expliquer par l'inquisition oppressive du gouvernement actuel. Anciennement, les découvertes de ce genre étaient fréquentes.

Si quelque voyageur visite Damghann, il me semble qu'il doit chercher les débris informes qui cachent les ruines des villes d'Orient, une demi-lieue au sud de la ville actuelle, et en marchant parallèlement aux montagnes à l'est, mieux encore à l'ouest; il faudrait observer de ne pas s'éloigner de la ligne à laquelle finissent les files de puits devenus hors de service.

La gorge par laquelle la rivière Tcheschmé-Ali entre dans la plaine est commune à plusieurs routes vers le Mazanderan. Nous allons les indiquer.

1° De Damghann à Tchardey (100 maisons) 6 farsakhs.
à Chakou (100 m.) 6
à Ester-Abad 6

Total 18

2° De Damghaun à Tchardey 6
à Djanuama 6
à Ester Abad 7
à Khorabi-Cheri 6
à Eschref 10
à Sâri 8

Total 43

3° De Damghann à Tchardey (100 maisons) 6
à Pâbendey (50 m.) 4
à Lai (30 m.) 6
à Okorka (30 m.) 6
à Sâri (3,000 m) 6

Total 28

5° De Damghann à Astann (30 maisons) 5
à Sorkhadey (10 m.) 4
à Kiousser (100 m.) 6
à Châ-Vilasch (25 m.) 5
à Sâri (4,000 m.) 6
à Balfrousch (10,000 m.) 9

Total 35

Toutes ces routes sont montagneuses et très difficiles. D'après l'idée que l'on m'a donnée de la première, le passage d'une seule montagne exige deux journées entières de marche.

Tous les villages du pays de Damghann sont fermés d'une enceinte. Quelques uns en ont deux, ou un fossé, ou même l'un et l'autre ; ce sont autant de précautions prises contre les Turkmen.

De Damghann à Deymoullâh, le chemin est tout en plaine et sans aucune difficulté. La direction est à l'est-nord-est, la distance de 6 farsakhs ; cet intervalle n'est pas infesté par les Turkmen. Les montagnes restent au nord à une lieue et demie ou deux lieues ; mais cet éloignement diminue insensiblement, et se réduit à une forte demi-lieue près de Deymoullah. Les eaux coulent toutes de gauche à droite, et vont se perdre dans l'immense désert après avoir arrosé quelques villages, qui sont dispersés des deux côtés de la route jusqu'à une lieue et demie ou deux lieues de Damghann, et tous à droite dans la seconde partie. Ces deux parties sont séparées l'une de l'autre par une espèce de croupe peu élevée et inculte ; c'est dans cette position, appelée Meymandous, que les Agwans furent attaqués la première fois par Nadir-Châ, lorsqu'il vint délivrer la Perse du joug de ces étrangers. On a dit ailleurs que la seconde bataillé fut livrée au défilé de *Serdari-Khâr*. La troisième et dernière eut lieu à Moutchi-Khâr, sur la route de Tehran à Ispahan. La fortune fut constamment favorable à Nadir-Châ. Il portait alors le nom de Thamas-Khouli-Khan, sous lequel il est plus connu en Europe.

Jusqu'à la position de Meymandous, on voit beaucoup de files de puits qui sont la plupart en ruines ; elles servaient jadis à conduire l'eau des montagnes, soit à Hécatompylos, soit à divers villages ruinés. Les villages subsistants ont tous des jardins clos assez étendus. Les terres cultivées forment à l'entour des espaces isolés, entre lesquels on aperçoit des bruyères. Ce pays de Damghann est un de ceux où les effets de la dépopulation frappent davantage les yeux.

Sur la croupe de Meïmandous, dont on a parlé ci-

dessus, à 400 toises à droite de la route, est bâti le village
d'Ibrahim-Abad (20 maisons) ; de là jusqu'à Deymoullah, s'étend la juridiction de Mirza-Riza, fils de Mirza-
Méhédi-Khan, historien de Nadir-Châ. Le premier,
après avoir gouverné Chiras comme visir de Baba-
Khan, qui règne aujourd'hui, s'est retiré dans ses terres.
Il possède ici 12 ou 13 villages, et habite celui de Ka-
der-Abad (15 maisons), où l'on passe. Un petit quart
d'heure auparavant, on passe à Neïm-Abad (15 maisons), et le village de Meymandous (40 maisons), est un
peu à droite de la route, et plus près d'Ibrahim-Abad
que de Neïm-Abad. Il a donné son nom à la position,
et il est remarquable par un petit ruisseau dont l'eau
est bonne. A Deymoullah, l'eau est saumâtre ; tout près
de ce dernier village, est un ruisseau découvert dont
l'eau est bien préférable.

Deymoullah, bâti sur une butte, est fermé d'une enceinte assez élevée. Il y a 150 maisons, environ 50 chevaux, 6 mules, 30 ânes, 40 bœufs, 1,000 moutons ou
chèvres, 6 moulins à eau, qui peuvent moudre chacun
en un jour de 60 à 150 batmans taurisis de grains. On
récolte assez de grains et beaucoup plus de fruits qu'il
n'en faut pour les besoins des habitants. Les grenades
de Deymoullah sont fameuses ; l'eau est saumâtre.
Pour aller du village au caravanseraï, qui est en fort bon
état et situé au nord, on marche un quart d'heure à
travers des jardins clos. — Les poids et mesures sont les
mêmes qu'à Tehran ; le rial se divise, comme à Damghann, soit en 25 chaïs, soit en 12 ¼. A Deymoullah,
commence le gouvernement de Bastan ; il y a deux ou
trois villages à très peu de distance de celui-ci.

De Deymoullah à Chahrout 4 farsakhs ; la direction à
peu près nord-est ; le chemin est uni et sans difficulté. On

sérre de plus en plus les montagnes de gauche, qui sont
hautes, accidentées, et présentent dans cet intervalle
les pointes d'un vaste contre-fort dont l'origine me paraît devoir être placée près de la source de Tcheschme-
Ali, et qui ferme probablement au nord le vallon de
cette rivière. La plus grande proximité des montagnes
au chemin est d'un quart de lieue. Le terrain est stérile
à gauche, et prend sa pente à droite, vers le fond
d'une petite vallée où l'on voit quelques villages. La
largeur de cette vallée est bornée à droite par une suite
de montagnes peu élevées, entrecoupées, irrégulières,
qui semblent formées de terre; elle sont éloignées du
chemin d'environ trois quarts de lieue; elles sont
peut-être le relèvement du contre-fort de gauche, qui
est abaissé de telle manière entre deux, qu'à peine
peut-on distinguer le point de partage des eaux au
nord et au sud, si même il existe; la vallée a la même
direction que le chemin. Chahrout est bâti au pied d'un
petit rameau de rochers que le contre-fort lance dans
la plaine, dans une direction sud-est. Une coupure
dans ce rameau amène de Bastan un ruisseau volumineux qui arrose les vastes jardins distribués autour de
Chahrout. Cette ville, que le voyageur Forster a mal à
propos confondue avec Bastan ou Bôstan, n'a pas plus
de 3 ou 400 maisons. Elle a dû être plus considérable; une partie seulement est close d'une enceinte de
briques crues de vingt pieds de hauteur, précédée d'un
mauvais fossé.

Chahrout possède, m'a-t-on dit, une centaine de chevaux, autànt d'ânes, sept moulins qui peuvent moudre
chacun de 100 à 200 batmans taurisis de grains en vingt-
quatre heures; on laisse le vingtième pour la mouture.
Il n'y a pas beaucoup de bœufs, la principale culture

étant celle des jardins et des arbres fruitiers. On ne récolte pas assez de grains pour la consommation, et
l'on tire le supplément d'une douzaine de villages distribués dans les environs. On recueille assez de coton ;
il est tissé dans le pays en toiles communes qu'on imprime quelquefois; on n'exporte guère ces toiles. —
Poids et mesures de Tehran. Le rial se divise, soit
en 25 chaïs, soit en 12 ½. Chahrout est sous un climat
très froid; c'est la station ordinaire des caravanes.

Le pays de Bastan ou Bôstan s'étend depuis Deymoullah jusqu'à Abbas-Abad inclusivement. Il comprend
deux villes, Bôstan et Chahrout, et, dit-on, une trentaine de villages; mais je crois qu'il faut doubler ce
nombre. Le gouverneur-général s'appelle Mahamed-
Zeman-Khan; il réside au village de Deoulet-Abad, à
une demi-lieue de Bôstan.

Bôstan est situé au nord-nord-est de Chahrout, à une
lieue et demie de distance, au milieu d'une petite
plaine dont le banc de rochers cache la vue. Le pays
est riche et abondant en grains, bestiaux, fruits et coton; il abonde aussi en chevaux. La ville de Bôstan
passe pour être plus grande que Chahrout. On exporte
le coton dans le Mazanderan, de même qu'une partie
des toiles qu'on fabrique.

Tous les villages de la plaine de Bôstan et de la
plaine de Chahrout sont fermés, environnés de jardins; les terres bien arrosées et bien cultivées; l'eau
est fort bonne. Anciennement les caravanes de Tehran
à Hérat quittaient souvent à Chahrout la route de Méched, et se dirigeaient par Tourchisch, comme le
prouve l'itinéraire de Forster. Mais la rébellion de
Tourchisch, dont le gouverneur s'est maintenu indépendant depuis la fin de l'anarchie, les a forcées de

choisir une autre route, et la première n'est plus pratiquée.

De Chahrout aux frontières du gouvernement de Châ-Zade-Mahamed-Veli Mirza, la route est presque entièrement déserte et les caravanes exposées aux déprédations habituelles des Turkmen.

La route de Bôstan à Ester-Abad est très mauvaise, montagneuse et étroite ; elle offre des précipices dangereux. On y trouve des bois assez considérables. La distance est de 16 farsakhs, que l'on fait en deux journées. La station est à un caravanseraï nommé Robât-Séfid, à mi-chemin.

Le village de Bedescht, éloigné de Chahrout d'un farsakh, est bâti à la pointe du banc de rochers. Il a de vastes jardins. Au-delà commence un grand désert que l'on peut appeler le domaine des Turkmen, et telle est la terreur que ces brigands inspirent, qu'une caravane déjà forte d'environ 200 hommes, sachant mon arrivée, m'attendit plusieurs jours dans l'espérance de profiter d'une escorte de 20 fusiliers qui m'était promise.

Bedescht a .... maisons, 10 chevaux, 100 bœufs, 20 ânes, 4 ou 500 moutons et chèvres, 3 moulins ; le territoire est fertile. On vend à Chahrout le superflu des récoltes. L'eau est bonne et abondante.

De Bedescht à Meïamenn il y a 9 farsakhs. La direction est, de l'O. à l'E., jusqu'à 2 farsakhs de Meïamenn, où le chemin oblique au N.-E. La route est toute déserte et aride après qu'on a passé un petit ruisseau qui coule de gauche à droite, à une lieue de Bedescht. A 4 farsakhs de ce village est un caravanseraï en mauvais état, dans la citerne duquel il y a quelquefois de l'eau. Dans ce cas, il vaudrait mieux faire station ici qu'à Bedescht. Le caravanserai fut bâti par Châ-Abbas.

La route suit à mi-pente une vaste croupe qui se rattache à droite à des coteaux continus depuis Dey-moullah. De l'autre côté, on voit le fond de la vallée qui oblique un peu à gauche, à partir de Bedescht. Elle est terminée à deux ou trois lieues du chemin par des montagnes arides et basses qui offrent l'aspect de coteaux entrecoupés. Derrière ces montagnes commence le pays des Turkmen, qui s'étend au nord et au nord-est jusqu'à Bôkhara.

Les Turkmen (peuple tartare) habitent sous des tentes. Dès les temps les plus reculés, l'histoire parle des déprédations qu'ils commettaient en diverses parties de la Perse, voisines de leur pays, surtout lorsque la faiblesse du gouvernement ou les troubles civils favorisaient leurs entreprises. Pendant l'anarchie qui suivit la mort de Nadir-Châ, aucun point du Khorasan n'était à l'abri de leurs incursions; et cet état de choses a duré jusqu'à l'installation de Cha-Zadé-Mahamed-veli-Mirza, comme gouverneur de Mèched.

Sous le gouvernement vigoureux de quelques souverains guerriers, tels que Nadir, Roustam, etc., les tribus de Turkmen furent momentanément assujetties, c'est-à-dire réduites à ne plus exercer de brigandages. On chercha vainement à les soumettre d'une manière définitive en diminuant leurs forces, et pour cet effet on envoya, à diverses époques, un grand nombre de familles dans l'intérieur du pays comme pour servir d'otages. La tradition rapporte que Roustam avait ainsi changé l'habitation de 2,000 familles : Nadir-Châ suivant le même plan, en envoya beaucoup du côté d'Hamadan, mais jamais la soumission des Turkmen qui restèrent dans le pays ne fut durable; et, dans les temps modernes, leur haine contre les Persans fut envenimée par la différence de religion ; ces derniers s'étant séparés des musulmans sunnis en adoptant les dogmes qui distinguent les Chyas.

Je regarde comme une opinion probable que des recherches historiques faites sur les lieux établiront d'une manière positive, 1° que dans les temps reculés les Turkmen envahirent les contrées de Bastan, de Damghan, de Semnann, et peut-être de Khar ; 2° qu'ils y bâtirent ou occupèrent des villes ; 3° que ce pays est celui connu des anciens sous le nom de Parthie, proprement dite ; 4° que les Parthes ayant conservé par leur origine, leur langue, leurs mœurs, leur manière de combattre, peut-être même leur religion, une espèce de fraternité avec les autres Turkmen, s'aidèrent des forces de plusieurs tribus restées nomades, lorsqu'ils renversèrent, sous la conduite d'Arsace, la domination des Seleucides, alors établie en Perse ; 5° que si le nom de Parthide, donné aux contrées que nous venons de désigner, n'est pas antérieur à la conquête faite par les Turkmen, et je le crois ainsi, il devient vraisemblable que l'on pourra trouver quelque tribu de Turkmen qui s'appelle *Part* encore de nos jours. On a dit plus haut quelles étaient les armes des Turkmen ; on ajoutera ici qu'ils attaquent par une charge directe, et que leurs chevaux ne sont pas exercés à ces mouvements souples par lesquels un cavalier accoutumé à combattre corps à corps évite le péril et porte des coups imprévus.

On estime à 40 ou 50,000 familles la totalité des Turkmen qui habitent le pays indiqué ci-devant à gauche de la route de Méched. Ce nombre augmente ou diminue, parce qu'ils n'ont point de demeure fixe, et

parce qu'ils transportent quelquefois leurs tentes jusqu'aux bords de la mer Caspienne d'une part, et de
l'autre jusqu'au pays des Agwans, pour faire quelque
commerce avec ces derniers peuples ou avec les
Russes. Ils vendent les beaux tapis du Khorasan,
que les femmes tissent habituellement, des pelleteries
et des esclaves. Ils prennent en échange divers objets.

Sur les 50,000 familles dont on a parlé, un quart ou
à peu près est actuellement soumis au gouvernement
persan. Ils se sont établis d'une manière plus fixe, mais
sans abandonner leurs tentes, dans le désert à droite
de la route et en d'autres lieux où s'étendent la surveillance et la protection des Persans.

Le nombre des acharets ou tribus est très grand;
aucune ne surpasse beaucoup les autres par sa puissance. Elles obéissent toutes à des chefs dont l'autorité
est peu considérable. Les Turkmen sont sunnis; ils
font les cinq prières, les ablutions, et déposent fidè-
lement la dîme entre les mains d'un imam; cette dîme
est employée en aumônes distribuées principalement
dans le pays des Agwans lorsqu'ils s'y rendent, ou au
profit de quelque fondation pieuse dans ces contrées
où règne la même secte de l'islamisme.

La misère est inconnue entre les Turkmen; leurs
richesses se composent, 1° de leurs troupeaux; 2° des
récoltes sur différents terrains qu'ils ensemencent;
3° du pillage des caravanes; 4° de quelque industrie,
par exemple le travail des tapis.

Les Turkmen ont en général une physionomie bien
caractérisée; de petits traits, une barbe peu fournie,
de petits yeux très vifs, un front large, un nez retroussé,
la peau plissée sur les tempes, et presque toujours une

expression de méchanceté comme de laideur sur la figure.

Leurs habits sont très simples ; une robe de toile de coton piquée et rayée de deux couleurs, une calotte de même étoffe, voilà le costume des hommes du commun, et, à peu de chose près, celui de leurs principaux chefs.

Le luxe en chevaux ne rapproche pas moins les rangs chez les Turkmen que la misérable simplicité des habits; ils en ont généralement de très bons et même de beaux. Si leurs races de chevaux n'égalent pas celles des Arabes pour la perfection des formes, elles l'emportent pour la taille, pour la résistance à la fatigue, la facilité de s'acclimater dans les pays froids, et elles partagent d'ailleurs l'exemption de vices commune aux chevaux élevés par des nomades. Les plus renommés sont ceux de la tribu Téké, au nord du Kourdistan.

Les Turkmen, comme on l'a dit, sont dans un état habituel de guerre avec les Persans. Ils attaquent fréquemment les caravanes, en force de 50, 100 et jusqu'à 150 hommes. Semblables à tous les peuples voleurs, c'est surtout le butin qu'ils recherchent; une défense audacieuse et ferme leur en impose. Quand ils sont les plus forts, ils réduisent leurs prisonniers en esclavage. J'ai cherché à connaître, indépendamment de toute prévention, quel était le sort des esclaves. En général, les vils emplois, comme la culture des terres, le service du ménage et le soin des troupeaux, sont leur partage. Il paraît même que les cinq ou six premiers mois, on leur inflige de mauvais traitements pour les obliger à se procurer le prix de leur rançon. Cette circonstance n'a pas lieu sans exception; elle est du reste assez efficace, et beaucoup d'aumônes sont

appliquées à leur délivrance dans les pays environnants.
Quand il n'y a plus lieu d'espérer une rançon, on vend
quelquefois les individus aux Agwans ou aux Kalmouks ;
mais d'ordinaire on leur prescrit un travail habituel,
et on leur laisse à disposer d'une ou deux heures, plus
ou moins, chaque jour, pour travailler à leur profit. On
respecte la propriété qu'ils acquièrent ainsi par un sur-
croît de labeur, que ce soit des troupeaux, de l'argent
ou autre chose; et les esclaves, après un certain nombre d'années, achètent souvent leur liberté de cette
manière pour une somme originairement fixée. J'ai vu
un individu qui avait obtenu la sienne après vingt-cinq
ans de servitude, de la pieuse libéralité d'un vieux Turkmen qui n'était pas son maître, et chez lequel l'esprit
de secte n'avait pas éteint l'humanité. Il arrive aussi
qu'au lieu de fixer une somme d'argent pour condition
du rachat d'un esclave, on lui impose simplement le
travail de tant d'années. De quelque manière qu'un
Turkmen ait déterminé l'époque ou le prix de la liberté,
il tient religieusement sa promesse; il y a de fréquents
exemples de l'indignation universelle excitée dans une
tribu contre un maître avare qui différait au-delà du
terme l'affranchissement d'un esclave. J'ai entendu
exalter les qualités morales des Turkmen par un Persan qui était resté nombre d'années en servitude. Il
m'assurait que la plupart des esclaves devenaient, après
un laps de temps, beaucoup plus riches et plus heureux que les paysans des villages. Lui-même était dans
ce cas, et sans la différence de religion, me disait-il,
il ne serait jamais revenu dans son pays.

Les femmes prises par les Turkmen sont vendues le
plus souvent. Ils les donnent quelquefois en mariage
aux esclaves de la même nation, et il est bien rare

qu'ils s'en servent eux-mêmes pour leurs plaisirs.

La langue turque, telle que la parlent les Turkmen, est généralement répandue dans le Bastan, ce qui n'est pas étonnant. De vingt-quatre hommes qui m'ont escorté jusqu'à Mezinann, aucun, à ce que je crois, n'avait échappé à l'esclavage.

La description que je viens de donner est peu conforme aux idées répandues par quelques voyageurs. En général, il y a de bonnes raisons de se tenir en garde contre les assertions des Persans ; leur haine contre les Turkmen est d'ailleurs suffisamment justifiée. On donne une récompense de 5 toumans à celui qui apporte la tête d'un Turkmen.

(La suite au numéro prochain.)

———

Esquisse *des voyages d'exploration des navires* l'Adventure *et le* Béagle, *de* 1825 à 1836, *commandés par les capitaines* P. P. King, P. Stokes *et* R. Fitzroy, *de la marine royale d'Angleterre* (1).

———

Les meilleures cartes des côtes de l'Amérique méridionale qui avaient été dressées par les Espagnols et par

———

(1) La liste des positions déterminées dans l'expédition du *Béagle*, de 1831 à 1836, nous a paru nécessaire à donner dans le Bulletin, comme une des données les plus précieuses qui puissent contribuer au perfectionnement de la géographie. Nous avons cru devoir la faire précéder de l'esquisse de cette expédition, présentée par le capitaine Fitzroy à la Société de géographie de Londres, peu de temps après son arrivée. On y verra tout l'intérêt que présente ce travail, dont il est à espérer que les détails seront bientôt publiés. P. Daussy.

les Portugais étaient reconnues insuffisantes, attendu la grande extension du commerce avec ces contrées, lorsque la France et l'Angleterre entreprirent l'exploration de toutes ces côtes pour l'utilité de la navigation générale. Les Français reconnurent les côtes du Brésil et les Anglais celles de la Patagonie, de la Terre de Feu, du Chili et du Pérou. En 1825, deux bâtiments, l'*Adventure*, de 330 tonneaux et *le Beagle*, de 235, furent disposés pour cette expédition. Le capitaine Philippe-P. King eut le commandement du premier, et fut chargé de la direction du travail; le second fut commandé par le capitaine Pringle Stokes; ils quittèrent l'Angleterre en mai 1826.

La côte orientale de la Patagonie, la plus grande partie du détroit de Magellan, et une étendue considérable des côtes occidentales de la Patagonie avaient été explorées lorsque la mort du capitaine Stokes vint interrompre ce travail. Le lieutenant Skyring, qui a depuis perdu la vie, fut choisi par le capitaine King pour remplacer momentanément le capitaine Stokes dans le commandement du *Beagle*; mais peu de temps après, le commandant en chef de la station le remplaça par l'auteur de cette Esquisse (le capitaine R. Fitzroy). En 1829 et 1830 les deux bâtiments continuèrent la reconnaissance avec l'aide d'un troisième plus petit, commandé par le lieutenant Thomas Graves.

A la fin de 1830, ils retournèrent en Angleterre, ayant ajouté aux travaux déjà faits les cartes des côtes S.-O. et S. de la Terre de Feu, et un grand nombre de passages entre les îles qui la composent. Des recherches de différentes espèces furent aussi faites dans l'intérêt des sciences, et les résultats en seront publiés dans le plus bref délai. Un mémoire sur ce sujet, écrit

par le capitaine King, fut lu à la Société royale de
géographie de Londres au mois de mai 1831. Dans
l'automne de la même année, *le Beagle* fut encore
une fois préparé pour un nouveau voyage d'exploration. Le plus grand soin fut apporté à son armement.
Rien de ce que sa capacité lui permettait de prendre
ne fut oublié, et à la fin de l'année 1831, il fit voile
de Plymouth.

Un des principaux objets de cette expédition étant
la détermination des longitudes, *le Beagle* fut pourvu
d'un grand nombre de chronomètres, et il reçut ordre
de faire les traversées les plus courtes, et de relâ-
cher souvent, afin d'obtenir les observations nécessaires pour bien connaître la marche des chronomètres.
Jusqu'à son arrivée dans la rivière de la Plata, son
principal emploi fut de mesurer des différences de
méridien auxquelles il ajouta quelques nouvelles données à ce que l'on savait déjà sur les écueils des
Abrolhos et la côte du Brésil.

Tandis que les officiers du *Beagle* remplissaient à
bord leurs fonctions habituelles, M. Charles Dawin,
volontaire plein de zèle, examinait les rivages. Il fera
connaître les résultats qu'il a obtenus par une réclu-
sion volontaire de cinq années, et par des travaux uniquement excités par le désir de servir les sciences. La
géologie était le but principal de ses recherches.

A partir de la rive droite ou du sud, du large
fleuve de la Plata, toute la côte a été examinée de très
près et tracée sur une grande échelle. On a levé le plan
de tous les ports et de tous les mouillages. 30 milles
du Rio-Negro et 200 milles de la rivière de Santa-
Cruz ont été explorés et tracés, et une carte des îles
Falkland a été levée. Ces derniers produits du voyage du

Beagle sont maintenant sous la main des graveurs.

Avant de passer à ce qui a été fait à l'ouest du cap Horn, il est juste de remarquer que la reconnaissance détaillée d'une si grande étendue de côtes dans un si court espace de temps est due à l'activité infatigable du lieutenant John C. Wickham, et de MM. J. L. Stokes, et B. Usborn, qui, bravant tous les dangers, travaillèrent nuit et jour pendant la première année dans deux petites chaloupes pontées, et ensuite dans un sloop. *Le Beagle* explora la partie sud de la côte, tandis que des sections détachées examinaient la portion entre le port Désiré et la baie Blanche, et plus tard les îles Falkland.

A l'ouest du cap Horn, et jusqu'au 46° degré de latitude sud, on ajouta peu de chose aux résultats du premier voyage; d'abord parce qu'on en avait assez fait pour les besoins des bâtiments qui passent dans ces régions affreuses, et ensuite parce que beaucoup d'autres travaux plus importants appelaient l'attention des explorateurs. Depuis le 46° degré jusqu'à la rivière de Guayaquil toutes les côtes du Chili et du Pérou ont été reconnues, et tous les ports et les rades de ce littoral ont été soigneusement examinés.

Il n'existait aucune carte de l'archipel de Chonos. Sur les îles de Chiloe, les cartes espagnoles étaient en erreur de 25 minutes en latitude. Pour les autres parties de la côte, on n'avait qu'un mélange de bonnes et mauvaises descriptions, qui tantôt étaient utiles, et tantôt présentaient plus d'inconvénients que d'avantages. Les points que Malespina, Espinosa ou Bauza avaient visités dans l'expédition de *la Descubierda* et *l'Atrevida* étaient bien placés sur les cartes, mais les détails intermédiaires ne pouvaient pas être mis en parallèle avec les résultats de leurs travaux, ni avec ceux qui avaient été exécutés dans les environs de Lima par les élèves de l'école de marine, sous la direction de D. Éduardo Carasco et de ses prédécesseurs. La moitié de la côte du Chili a été levée en détail par le lieutenant B. J. Sullivan, dans un petit schooner qui avait été loué à cet effet, à D. Antonio Jose Vascuñan de Coquimbo. Toute la côte du Pérou fut ensuite examinée de très près par M. A.-B. Usborne dans le même bâtiment, dont on avait fait l'acquisition pour ce travail, et qui avait été armé par *le Beagle*. L'exploration de M. Usborne fut faite pendant que *le Beagle* levait les îles Galapagos et traversait le grand Océan pour retourner en Angleterre par le cap de Bonne-Espérance.

Des copies des cartes des côtes adjacentes à Buenos-Ayres, de toutes celles du Chili et de la plus grande partie de celles du Pérou ont été données avant le départ de nos bâtiments aux gouvernements de ces pays, long-temps avant que les documents originaux fussent parvenus en Angleterre.

Quatre années s'étaient écoulées depuis que *le Beagle* avait quitté l'Angleterre, et les trois quarts du globe restaient encore à traverser. Ce petit navire quitta enfin l'Amérique méridionale, et se dirigea sur Tahiti.

Dans son passage à travers l'archipel dangereux où il découvrit deux ou peut-être trois îles nouvelles, il n'eut d'autre guide que les cartes et les instructions de Krusenstern. A Tahiti, un Anglais fort intelligent, qui depuis plusieurs années faisait le commerce avec les habitants de ces nombreuses îles de corail, nous procura une carte manuscrite de ce dangereux labyrinthe, ainsi que des renseignements fort utiles.

Les différences de longitude étant maintenant le principal objet, on fit les traversées d'un point à un autre avec toute la promptitude possible, et on ne prit que le temps absolument nécessaire pour faire les observations. Aussi on ne passa guère qu'une semaine, en terme moyen, à chacun des lieux suivants : Tahiti, Nouvelle-Zélande (baie des Iles), port Jackson (Sydney), terre de Van Diemen (Hobart Town), port du roi George, îles Keelings, Maurice, cap de Bonne-Espérance, Sainte-Hélène, Ascension, Bahia (au Brésil), Fernambuco, îles du cap Vert et Açores. *Le Beagle* arriva au commencement d'octobre 1836 à Falmouth, et vint ensuite à Plymouth, Portsmouth et Greerwich; enfin, les marches des chronomètres furent pour la dernière fois réglées à Woolwich.

M. Usborne était revenu du Pérou par le cap Horn(1).

(1) A cette esquisse rapide qui suffit néanmoins pour faire connaître tout l'intérêt que présente cette expédition, M. Fitzroy a ajouté quelques détails sur la Patagonie et ses habitants, sur quelques uns des points qu'il a visités, sur les effets du tremblement de terre qui, le 20 février 1835, bouleversa une grande partie de la côte du Chili. Tous ces détails sont fort importants, mais leur étendue ne permet pas de les reproduire ici. Nous nous contentons donc de donner la table des positions déterminées par *le Beagle.*

Positions déterminées par le Beagle.

CÔTES.	NOM DU LIEU.	POINT DÉTERMINÉ.	LATITUDE.	LONGITUDE A L'OUEST DE PARIS		VARIATION.
				en temps.	en degrés.	
			Nord.	h. m. s.	° ′ ″	° ′
	Devonport. .	Les Bains.	50.22. 0	0.26. 2	6.30.24	25.18 O.
	Falmouth. ·.	Château Pendennis.	50. 8.33	0.29.33	7.23. 9	
	Tercère. . .	Mont Brazil. . . .	38.38.35	1 58.14	29.33.24	24.18
	Saint-Michel.	Château Saint-Braz.	37 43.58	1 52 3	28. 0.39	
	Saint-Iago .	Ile Cailles, Gun-Point.	14.54. 2	1.43 22	25.50.24	16.30
			Sud			
Brésil.	Pernambuco.	Fort Picao. . . .	8. 3.35	2.28.48	37.11.54	5.54
	Bahia . . .	Fort S.-Pedro. . .	12.59.20	2.43.25	40.51. 9	4 18
	Abrolhos. .	Ile Sainte-Barbe, sommet oriental. . .	17 57.42	2.44. 8	41. 1.54	2. 0 O.
	Rio-Janeiro.	Ile Villegagnon. .	22.54.50	3. 1.57	45.29. 9	2. 0 E.
	Montevideo.	Ile Dos Ratos. . .	34.53.20	3.15.5	5 .3 .59	1
	Blanco, baie.	Puits	38.57. 0	.16	6 .1	15 0
Patagonie, côte E.	Rio-Negro .	Maison des pilotes, à l'entrée. . . .	41. 0.42	4.20.27	65. 6.39	17 42
	»	ville.	40.48.18	4.21.14	65.18 24	
	Rio Chupat .	Pointe S. de l'entrée. .	43.20.25	4.28 56	67.13 54	18. 6
	Port Désiré .	Ruines.	47.44.56	4 33. 2	68 15.24	20.12
	Port St-Julien.	Tombeau du Lt. Sholl.	49.15.20	4.40.10	70. 2.24	21. 0
	Riv. Sta-Cruz.	Pointe Keel. . . .	50. 6.45	4.42.56	70.43 54	20.54
Terre de Feu.	Baie Good-Success . .	Aiguade.	54.48. 0	4.30.18	67.34.24	22 54
	Cap Horn. .	Sommet du Sud . .	55.58.41	4.38.26	69.36 26	24. 0
	Port Famine. .	Observat. sur la côte O.	53.38.15	4		23 0
I. Mal.	Berkeley Sound.	Établ. de Port-Louis. .	51.32.15	4 1.51	60.27 39	19. 0
Chili.	Midship, baie.	Côté Est de l'île du centre.	45.18.30	5. 7.47	76.56.39	20.48
	Port Lowe. .	Entrée de l'Observat.	43.48.30	5. 5.31	76.22.39	19 48
	Ile Huafo. .	Pic à l'extrémité N.-O.	43.35.30	5. 8.32	77. 7.54	
	Chiloe, extrémité S.-E.	Port San-Pedro. . .	43 19.30	5. 4.21	76. 5. 9	
	Port San-Carlos. . . .	Sandy Point. . . .	41.51.20	5. 5. 6	76.16.24	18. 0
	Valdivia . .	Observatoire près du fort Corral. . . .	39.52 53	5. 3.18	75.49.24	
	»	La ville	39.49.20	5. 2.37	75 39. 9	
	Ile Mocha. .	Côte E. près la pointe N.	38.19.35	5. 5.21	76.20. 9	
	Ste-Marie, île	Observatoire près le ruisseau. . . .	37. 2 48	5. 3.34	75.53.24	
	Talcahuano .	Fort Galvez . . .	36.42. 0	5. 2. 2	75.30 24	16.48
	Riv. Maule. .	Church Rock . . .	35.19.40	4.59.17	74.49 9	16.24
	Valparaiso. .	Fort S.-Antonio. .	33. 1.53	4 56. 7	74. 1.39	15.18
	Papudo. . .	Débarcadère . . .	32 30. 9	4.55 25	73 51. 9	15.12
	Pichidanque . .	Pointe S-E. de l'île. .	32. 7 55	4.55.42	73.55 24	15.24
	Coquimbo. . .	Angle S-O. de la baie de Herradura . .	29.58.41	4.55. 5	73.46. 9	14.24

COTES.	NOM DU LIEU.	POINT DÉTERMINÉ.	LATITUDE.	LONGITUDE DE PARIS.		VA
				en temps.	en degrés.	
			Sud.	Ouest.		Es
Chili.	Coquimbo (la ville). . . .	Maison de M. Edward..	29.54.10	4 54.37	73.39. 9	
	Tortoralilio . .	Pointe de l'entrée du Sud. . . . . . ´. .	29.29.15	4.54.57	73.44. 9	
	Huasco . . .	Maison du capitainé du port.	28.27.15	4 54.38	73.39.24	13.3
	Herradura de Carrisal . .	Débarcadère . . .	28. 5.45	4 54.25	73.36. 9	13.2
	Pajonal . .	Angle S.-E.	27.43.30	4.53.50	73.27.24	13.2
	Copiapo . .	Débarcadère . . .	27.20. 0	4.53.30	73 22.24	13.3
	English Harbour	Gréve dans l'angle S.-O.	27 5.20	4 53. 6	73.16 24	13.3
	Flamenco .	Angle S.-E. de la baie.	26.34.30	4.52.32	73. 7.54	13.4
	Lavata. . .	Anse prés la pte S.-O. .	25.39.30	4.52.31	73 7 39	
Iles Galapagos et Pérou.	Copiapo . .	Débarcadère . . .	27.20. 0	4.53.27	73.21.39	13.3
	Iquique . . .	Milieu de l'île. . .	20.12.30	4.50.20	72.34.54	12.1
	Callao. . . .	Pavillon de l'Arsenal.	12. 4. 0	5.18.16	79.33.54	10.3
	Chatam (île). .	Pointe S.-O. de la baie Stephen.	0.50. 0	6. 7.49	91.57. 9	9.3
	Charles (île). .	Baie de la Poste, angle S.-E.	0.15.25	6.11.28	92.51.54	
	Albermarle (île)	Anse Iguana , prés l'extrémité S.-O. . .	0.59. 0	6.15.31	93.52.39	
	Albermarle (île)	Anse Tagus. . . .	0.15.55	6.15 9	93.47. 9	9.30
	Otaheité . .	Pointe Vénus. . .	17.29.15	10. 7.40	151.54.54	7.54

En partant de cette position, et continuant les observations chronométriques côté de l'ouest, on a obtenu la position suivante :

				Est		
N-Z.	Baie des Iles.	Ilot Paihia	35.16.30	11.26 44	171.41. 6	

En partant de Bahia, et allant vers l'est, les chronomètres ont donné les résulta suivants :

				Ouest.		
	Bahia . . .	Fort San-Pédro. . .	12.59.20	2.43.25	40.51 9	4.18
	Ascension. .	Barrack square. . .	7.55.33	1. 6.59	16.44.39	13.30
	Sainte-Hélène..	Dans le méridien de l'obs., prés la laisse de pleine mer. . .	15.55.15	0.32.13	8. 3. 9	18. 0
				Est.		
	Simons (baie). .	Extrém. E. du chantr.	34.11.24	1. 4.21	16. 5.21	28.30
	Le Cap (la ville).	Observatoire		1. 4 32	16. 8. 6	
Australie.	Pt Louis (Maurice)	Observatoire . . .	20. 9 25	3.40.44	55.11. 6	11.18
	Iles Keeling. .	Pte S. de l'île Direction.	12. 5.22	6.18.17	94 34.21	1.12
	Pt du roi George	Havre de la princesse royale, la maison du gouverneur. . . .	35. 2 11	7.42.24	115.36. 6	5 36
	Hobart-town. .	Fort Mulgrave. . .	42.53.30	9 40.15	145. 3.51	11. 6
	Sydney . .	Fort Macquarie. . .	33.51.30	9.55.46	148 56.36	10.24
	Paramatta . .	Observatoire		9.54.54	148.43.36	
N-Z.	Baie des Iles.	Ilot Paihia. . . .	35.16.30	11.27.17	171.49.21	14. 0
				Ouest.		
	Otaheité . . .	Pointe Vénus. . .	17.29.15	10. 7. 7	151.46 39	7.54

Résultats de quelques observations faites par les officiers de la conserve du Beagle *, en* 1834 *et* 1836.

1834.

COTES.	NOM DU LIEU.	POINT DÉTERMINÉ.	LATITUDE.	LONGITUDE A L'OUEST DE PARIS		VARIATION
				en mps. te	en degrés.	
			Sud.			Est.
			° ' ''	h. m. s.	° ' ''	°
Malouines.	Ship harbour. .	Pte S.-O. de l'île Ship. .	51 43.10	4.14.31	63.37.39	20.3
	Port Louis . .	Crique de l'établissem.	51.32.15	4. 1.51	60.27.39	19.0
	Baie Choiseul .	Côte S. de Mare harbr.	51.54.15	4. 3.23	60.50.39	19.2
	Long - Island sound. . . .	Partie O. de l'île. . .	52.12.15	4. 5.41	61.25. 9	
	Port Porpoise..	Cap de la Crique. . .	52.20.45	4. 6.45	61.41. 9	19.7
	Ile Speedwell...	Havre du côté Est. .	52.13. 0	4. 8. 8	62. 1.54	
	Port Edgard. .	Bras de l'O. du côté du nord.	52. 3.15	4.10.28	62.36.54	20.0
	Port Stephens .	Extrémité E. du port..	52.11.35	4.12. 6	63. 1.24	20.4
	Hope harbour..	Fish cove.	51 20.45	4.12. 4	63 0.54	
	Port Egmont. .	Ruines de l'établissem.	51.21.30	4. 9 39	62.24.39	19.5
	WhiteRock harbour	Extrém.O. de la falaise.	51.26. 0	4. 6.30	61.37.24	
	Port St-Salvad	La première crique du côté O.	51.27. 0	4 2 43	60.40.39	

1836.

COTES.	NOM DU LIEU.	POINT DÉTERMINÉ.	LATITUDE.	LONGITUDE A L'OUEST DE PARIS		VARIATION
				h. m. s	° ' ''	
Pérou.	Valparaiso. . .	Fort Saint-Antonio.		4.56. 7	74. 1.39	
	Paposa. . .	Whitehead. .				
	Pt de la Constitution. . . .	Pointe Shingle sur l'île.	23.29.10	4.52. 3	73. 0.39	12.8
	Cobija. . . .	Mât de pavillon. . . .	22.34. 0			
	Iquique. . . .	Centre de l'île. . . .	20.12.30	4.50.18	72.34.24	12.0
	Arica	Le môle. . . . . ' .	18.28. 5	4.50.56	72.43.54	11.0
	Islay	La Douane.	17. 0. 0	4 58. 2	74.30.24	11 0
	Atico	Anse de l'Est. ' . . .	16.13.30	5. 4.22	76. 5.24	11.2
	Lomas. . . .	Mât de pavillon sur la pointe	15.33.15	5. 9. 0	77.14.54	10.3
	San-Juan. . .	Needle hummock. . .	15.21. 0	5.10.14	77.33.24	10.3
	Baie de Yndependencia . .	Pte S. de l'île Sa-Rosa.	14 18 15	5.14.15	78.33 39	
	Pisco : . .	Pointe O. de la baie Paracas.	13.48 0	5.14.50	78.42.24	10.0
	Callao. . .	Mât de pavillon de l'arsenal.	12. 4. 0	5.18.15	79.33.39	10.0
	Supé . . .	Extrém. O du village.	10 49.15	5.20.29	80. 7. 9	9.8
	Guarmey. .	Extrém. O. de la plage de sable.	10. 6.15	5.22.13	80.33. 9	9.5
	Samanco . .	Pointe de la Croix.. .	9.15 30	5 23.32	80.51.54	9.5
	Malabrigo . .	Bay rocks.	7.42.40	5.27.14	81 48.24	
	Ile de Lobos de Afuera. . .	Anse du pécheur sur le côté de l'Est. . . .	6.56.45	5.32.17	83. 4. 9	9 5
	Payta . . .	Extrémité nouvelle de la ville.	5. 5.30	5.33.54	83.28.24	9.0
	Ile de Puna .	Maison du consul sur la pointe espagnole..	2.47 30	5.29.12	82.17.54	
	Guyaquil. . .	Extrém. S. de la ville.	2.13. 0	5 28.55	82.13.39	

Les chronomètres du *Beagle* ontdonné la différence des méridiens entre Falmouth et Greenwich, ainsi qu'il suit :

Portsmouth, observatoire, et Greenwich. . . . . 0^h 4^m $24^s,5$
Devonport (maison du gouvern.) et Portsmouth. . . 0. 12. 15,3
Falmouth (Pendennis castle) et Devonport. . . . . 0. 3. 31,1'

Falmouth, à l'ouest de Greenwich.. . . . . . . 0. 20. 10,9

Voici quelques détails nécessaires pour faire juger du degré de confiance qu'on doit accorder aux observations dont nous venons de donner les résultats.

Les chronomètres, au nombre de vingt-deux, furent embarqués à bord du *Beagle* un mois avant son départ de Plymouth. Leurs boîtes étaient placées dans de la sciure de bois ; elles étaient divisées et retenues par des séparations sur deux larges tablettes. Ils étaient placés tous dans une petite chambre, où personne n'entrait excepté pour les comparer et les monter ; aussi il n'y avait rien autre chose que les chronomètres. La plupart d'entre eux n'ont pas été bougés de leur place depuis qu'on les y avait apportés.

Les chronomètres étaient montés tous les jours, à 9^h du matin, et comparés à midi. Ces deux opérations ont été constamment exécutées avec le plus grand soin par la même personne, M. G.-J. Stebbing, de Portsmouth.

Le temps a toujours été déterminé par plusieurs séries de hauteurs correspondantes du soleil, observées par la même personne, avec le même sextant et le même horizon artificiel, et le toit de glace étant placé de la même manière, le matin et le soir.

On s'est toujours servi pour obtenir le temps d'un très bon chronomètre de poche, porté à la main dans une petite boîte ; il était comparé chaque fois avec les chronomètres étalons (1). Ce garde-temps (le n° 1041 de Parkinson et Frodsham) était si bien construit, que les intervalles des observations du matin et du soir ont toujours été trouvés les mêmes qu'avec les chronomètres, en ayant égard aux marches respectives.

Généralement parlant, on a pris pour chaque série sept hauteurs de chacun des deux bords. On prenait ordinairement trois séries à peu d'intervalles les unes des autres, et l'on adoptait le résultat moyen, à moins qu'on ne reconnût une différence sensible dans les diverses séries; alors on calculait séparément chaque couple de hauteurs, et les observations défectueuses étaient rejetées. On considérait comme telles celles qui donnaient un résultat différent du plus grand nombre; mais on a généralement trouvé un accord satisfaisant entre les résultats de chaque couple d'observations, comme entre ceux des diverses séries.

Lorsqu'il survenait des nuages, les séries étaient nécessairement irrégulières, mais il restait presque toujours un nombre suffisant de couples pour obtenir le temps.

Dans un très petit nombre de circonstances, les chronomètres ont été réglés d'après les résultats de hauteurs absolues ou indépendantes, prises avec les mêmes précautions et à des heures semblables. Dans ce cas, les marches ont toujours été obtenues en comparant les observations du matin avec celles du matin de différents jours, et les observations du soir avec celles du soir. Jamais on n'a combiné les observations du matin

(1) On a donné le nom de chronomètre étalon à ceux auxquels tous les autres étaient comparés.

avec celles du soir, ni réciproquement; mais pour la détermination exacte du temps, on a toujours employé des hauteurs égales. Au cap de Bonne-Espérance et à Paramatta, nous avons reconnu que le temps ainsi déterminé ne différait pas de celui donné pas l'astronome.

Le sextant dont on faisait usage pour obtenir le temps était un excellent instrument, fait par Worthington et Allan. Son erreur de collimation n'a jamais varié, et l'on a jamais eu besoin de le rectifier. Il ne servait que pour ces observations. Dans les intervalles des hauteurs correspondantes, on le gardait avec les plus grandes précautions, on n'y touchait sous aucun prétexte, et l'on avait soin qu'il ne fût pas exposé à un changement de température.

Pendant les trois premières années du voyage, toutes les observations pour déterminer le temps ont été faites par moi; pendant les deux dernières années, M. J.-L. Stokes, assistant, les a faites presque toutes. Dans cette dernière période, mes propres observations ont été peu nombreuses, et faites seulement pour servir de comparaison. Ayant vu que M. Stokes observait mieux que moi, je lui abandonnai volontiers mes observations, principalement celles du premier et du dernier jour de chaque relâche, car c'est surtout à ces époques qu'il est nécessaire d'avoir de bonnes séries, et c'était justement alors que j'étais le plus occupé d'une foule de détails insignifiants sans doute, si ce n'est en raison de leurs conséquences; mais qui étaient inévitables; aussi je crois devoir protester ici contre la réunion dans une seule personne des fonctions d'astronome, de physicien et de commandant d'un bâtiment de guerre.

Les latitudes ont été obtenues par diverses méthodes
et par plusieurs officiers. L'accord que présentent les
résultats lorsque plusieurs observations ont été faites
dans le même lieu, nous porte à nous fier entièrement
à celles qui ont été obtenues avec les deux meilleurs
instruments.

Pendant les trois premières années les calculs ont
été faits par moi et par un ou deux officiers, pour
servir de vérification; depuis, ils ont été faits par
M. Stokes et par le lieutenant B. Sullivan. Ces deux
officiers calculent mieux que moi.

Dans la liste des différences de méridien que nous
avons donnée, j'ai trouvé quelques coïncidences remarquables avec les déterminations d'autres personnes.
L'accord qu'ont présenté plusieurs fois les différences
obtenues à diverses reprises par *le Beagle* entre deux
positions, est aussi très satisfaisant. Cependant il reste
encore sur la totalité des observations une incertitude
qu'il m'a été impossible de lever jusqu'à présent, et
que je ne puis expliquer d'aucune manière. La somme
totale des différences des méridiens à l'ouest et à l'est,
au lieu de faire exactement 24^h, fait 24^h 0^m 33^s. Les
positions du cap de Bonne-Espérance et du cap Horn
paraissent être sûres à moins de 3^s de temps; celles de
Valparaiso et de Callao s'accordent avec les résultats
des meilleures observations calculées par M. Oltmann ;
celle d'Otaheite ou Taïti est d'accord avec ce qui a été
obtenu par Cook et Wales. La longitude que nous
avons trouvée pour la Nouvelle-Zélande s'accorde parfaitement avec celle du capitaine Duperrey.

De Sydney au port du roi George, les observations
du *Beagle* confirment celles de Flinders. Entre Maurice et le cap de Bonne-Espérance, la différence des

longitudes astronomiques, aussi bien que les mesures chronométriques du capitaine Owen sont parfaitement d'accord avec nos observations. Comment donc et où cette erreur de 33' a-t-elle été commise? Les calculs ont tous été examinés et vérifiés plusieurs fois; la marche des chronomètres et leur comparaison journalière auraient dû faire connaître une erreur ou un changement subit.

Remarques sur les chronomètres.

Ayant suivi pendant huit ans les marches d'un grand nombre de chronomètres, je suis arrivé à être convaincu que les mouvements ordinaires d'un bâtiment, un roulis et un tangage modérés, n'affectent pas sensiblement les bons chronomètres qui sont placés d'une manière fixe et mis à l'abri des mouvements de vibration et des secousses.

L'emploi fréquent que j'ai fait de chronomètres dans des chaloupes ou de petits bâtiments, a fortifié encore mon opinion que, généralement parlant la température est la principale et peut-être même l'unique cause des changements de marche.

Il existe bien peu de chronomètres dont le balancier soit assez bien compensé pour rester constant pendant une longue suite de températures hautes et basses.

Il arrive souvent que l'air dans un port ou près de la terre a une température différente de celle qu'on éprouve en pleine mer, même à peu de distance. De là vient la différence que l'on a quelquefois trouvée entre la marche d'un chronomètre dans un port et en mer.

Les changements que l'on a souvent remarqués dans la marche des chronomètres portés de terre à bord, et réciproquement, sont certainement causés en partie par là variation de température et en partie par le changement de position.

Je n'ai jamais trouvé que les chronomètres allassent mieux que quand les boîtes sont placées dans un lit de sciure de bois, et que leur suspension particulière dans leur boîte est tenue parfaitement libre au moyen d'un peu d'huile.

La méthode de les suspendre dans des hamacs non seulement change leur marche, mais encore les fait marcher moins régulièrement.

Lorsqu'ils sont fixés sur un objet solide, ils ressentent les vibrations produites par les personnes qui marchent sur le pont, par les chocs et par le roulement des câbles-chaînes.

Un coussin en laine, en crin ou en quelque autre substance semblable est préférable à un appui solide; mais je ne crois pas qu'il y ait rien de mieux qu'une simple couche de sciure bien sèche.

On trouve quelquefois dans des mesures chronométriques des erreurs qui tourmentent beaucoup; ces erreurs arrivent de la manière suivante :

Des chronomètres sont réglés dans une atmosphère dont la température moyenne est, par exemple, 70° Fahrenheit.

Dans une traversée on éprouve des températures beaucoup plus chaudes ou plus froides, et l'on arrive pour les régler dans un lieu où la température est à peu près 70°.

La marche d'arrivée ne diffère pas beaucoup de celle du départ; on suppose alors que les chronomètres ont très bien marché, et cependant les marches de la plupart d'entre eux ont différé beaucoup de ce qu'on avait eu dans le port, mais elles sont revenues à peu près à la même valeur, en atteignant une température égale.

Cette circonstance arrive toujours dans un degré plus ou moins fort à tous les chronomètres qui passent l'équateur, particulièrement en allant à Rio-Janeiro, lorsque le soleil est au nord de la ligne.

Quelques personnes pensent que le magnétisme peut avoir une influence sur la marche des chronomètres; il est difficile de la reconnaître.

R. Fitzroy.

Lettre *de* M. Ramon de la Sagra, *correspondant de l'Institut de France, à M. le président de la Société.*

—

Monsieur,

Je crois bien dignes des encouragements de la Société de géographie, le zèle et le dévouement des personnes isolées, et qui, au milieu de mille contrariétés et des obstacles de tous genres, cultivent les sciences avec ardeur, et font des travaux utiles et consciencieux. Dans cette catégorie rare et estimable doit être placé don Domingo Fontan, directeur de l'Observatoire de Madrid, et savant très distingué dans les sciences mathématiques et physiques : je ne veux pas parler de ses divers travaux, et je me restreindrai seulement à la grande carte géométrique de l'ancien royaume de Galice. M. Fontan a eu la constance de se dévouer pendant dix-sept ans à l'examen et à la rigoureuse triangulation d'un pays qui comprend 1,056 lieues carrées de 20 au degré), fixant les positions de tous les points

de la carte, villes, villages et hameaux; déterminant la
hauteur absolue au-dessus du niveau de la mer des
pics et chaînes de montagnes, et rectifiant tous les points
de la côte de cette partie de la Péninsule Ibérique.

Un réseau non interrompu de triangles s'étend sur
tout le royaume de Galice ainsi que sur les parties voisines des Asturies, de Léon, de Zamora et du Portugal,
qui excèdent d'un dixième la surface de la Galice. Deux
bases parfaitement d'accord ont été mesurées à une
grande distance, l'une vers le milieu de la partie orientale, et l'autre dans une position semblable dans la
partie occidentale du pays. Les irrégularités du terrain
n'ont pas permis de donner à ces bases une longueur
considérable : celle du côté de l'orient est de 4.995
mètres, et celle du côté de l'occident de 2.293 seu
lement. Ces bases bien mesurées ont été liées à des
triangles de premier ordre de la manière la plus avantageuse. Les côtés de ceux-ci sont d'une longueur considérable, et s'approchent beaucoup des triangles
isocèles. Si on voulait répéter la triangulation du
premier ordre, il suffirait de douze triangles; tant est
vaste l'horizon du méridien central et des montagnes
par où il passe, car il est possible de voir les pics voisins de la côte et les points culminants des Asturies, de
Léon et de Zamora.

Mais la triangulation générale n'est pas aussi simple, puisqu'il y en a un nombre quadruple de triangles : la longueur moyenne des côtés est de 5 lieues,
quoiqu'il y en ait de 15 et plus. Les triangles du dernier ordre n'ont qu'une ou deux lieues de côté.

Les stations qu'on a faites dans un pays si montagneux sont au nombre de plus de 2,000. Elles ont
toutes été placées sur la carte à l'échelle du cent-mil-

hème. La surface de la carté de Galice est de 8 pieds carrés (espagnols). La projection est conique modifiée , c'est-à dire la projection adoptée en France , le centre du développement est le point moyen du méridien central.

M. Fontan a déterminé les positions astronomiques et géographiques de Santiago , de Lugo , de Noya, de Monteforte , etc. ; par celle de Santiago on a calculé les autres et toutes les stations du premier et du deuxième ordre. Les différences de latitude entre les positions déduites et observées n'ont pas dépassé 2 secondes.

Le 1er décembre 1834, ce beau travail a été présenté à S. M. la Reine; mais les malheurs de la guerre civile ont retardé sa publication. Dans ce moment , la dé-putation aux cortès pour les provinces de Galice s'oc-cupe de trouver les moyens de faire graver à Paris la grande carte géométrique de M. Fontan, les profils ba-rométriques et les détails de la triangulation.

Connaissant l'intérêt que la Société de géographie attache à ces grandes entreprises géodésiques, qui peu-vent servir de modèle, j'ai pris la liberté de lui adresser ces notes.

Madrid , 15 janvier 1838.

SOURCE *d'eaux minérales nommée par* M. SPALDING
Source naturelle de Soda.

—

M. Spalding, missionnaire de la Société améri-caine des missions étrangères près des Indiens qui habitent à l'ouest des montagnes rocheuses, dans une lettre datée du port vancouou (1), dont un extrait a été

(1) Sur le fleuve Colombia 45° 37' nord.

publié dans le dernier numéro de l'*Herald des missionnaires*, annonce avoir découvert une source naturelle de
Soda, à trois journées de distance du *Port-Hall.* Cette
source a plusieurs ouvertures, dont une a environ
15 pieds de diamètre. M. Spalding ne put en trouver le
fond. Quand on y jette une pierre l'eau devient agitée au
bout de quelques minutes. Les Indiens fréquentent
cette source, et se trouvent bien de l'usage de ses
eaux.

Dans un autre endroit, M. Spalding décrit la manière
dont il a échappé au danger d'être englouti dans des *sables mouvants.* « Peu de jours avant notre arrivée au rendez-vous, dit-il, plusieurs de mes compagnons, moi et
mes bêtes de transport, nous faillîmes être enseve-
lis sous terre. Je chargeai mon *wagon* sur ce que
je supposais être une plaine de sable blanc, quand
tout-à-coup je vis la surface agitée à une grande
distance par un terrible tremblement. Je criai aussitôt
à madame Spalding, qui était à cheval en avant, de
s'arrêter. Au même instant mes deux chevaux disparurent presque entièrement dans le sable. Le *wagon*
heureusement ne s'enfonça point. Je me retournai
pour appeler du secours, et je vis un des chevaux de
transport de M. Whitiman s'enfoncer avec plusieurs
autres. Pendant ce temps, M. Fitzpatrik ramenait le
cheval de ma femme, et nous eûmes le bonheur de
nous tirer sans accident de ce mauvais pas. C'était une
mare dont la surface se trouvait durcie par l'action du
soleil. Dans plusieurs endroits, il était évident que des
buffles ou bisons avaient plongé et disparu. »

DEUXIÈME SECTION.

Actes de la Société.

PROCÈS-VERBAUX DES SÉANCES.

Séance du 2 mars 1838.

Le procès-verbal de la dernière séance est lu et adopté.

M. le président de la Société industrielle d'Angers informe la Commission centrale de la nomination d'un comité de sept membres, qui est chargé de préparer les bases d'un travail géographique et statistique sur le département de Maine-et-Loire.

M. de Macedo, correspondant étranger de la Société à Lisbonne, remercie la Commission centrale de l'envoi du dernier volume du Bulletin, et il lui adresse la 2ᵉ partie du Mémoire statistique, publié par M. Botelho sur les possessions portugaises de l'Afrique orientale.

M. Ramon de la Sagra appelle l'attention de la Société sur les travaux géodésiques de M. Domingo Fontan, directeur de l'Observatoire de Madrid, et particulièrement sur la grande carte géométrique de l'ancien royaume de Galice dont il s'occupe depuis un grand nombre d'années. Cette lettre est renvoyée au comité du Bulletin.

M. Hersant, consul de France à Philadelphie, écrit à M. Barbié du Bocage, que M. Edmond Roberto, envoyé par le gouvernement des États-Unis pour établir des rapports commerciaux entre la confédération américaine et les différents princes qui règent dans l'Inde, vient de publier une relation de son ambassade en Cochinchine, à Siam et Maskat, et il le prie d'offrir à la Société, en son nom, un exemplaire de cet ouvrage. M. Barbié du Bocage se charge de transmettre à M. Hersant les remerciements de la Commission centrale.

M. Francis Lavallée annonce l'envoi des plans du cours de l'Hudson et de la ville de Puerto-Principe, ainsi que d'une collection de coquillages et de minéraux pour le Musée de la Société. Ces objets ne sont pas encore parvenus à la Commission centrale.

M. Jomard communique un extrait de la correspondance de MM. de Falbe et Greenville Temple, relative à l'exploration des ruines de Carthage.

M. Warden communique diverses Notes extraites des Journaux américains sur des antiquités péruviennes, sur la découverte d'une source d'eaux minérales à l'ouest des montagnes rocheuses et près de la rivière Colombia, et sur les progrès de la colonie africaine de Liberia. Ces Notes sont renvoyées au comité du Bulletin.

M. le secrétaire lit une Notice sur un voyage à Banger-Massen (île de Bornéo), rédigé par M. Gabriel Lafond, d'après les notes de M. le capitaine Despéroux.

L'Assemblée générale est fixée au vendredi 30 mars. MM. d'Orbigny et de Pontécoulant se proposent de faire des lectures à cette séance, le premier sur son voyage dans la république de Bolivia, et le second sur les observations scientifiques qu'il a faites pendant la dernière expédition de Constantine.

Seance du 16 *mars* 1838.

Le procès-verbal de la dernière séance est lu et adopté.

M. Nisard, chef de la division des sciences et des lettres au ministère de l'instruction publique, écrit à la Commission centrale, pour lui annoncer que le ministre a bien voulu souscrire à cinquante exemplaires de l'*Orographie de l'Europe*, publiée par la Société.

M. de Pontécoulant exprime le regret de ne pouvoir s'occuper de la notice qu'il s'était offert à lire dans la prochaine Assemblée générale, et il fait hommage à la Société de deux opuscules qu'il vient de publier.

M. Schacsh, membre de l'Université, annonce son prochain départ pour un prochain voyage aux Indes orientales, pendant lequel il doit se livrer à l'étude des langues de l'Asie et à des recherches scientifiques. M. Schacsh offre ses services à la Société, et la prie de vouloir bien lui remettre ses instructions. L'objet de cette lettre est renvoyé à la section de correspondance.

M. d'Orbigny présente la carte d'une partie de la république Argentine qu'il vient de publier, et il donne quelques détails sur les documents qui ont servi à la rédaction de ce travail.

M. Roux de Rochelle, au nom de la Commission spéciale du concours pour le prix annuel, présente le résumé du rapport qui sera lu à l'Assemblée générale du 30 mars.

M. Jaubert annonce qu'il continue de s'occuper de la traduction de l'Édrisi. Il communique ensuite l'extrait d'une lettre de M. de Macedo sur l'intérêt que présenterait la publication des soixante cartes inédites qui accompagnent le manuscrit arabe, et il offre le concours de ce savant pour l'exécution de ce grand travail.

M. Jomard fait observer que la section de publication à laquelle cette question a été soumise a décidé qu'on publierait seulement, comme spécimen, les trois feuilles jointes au 1ᵉʳ volume de l'Édrisi, et qu'un membre s'était chargé de préparer pour le 2ᵉ volume une réduction de toutes les autres feuilles.

MEMBRES ADMIS DANS LA SOCIÉTÉ.

Séance du 2 mars 1838.

M. Domingo FONTAN, directeur de l'Observatoire de Madrid.

Séance du 16 mars 1838.

M. Fr. DE MONTHOLON.

M. DE SALVANDY, ministre de l'Instruction publique, Grand-Maître de l'Université.

OUVRAGES OFFERTS A LA SOCIÉTÉ.

Par M. le baron Walckenaer : Vies de plusieurs personnages célèbres des temps anciens et modernes. Laon, 1830 ; 2 vol. in-8°. — *Par M. de Macedo :* Mémoire statistique sur les possessions portugaises de l'Afrique orientale, par M. S. X. Botelho. — *Par M. Hersant : The Ambassy to the Eastern courts of Cochinchina, Siam and Mascat, in the U. S. sloop of war Peacock.* By E. Roberts. — *Par M. Ch. Lenormand :* Cours d'histoire ancienne, 1ᵉʳ volume. — *Par M. Albert Montémont :* Lettres sur l'astronomie, 3ᵉ édition revue, corrigée et augmentée. 2 vol. in-8°. — *Par M. Huerne de Pommeuse :* Questions et réponses relatives aux moyens d'établir en France des colonies agricoles de divers genres, in-8°.

BIBLIOGRAPHIE.

Cartes publiées en 1837, par le bureau hydrographique de Londres.

—

Carte de la mer Arafura, avec le tracé des **routes parcourues** en 1825, 1826 et 1828, par les **navires le-Dourga**, le Triton et l'Iris, d'après les observations des lieutenants Kolff et Modera, de la marine hollandaise.

Instructions pour la navigation de la mer Arafura, rédigées d'après les récits des lieutenants Kolff et Modera, de la marine hollandaise; par George Windsor Earl.

Le lieutenant Kolff fut occupé pendant les années 1825 et 1826 à l'examen des différents groupes d'îles qui se trouvent à l'est de Timor. En 182', la corvette le Triton, commandée par le capitaine Steenboom, suivit la côte occidentale de la Nouvelle-Guinée pour établir une colonie dans la baie du Triton au fort Dubus.

Le récit de ces deux expéditions a été publié en hollandais; la première, par son commandant, M. Kolff, et la seconde, par M. Modera, lieutenant à bord du Triton. On y trouve des documents géographiques nouveaux, mais surtout des renseignements très intéressants pour ceux qui voudraient faire le commerce avec ces îles peu fréquentées jusqu'ici.

M. Earl a extrait de ces voyages tout ce qui est spécialement nautique. L'expérience qu'il avait acquise dans les expéditions qu'il a faites dans les îles de la Malaisie et les relations qu'il a eues avec les Bughis qui sont les principaux navigateurs de l'archipel Indien, le rendaient plus propre qu'aucun autre à ce travail.

Les officiers hollandais paraissent avoir mis beaucoup de soin pour déterminer les latitudes et les longitudes des points qu'ils ont visités, et nous leur devons
des rectifications importantes dans la position de ces
îles. La carte qu'il a dressée et qui s'étend depuis Timor jusqu'à la Nouvelle-Guinée et depuis Célèbes jusqu'à la côte nord de l'Australie, ne peut manquer
d'être utile aux navigateurs.

Comme la plus grande partie des naturels qui habitent ces îles paraissent, d'après leur langage et leurs
usages, appartenir à la grande famille des Arafuras,
M. Earl a jugé convenable, pour distinguer cette partie
du vaste archipel Indien, de lui donner le nom de mer
Arafura.

Carte de la rivière du Quorra, depuis la ville de
Rabba jusqu'à la mer, avec une petite partie de la rivière Tchadda, par le lieutenant William Allen.

Cette carte, qui comprend le cours du Quorra dans
une étendue de 360 milles, est sur une échelle de 6 millimètres 3 dixièmes pour un mille; pour faire tenir
sur une seule feuille tout le développement qu'elle contient, on l'a divisée en plusieurs sections. Un tableau
d'assemblage fait voir l'ajustement de toutes ces parties; plusieurs vues font connaître aussi l'aspect du
pays.

Carte du golfe Saint-Laurent, levée par le capitaine
H. W. Bayfield, en 1832 et 1834;

> Feuille 3, depuis l'île Lake jusqu'à la pointe
> Pashasheebo;
>
> Feuille 4, depuis la pointe Pashasheebo
> jusqu'à la baie Magpie ;
>
> Feuille 5, depuis la baie Magpie jusqu'à la
> pointe de Monts.

Ces trois feuilles, à une échelle d'environ 6 millimètres 1/4 pour un mille marin, donnent la côte nord du golfe Saint Laurent, depuis le cap Whittle jusqu'à l'embouchure du fleuve, ainsi que la côte nord de l'île d'Anticosti.

Cap du fleuve Saint-Laurent levée par le capitaine Bayfield, de 1827 à 1834 :

> 1re partie, comprenant depuis le cap Chat jusqu'à l'île Bic ;
>
> 2e partie, depuis l'île Bic jusqu'à Quebec.

Cette carte est à la même échelle que la précédente et en forme la suite.

Plan du fleuve SaintLaurent au-dessous de Quebec, par le capitaine Bayfield :

1re feuille, depuis la pointe de Monts jusqu'à la rivière de Bersimis ;

2e — depuis la rivière Bersimis jusqu'à la rivière Saguenay, y compris les îles Bic et Green (vertes) ;

3e — depuis les îles Green jusqu'aux Pilgrims ;

4e — depuis les Pilgrims jusqu'à la pointe Ouelle ;

5e — depuis la pointe Ouelle jusqu'aux îles Seal, y compris l'île aux Coudres ;

6e — depuis les îles Seal jusqu'à l'île d'Orléans ;

7e — Quebec et île d'Orléans.

Ces 7 feuilles sont sur une échelle de 10 millimètres environ pour un mille.

Plan à grand point des passes entre l'île d'Orléans et l'île de Crane, par le capitaine Bayfield. Échelle 50 mill. pour 1 mille.

Ces cartes du fleuve Saint-Laurent, résultats des travaux du capitaine Bayfield, sont accompagnées d'un

volume intitulé : *Instructions pour naviguer dans le golfe
et le fleuve Saint-Laurent*, par Henri Wolsey Bayfield,
capitaine de la marine royale; résultant de la reconnaissance hydrographique faite par ordre de l'*Amirauté*.
On ne croit pas pouvoir mieux faire, pour faire connaître ce travail, que de copier l'introduction de ces
instructions.

« On trouve dans cet ouvrage des instructions claires
et complètes pour entrer entre le golfe Saint-Laurent,
pour passer entre les îles de la Madelaine, pour entrer
dans le fleuve, soit par le nord d'Anticosti, soit par
le sud, et pour naviguer dans l'Estuaire du Saint-
Laurent, dans toutes les circonstances, jusqu'aux îles
Bic et Green. Au-delà de ces îles un navire étranger ne
doit jamais s'avancer sans un pilote. »

« Ces instructions ont été écrites par un habile officier,
le capitaine Bayfield, elles sont parfaitement suffisantes
pour qu'un marin puisse toujours conduire son bâtiment, non seulement avec sûreté, mais encore avec
confiance, jusqu'au point où il doit prendre un pilote.
On a jugé convenable de ne pas différer jusqu'à la fin
du travail la publication de documents aussi importants.
Le lever avance rapidement; lorsqu'il sera terminé, ces
instructions s'étendront sur tout le circuit du golfe et
tous les chenaux navigables du fleuve seront décrits
minutieusement jusqu'à Quebec et Montréal. »

Cartes des Indes Occidentales, feuilles VIII, IX et X,
comprenant la côte de la Colombie, depuis l'île de la
Trinité jusqu'aux Cayes Ratones. Ces cartes, à l'échelle
de 98 millimètres pour 1° de longitude, ont été dressées
d'après celles que le dépôt hydrographique de Madrid a
publiées. On trouve sur chacune d'elles les plans des

ports et mouillages les plus intéressants de la côte sur une échelle plus grande.

Carte d'une partie du chenal de la Floride, pour faire voir la position du phare projeté sur l'accore ouest du banc de la Caye de Sel.

Sur la même feuille, *plan de l'accore de l'ouest du banc de la Caye de Sel*, levé, en 1837, par le capitaine Richard Owen.

Position du phare projeté :

      Latitude. . . 25° 56′ 28″ N.

      Longitude. . 80 27 38 O. de Greenwich.

               82 48 2 O. de Paris.

Plan du port de Cadix par le capitaine W.-H. Smyth L'échelle est de 32 millimètres pour un mille. Ce plan comprend depuis Rota jusqu'au fort Santi-Petri.

Plan de Jacksound levé en 1830 par le lieutenant H. M. Denham, de la Marine Royale.

Le Jacksound est un passage qui se trouve entre l'île Skomar et la pointe Wooltack qui forme l'extrémité occidentale du comté de Pembroke, entre la baie Saint-Brides et Milford-Haven.

La pointe Wooltack serait, d'après le lieutenant Denham, par 51° 44′ 15″ de latitude nord et 5° 15′ 6″ de long, ouest de Greenwich. (7° 35′ 30″ de Paris.)

Plan de l'anse de Pembrocke dans Milford-Haven levé en 1830 par le lieutenant Denham.

Plan du mouillage au large de Wicklow sur la côte est d'Irlande avec les jetées projetées, levé en 1837 par le commandant Mudge.

BULLETIN

DE LA

SOCIÉTÉ DE GÉOGRAPHIE.

AVRIL 1838.

PREMIÈRE SECTION.

MÉMOIRES, EXTRAITS, ANALYSES ET RAPPORTS.

ASSEMBLÉE GÉNÉRALE

du 30 mars 1838.

RAPPORT *sur le Concours au prix annuel, lu au nom d'une Commission, composée de* MM. WALCKENAER, JOMARD, EYRIÈS, DE LARENAUDIÈRE, *et* ROUX DE ROCHELLE, rapporteur.

—

MESSIEURS,

Les concours que vous ouvrez annuellement aux voyageurs, pour décerner un prix à celui d'entre eux qui a fait les découvertes ou les observations géographiques les plus importantes, continuent d'être pour eux un noble sujet d'émulation. Vous avez, chaque année, à remarquer des explorations nouvelles; et si l'amour de la science ou le désir de servir les intérêts de son pays sont les généreux mobiles de ces entreprises, nous remarquons aussi, Messieûrs, que les voyageurs, après avoir accompli leur mission, attachent du prix aux suffrages de votre Société de géographie, qu'ils aiment à lui faire hommage de leurs publications, et qu'ils regardent les distinctions honorables qu'elle leur accorde comme une espèce de gage de la faveur publique, et de la célébrité promise à leurs travaux.

Vous n'avez pas, Messieurs, à vous occuper exclusivement des voyages entrepris par nos nationaux : le champ de vos concours a plus d'étendue. Votre Société, agrandissant son domaine comme la république des lettres dont elle fait partie, embrasse tous les pays où la science est cultivée : elle regarde comme membres d'une même patrie tous les hommes qui avancent les progrès de l'intelligence humaine; elle recherche, elle étudie leurs ouvrages, va au-devant de leur mérite, et désire signaler tous les grands travaux géographiques qui ont pu arriver à sa connaissance.

Cette latitude rend vos concours plus honorables et plus solennels : elle tend à conserver à la science ce caractère cosmopolite qui doit en répandre au loin les bienfaits; elle ouvre à l'émulation des voyageurs une plus vaste carrière; elle leur impose de nouveaux efforts; et lorsqu'on a un jugement à porter entre eux, il devient nécessaire d'analyser et de comparer sous tous les rapports leurs observations les plus neuves, les plus importantes, les plus fécondes en résultats.

Telle était, Messieurs, l'obligation imposée à la Commission spéciale, chargée d'examiner les découvertes et les recherches géographiques qui ont eu lieu dans le

cours de l'année 1835. Cette commission, composée
de MM. Walckenaër, Jomard, Eyriès, de Larenaudière
et de moi, va vous exposer les motifs qui l'ont portée
à juger dignes de votre grand prix les voyages de
M. Dubois de Montpéreux dans les régions du Caucase; ce savant est né en Suisse, près de Neufchâtel.
L'examen de ses différents travaux sur le pays qu'il a
visité sera le principal objet de notre rapport.

L'étude de la géographie a pris une extension nouvelle, depuis que l'on s'attache, en décrivant la terre, à
faire remarquer les inégalités de sa surface, à en mesurer avec exactitude les aspérités et les dépressions.
Ces observations sur le relief du globe ont conduit à
d'autres recherches sur les moyens de l'expliquer; et
le voyageur instruit ne se borne point à la stérile analyse des objets qui passent sous ses yeux. S'il visite une
région qui porte l'empreinte de quelques grandes révolutions physiques, il y observe tous les accidents du sol;
il saisit l'occasion de vérifier les différentes couches
dont l'écorce de la terre est formée; il voit la manière
dont elles se succèdent, leur position horizontale ou
leurs degrés d'inclinaison, leurs brisures, les substances qui se sont fait jour dans leurs intervalles,
qui les surmontent, qui les ont souvent recouvertes, et
qui couronnent de leurs pics ou de leurs créneaux les
grandes sommités de la terre. Mais il ne se borne point
à ces observations physiques et géologiques : les recherches de la géographie s'étendent bien au-delà; et l'étude
du globe terrestre nous intéresse encore plus directement, quand nous le voyons s'embellir, se fertiliser par
le travail des hommes, recevoir leurs monuments, nous
offrir l'état de leur civilisation, de leurs mœurs,
transmettre aux générations l'héritage de leurs langues,

de leurs opinions, de leurs progrès : vastes sujets d'étude, qui ont eu pour base primitive la description de la terre, et qui ont donné à la science de la géographie les plus heureux développements.

Nous aurons lieu d'appliquer les remarques précé-dentes aux divers travaux de M. Dubois de Montpéreux, et nous allons nous attacher à suivre les pas de ce voya-geur dans les contrées qu'il a parcourues. Le désir de présenter dans un ordre méthodique toute la série de ses observations, nous détermine à les partager en différentes classes, à considérer d'abord l'aspect du pays, à nous rendre compte de sa géographie physique, des nouveaux points de vue sous lesquels M. Dubois l'a examiné, et du supplément de connaissances que ses travaux peuvent nous offrir. S'il a suivi des routes nouvelles, s'il a vu des monuments, des ruines ensevelies depuis long-temps dans l'oubli, s'il a peint des sites remarquables qui n'avaient pas été décrits avant lui, cette partie neuve de ses reconnaissances et de ses observations peut être assimilée à des décou-vertes.

M. Dubois s'embarque en Crimée, pour visiter dans toutes leurs parties les régions situées au midi du Caucase. Et d'abord il observe cette longue chaîne de hauteurs qui se développe depuis Anapa jusqu'à la Colchide, tantôt parallèlement au littoral, tantôt ren-fermant entre elle et la mer quelques bassins plus étendus ; il se rend compte de la nature du terrain, il dessine la forme des vallées, celle des sommités et des embranchements des montagnes ; souvent il en calcule, il en compare les élévations, et il donne sur le relief de cette contrée toutes les observations qu'il a pu faire, tous les renseignements qu'il a pu recueillir.

Arrivé dans la Colchide, M. Dubois examine les attérissements, les dépôts, graduellement exhaussés par le limon du Phase; il en remonte les rivages, il en observe tous les affluents; et lorsqu'il parvient à l'embouchure des deux grandes rivières qui l'ont formé, il parcourt successivement celle du nord qui a hérité du nom du fleuve, et celle de l'est qui était le vrai Phase des anciens, quoiqu'on lui ait ensuite donné le nom de Qvirila. Le voyageur gagne les hautes vallées où cette rivière orientale prend sa source : il traverse là chaîne de montagnes qui sépare le bassin de la Colchide de celui de la Géorgie; il en examine les formations, se rend sur les rives du Kour, ou Cyrus des anciens, en visite les vallées supérieures, redescend une partie de son lit, gagne les montagnes qui le séparent du lac Sévang, et arrive ensuite dans le vaste bassin que l'Araxe parcourt d'occident en orient.

Dans cette contrée, dont les principales villes sont celles d'Erivan et de Natchévan, les observations du voyageur ont d'autant plus d'importance qu'elles s'appliquent à différents points consacrés par les plus anciennes traditions, et qu'elles tendent à les éclaircir. M. Dubois parcourt les régions supérieures de l'Araxe; il s'enfonce dans ses vallées latérales, observe et décrit les hautes montagnes qui les environnent, celle de l'Allaghès au nord du fleuve, celles des deux Ararats au midi; il suit, à travers les plaines d'Erivan et de Natchévan, les diverses ondulations du terrain. Toute cette région inférieure lui paraît être de formation tertiaire; il y retrouve les mêmes terrains, le même calcaire que dans plusieurs régions de la Crimée, de la Galicie, de la Suisse et de la France, et il reconnaît ainsi, sur des points éloignés les uns des autres, les vestiges d'une grande révolution physique, dont on aperçoit aussi les témoignages dans d'autres parties du globe. Mais lorsqu'en suivant les rives de l'Araxe, le voyageur est parvenu à Ourdabad, alors se manifestent les traces des commotions partielles et locales qui ont changé l'aspect de ce pays; le bassin de l'Arménie est terminé; l'Araxe se fait jour, par une issue de quatre lieues de longueur, entre la chaîne des monts Allaghès et celle du Cara-Dagh ou des montagnes Noires; les parois escarpées qui bordent ce long passage sont formées de calcaire siliceux, d'où sort un groupe de rochers granitiques, s'élevant sous des formes d'aiguilles, d'obélisques, de pyramides, et c'est dans cet étroit défilé que l'on rencontre les rapides et les chutes de l'Araxe. Le niveau du fleuve s'abaisse de treize cents pieds entre Ourdabad et Migri. Un autre passage de deux lieues de longueur se présente encore; on y découvre d'autres formations de schiste, de serpentine, de quartz, de porphyre; et enfin l'Araxe parvient plus paisible dans les plaines du Moghan où ses eaux vont se réunir à celles du Cyrus.

L'aspect des défilés que ce fleuve a parcourus porte M. Dubois à croire que les eaux avaient autrefois couvert tout le bassin traversé aujourd'hui par l'Araxe, et que les rochers à travers lesquels il a trouvé une issue ont été brisés et entr'ouverts par l'effet d'une violente commotion.

Le voyageur, après avoir étudié toute cette contrée, remonte le cours du Cyrus jusqu'en Géorgie : il se dirige vers le nord, pour franchir la chaîne du Caucase, à l'orient du mont Kasbek; il pénètre dans le défilé de Dariel, suit les vallées qu'arrose le Térek jusqu'à son

entrée dans les steppes, gagne les rives du Kouban,
et les descend jusqu'à l'embouchure de ce fleuve.

M. Dubois, en visitant ces divers pays, a su lier à
l'examen de leur constitution physique des remarques
géologiques d'une haute importance ; et quoique votre
Commission n'ait pas à vous entretenir avec quelque
étendue de ce dernier genre d'observations, elle n'a
pas cru, Messieurs, devoir les omettre, puisqu'elles
font partie des travaux que vous couronnez aujourd'hui.

Nous nous bornerons à rappeler que, suivant l'opinion de M. Dubois de Montpéreux, la chaîne du Caucase fut la première de ces régions qui fut soulevée
dans toute sa longueur à la fin de la formation jurassique. Une seconde commotion de même nature sou-
leva ensuite plus au midi la chaîne de l'Akhaltsiké :
l'ébranlement de ces contrées amena d'autres phénomènes; il se manifesta dans les régions de l'Arménie et
dans celles qui s'étendent aujourd'hui le long des
bassins de l'Araxe et du Kour, une longue suite d'éruptions volcaniques, et ces montagnes nouvelles formèrent et entourèrent différents amphithéâtres, dont les
uns restèrent occupés par les eaux du lac Sévang, du
lac de Van, de celui d'Ormiah, et de plusieurs réservoirs moins considérables, et dont les autres se dessé-
chèrent, en laissant quelque issue aux eaux qui les
avaient recouverts précédemment.

Le savant, dont nous indiquons ici les observations géologiques, croit enfin qu'un dernier soulève-
ment vint exhausser encore davantage la chaîne entière
du Caucase; que les vallées et les steppes voisines
participèrent du même mouvement, et cessèrent d'être
cachées sous les eaux; que cette révolution du Caucase
fut signalée par l'apparition soudaine de ses principaux

volcans, de l'Elbrouz, du Passenta, du Kasbek, des monts Rouges, qui se sont éteints depuis, mais dont les anciennes éruptions sont attestées par les coulées de laves qu'ils ont rejetées de leur sein, et par la nature même des roches dont ils sont formés.

Pour rendre plus sensibles les observations que ce voyageur a faites sur les lieux mêmes, il a tracé des cartes et des tableaux géologiques dont vous avez une partie sous les yeux. Ces tableaux représentent les grandes coupes des terrains qu'il a traversés, soit entre les bassins d'Akhaltsiké, de la Colchide et des versants septentrionaux du Caucase, soit entre l'Arménie, la Géorgie et le Caucase, depuis le mont Ararat jusqu'au delà du mont Kasbek. On y retrouve non seulement les différents niveaux des montagnes principales, de quelques parties de leurs versants, de la pente des fleuves, et des points inférieurs des bassins qu'ils parcourent, mais encore la nature des différentes couches du sol, leur superposition, leur agrégation, et les angles sous lesquels elles ont été soulevées et inclinées, dans les secousses et les bouleversements successifs que ces régions ont éprouvés. M. Dubois reconnaît, autour de chaque bassin naturel, les traces des soulèvements et des éruptions qui ont fait jaillir et qui ont mis à nu ces porphyres, ces granites, toutes ces matières pyriteuses, élevées comme de longs remparts dans toute la chaîne du Caucase, séparant la Colchide et la Géorgie du territoire d'Akhaltsiké, et formant une longue ceinture autour des plaines arrosées par l'Araxe.

Dans les tableaux que le voyageur a tracés on reconnaît aussi les lieux où surgissent la plupart de ces eaux thermales, qu'il attribue au même principe d'ignition centrale, et qui sont plus ou moins sulfureuses, ou acides, ou salines, ou martiales, selon les différentes couches qu'elles ont traversées, et les combinaisons que ce passage leur a fait subir.

Nous croyons devoir mentionner, à la suite de ces tableaux géologiques, si propres à éclaircir la géographie physique d'une contrée, les dessins des fossiles que M. Dubois a reconnus dans une partie des couches du sol, et qu'il présente comme autant de témoignages de son opinion sur les révolutions naturelles qu'ont éprouvées les régions du Caucase : nous devons également citer, comme complément de ses descriptions, les nombreuses vues de paysages que l'auteur a dessinées, et qu'il a souvent choisies parmi les sites les plus accidentés. Lorsqu'on voit les escarpements de ces colonnes basaltiques, et les sommets déchirés de ces roches nues et gigantesques, et les profondes ravines qui s'ouvrent devant elles, et ces blocs erratiques, confusément épars dans de vastes plaines, et la chute des fleuves qui se précipitent, on reconnaît avec plus d'évidence les dislocations que la terre a subies, et qui formèrent les grandes inégalités de sa surface.

Ces vues pittoresques nous instruisent sous d'autres rapports, en nous montrant l'aspect du sol, condamné à la stérilité, ou revêtu d'une belle végétation ; elles nous avertissent des plantes qui lui sont propres et du parti que peut en tirer la culture ; l'habile dessinateur trouve à y placer les animaux sauvages ou domestiques qui sont acclimatés dans ces régions, la famille des hommes qui les habitent, et le spectacle d'une partie de leurs travaux. La description d'un pays nous frappe plus vivement lorsqu'elle est accompagnée de tous ces secours linéaires : les yeux aident l'intelligence, et nous nous trouvons placés dans la con-

trée même qui a éprouvé de grandes révolutions naturelles ou sociales, et où les événements des différents âges se sont accomplis.

Nous nous sommes d'abord occupés de la géographie
descriptive, et M. Dubois nous fait maintenant connaître les différentes phases de la géographie politique
des mêmes régions. Il a cherché les ruines des villes
qui ne subsistent plus aujourd'hui, ou dont les emplacements sont changés, et il a fixé les anciennes demeures de plusieurs nations, par les vestiges des monuments qu'elles avaient élevés. D'abord il a reconnu,
au nord-ouest et sur la côte étroite de la Circassie, les
positions de Phanagorie et de quelques autres villes
bâties par les Cimmériens, qui occupaient les rives
du Bosphore, long-temps connu sous leur nom : il
a retrouvé près d'Anapa les ruines de la ville des Sin-
des, et il a reconnu dans les baies de Soudjouk-Kalé
et de Ghelindjic, celles de Hiéros et de Pagra; il a parcouru le pays des Zyghes où Scylax avait placé une
colonie de Phocéens : ce pays est séparé de l'Abkasie
par le défilé de Gagra, au-delà duquel s'était formée
une seconde association de colonies grecques. Scylax
et Pline lui ont donné le nom des pays des Héniokbes :
Dioscurias en était la ville principale; d'autres villes,
celles de Pithius, d'Anacopia, de Dandéra, d'Héraclée,
appartenaient à cette confédération, et M. Dubois en
a reconnu les emplacements.

Ce voyageur a cherché et visité, au sud de l'embouchure du Phase, les ruines de la ville de ce nom, perdue depuis long-temps au milieu des marais, et il a
reconnu que leur situation était conforme aux traditions que Arrien, Strabon et Pline nous ont laissées. Les
vestiges de l'ancienne ville d'Aea, qui avait été la capi-

tale de la Colchide long-temps avant la guerre de Troie, ont été retrouvés dans l'emplacement occupé ensuite par l'archéopolis de Procope, et par le Nakolakevi des Géorgiens. M. Dubois a reconnu la Muchiresis des anciens à quelques lieues de Cotatis ou Kouthaïs, et l'Hodapolis, ou ville des roses, au confluent du Rion et de la Qvirilla ; il a vu, en atteignant les plus hautes vallées du Phase, les ruines des châteaux de Sarapana et de Scanda qui défendaient de ce côté l'entrée de la Colchide. Tout porte à croire que le commerce des anciens suivait cette voie lorsqu'il ouvrait ses communications entre la mer Noire et la mer Caspienne, à l'aide de la navigation du Phase et du Cyrus : un portage par terre s'était établi entre les deux fleuves, et ce point est celui où les bassins de l'un et de l'autre sont en effet le plus rapprochés.

M. Dubois, parvenu dans la vallée du Cyrus, alla examiner dans ses hautes régions la ville troglodytique de Vardzie dont les habitations étaient creusées dans les flancs d'une montagne ; il reconnut près de Gory, sur le Kour ou Cyrus, cette ancienne Ouplostsikhé, également taillée dans les rochers, et dont la fondation était antérieure aux invasions des Scythes. Dans le bassin de l'Araxe et au midi d'Erivan, il vit l'ancienne ville souterraine de Harchapert et le monastère de Kiéghart, creusé dans le tuf volcanique ; il retrouva ensuite d'autres habitations semblables, soit dans le grand bassin de l'Ararat, soit en Géorgie et dans l'Imirette qui fait partie de l'ancienne Colchide, soit dans les versants septentrionaux du Caucase. Les plans de ces profondes retraites ont été relevés par notre voyageur, et ce sont autant de connaissances dont la géographie peut s'enrichir. Cette science, qui s'unit à l'his-

toire, aime à retrouver en tous lieux la trace des hommes:
elle les suit jusque dans les refuges que leur offraient
les antres des montagnes ; elle observe les efforts, les
travaux qu'ils firent, pour orner et agrandir ces excavations, pour les changer en monuments religieux, pour
y rassembler de nombreuses peuplades.

M. Dubois a visité, en se rendant d'Érivan au mont
Ararat, le couvent d'Etchmiadzin et les ruines d'Ar-
taxarta ; il a vu ensuite celles de Tigranocerte : il a recueilli, soit à Érivan, soit à Natchévan, toutes les traditions, tous les documents, propres à éclaircir les différentes époques de l'histoire d'Arménie. Natchévan,
considérée depuis long-temps par les Orientaux
comme la ville de Noé, renferme les débris d'un monument que les habitants du pays regardent comme le
tombeau de ce patriarche. Cette ruine est devenue un
but de pèlerinage pour les chrétiens de tous les rites,
pour les fils d'Israël, pour les musulmans eux-mêmes,
qui, en opposant leur religion au christianisme, ont
continué cependant de reconnaître les patriarches,
d'admettre la mission de Moïse, de placer Jésus au
nombre des prophètes.

Quelle est l'origine de ces anciennes traditions sur le
tombeau de Noé ? Les livres bibliques n'en renferment
aucune trace ; mais, après avoir rappelé la grande révolution diluvienne, ils élèvent autour de l'Ararat les
premières habitations des hommes, ils ont consacré le
nom du réparateur de la race humaine ; ses reliques
furent vénérées par les générations qui vinrent après
lui ; et si les hommes lui érigèrent un monument de
commémoration sur les rives de l'Araxe où Natchévan
s'éleva dans la suite, la piété des pèlerins crut sans
doute l'entourer d'un nouveau respect en considérant

ce lieu comme celui de sa sépulture. Cette ruine est une enceinte octogone de douze pieds de diamètre ; la voûte en est écroulée, et l'on reconnaît à la forme de ce débris que la construction actuelle ne remonte pas au-delà du vii° siècle ; elle appartient au style de l'architecture des Arabes, et si le monument primitif est plus ancien, il faut attribuer aux émirs celui qui l'a remplacé.

Djoulfa, que M. Dubois visita ensuite, était une ville considérable, située à l'est de Natchévan ; mais ce ne sont plus que des ruines, depuis les guerres de Schah-Abbas contre les Ottomans. Ce prince, voulant mettre la ligne de l'Araxe entre lui et ses ennemis, obligea les quarante mille habitants de Djoulfa à s'expatrier et à se retirer dans l'intérieur de la Perse.

Si les guerres des Persans et de leurs voisins ont détruit, dans les régions de l'Araxe, du Kour et de leurs affluents, plusieurs villes anciennes, les récits des historiens, les traditions du pays, et quelques vestiges de constructions dont le style est varié et porte le caractère de différents âges, aident à retirer ces lieux de l'oubli, et à rendre témoignage des événements qui ont signalé leur existence et amené leur ruine.

La géographie ancienne a laissé moins de traces dans la grande chaîne du Caucase ; mais M. Dubois a reconnu, le long de ses versants méridionaux, un grand nombre de *tumulus* et de cryptes sépulcrales, appartenant à des époques dont tous les autres vestiges ont disparu. Les cryptes avaient été creusées dans les rochers ; les tombeaux étaient érigés sur la terre : c'étaient des collines tumulaires dans les premiers âges de l'Arménie ; c'étaient, au nord du Caucase, des Kourgans avec leurs statues en pierre. Le voyageur a visité une

partie de ces monuments funéraires; il en a comparé
les formes avec celles des Moghiles que l'on trouve en
Podolie et en Ukraine, avec les tombeaux des Slaves,
avec les enceintes de blocs granitiques de la Lithuanie,
avec les tombes des géants de la Scandinavie, avec
celles de l'île de Rugen et des côtes de la Scanie, et
enfin avec les *pierres levées* antérieures à nos traditions.
Quelques monuments analogues se retrouvent encore
en Orient, et la tombe de ces générations que le temps
et l'oubli ont dévorées, est le seul vestige qui nous reste
de leur passage sur la terre. Nous n'apprenons qu'elles
existèrent que par les lieux où leur cendre même a été
consumée : elles ne laissèrent aucun nom après elles,
et le témoignage seul de leur néant nous est parvenu.

. Quant aux époques moins incertaines, M. Dubois de
Montpéreux a eu soin d'en recueillir les traditions historiques les plus remarquables, en commençant à
celles où il se mêle des récits fabuleux, et en nous gui-
dant à travers les âges vers les siècles où les faits sont
constants et irrécusables. C'est ainsi qu'il nous conduit
depuis l'arrivée des Argonautes en Colchide jusqu'au
temps glorieux où la reine Thamar fit fleurir en Géorgie les sciences et les arts, tels qu'ils pouvaient être
dans le xiie siècle : ce royaume occupait alors, au
midi du Caucase et au nord de l'Arménie, toutes les
régions qui s'étendent entre la mer Noire et la mer Caspienne. M. Dubois examine, pendant son séjour à Tif-
flis, les monuments que les souverains de cette contrée
y érigèrent dans le moyen âge : il peint les démembre-
ments, les vicissitudes auxquelles la Géorgie fut ensuite exposée, jusqu'à l'époque où la guerre et les
traités de paix l'ont réunie aux possessions russes. Ce
voyageur suit avec le même intérêt les différentes ré-

volutions que l'Arménie a éprouvées, depuis les siècles
de son établissement et à travers les époques de sa
grandeur, jusqu'aux partages qu'elle a subis, et qui
en ont divisé le territoire entre l'empire Ottoman, la
Perse et la Russie. Les annales des autres régions cau-
casiennes ont été également éclaircies, par les documents que les écrivains pouvaient fournir, par
la forme et la destination des monuments qui nous
restent, par les inscriptions dont ils sont ornés et que
M. Dubois a eu soin de recueillir.

Un grand nombre de recherches ont été faites par
ce voyageur, sur l'état des arts, tels qu'ils existaient anciennement dans ces contrées, et sur leurs modifications
successives : pour classer avec ordre les monuments
d'architecture qui nous restent, il a distingué ceux qui
appartenaient au style byzantin, ou arménien, ou
géorgien, ou persan ; l'emprunt de ces différents types
a dépendu des relations que ce pays entretenait, soit
avec ses voisins, soit avec l'empire grec. Il avait reçu
de la cour de Byzance les premiers modèles de ses monuments, et la forme en fut ensuite altérée par d'autres imitations. Les dessins, joints à l'ouvrage de
M. Dubois, nous rappellent ces divers genres d'architecture, leurs ornements et les âges auxquels ils appartiennent.

Parmi les monuments que l'auteur a visités, et dont
les gravures sont déjà sous vos yeux, on remarque l'é-
glise patriarcale de Pitzounda en Abkhasie, qui fut
érigée dans le vie siècle, la façade et les détails archi-
techtoniques de la métropole, bâtie au commencement du xie siècle à Khoutaïs, dans l'Imirette, et ce
fameux monastère d'Etchmiadzin, qui devint pour les
traditions religieuses et savantes un lieu d'asile, habi-

tuellement respecté au milieu des révolutions politiques de l'Arménie. Ces grands édifices, élevés par la religion, renfermaient aussi des tombeaux, et M. Dubois a dessiné ceux dont la forme et les bas-reliefs lui paraissaient les plus remarquables.

Après avoir tracé le tableau de tous ces peuples qui furent plus ou moins avancés dans la civilisation, dans les lettres et les arts, ce voyageur considère sous d'autres rapports les principales nations du Caucase; il les met en parallèle avec d'autres peuples, dont les grandes migrations ont autrefois changé la face politique de l'Europe : il range au nombre des tribus indo-germaniques celles qui occupèrent les versants méridionaux du Caucase, et il rapproche de la race finoise, aujourd'hui répandue au nord de l'Europe, la population des versants septentrionaux. Les Géorgiens et les Arméniens appartiendraient à la première classe, et les Lesghiens, les Circassiens, les Ossètes appartiendraient à la seconde.

Ces différents peuples virent successivement passer plusieurs conquérants dans leurs contrées; mais ils échappèrent à un joug étranger en se réfugiant dans leurs vallées et leurs sauvages retraites. Leurs plaines étaient envahies; mais ce fléau passait : ils avaient gardé leurs mœurs, leur caractère national; et, après un grand nombre de siècles, leur situation et une partie de leurs usages sont restés les mêmes.

Quoique nous ayons eu à nous arrêter spécialement aux observations faites dans les régions du Caucase, nous ne pouvons passer sous silence celles que M. Dubois avait antérieurement faites en Crimée, et qu'il a également consignées dans son ouvrage, dont l'im-

pression est commencée, et dont il poursuit avec zèle
la publication.

L'aspect topographique de cette péninsule diffère
complétement de celui du Caucase. Quelques masses
granitiques y sont à peine apparentes, et l'on y découvre généralement des couches de schiste, de calcaire jurassique, de craie, de grès, de marne et d'autres formations tertiaires. M. Dubois n'a donc pas eu
à observer en Crimée les mêmes bouleversements
qu'entre la mer Caspienne et la mer Noire; mais il a
retracé avec soin les plans topographiques, les sites
pittoresques, les monuments, les traditions de cette
terre classique; et, pour en citer ici quelques exemples, il a retrouvé dans la Chersonèse héracléotique,
placée à l'extrémité méridionale de la Crimée, l'emplacement du temple d'Iphigénie, du cap Sacré, du
cap Parthénium, du port et de la ville de Cténos, cités
par Strabon, des cryptes taillées dans les rochers des
environs, et de ce rempart de soixante stades de longueur qui s'étendait entre la ville de Cténos et celle de
Palakium, pour fermer et défendre l'entrée de cette
langue de terre où furent ensuite érigées les villes de
Cherson et de Sévastopol.

Plus ce pays a éprouvé de changements de domination, plus cet amalgame des ruines que chaque peuple
y a laissées avait besoin d'être démêlé par un habile
observateur, qui fût en état de rendre à chaque nation, à chaque siècle, les monuments qui leur sont
propres. M. Dubois retrouvait, dans les tombeaux de
Panticapée et des environs, différents vases, dont le
style lui rappelait celui des Grecs qui avaient fondé
cette colonie : il y voyait d'autres ouvrages d'art, appartenant au siècle des rois du Bosphore. Quelques

una de ces antiques, peints ou ciselés, rappelaient des croyances et des cérémonies religieuses, telles que celle des initiations; d'autres retraçaient les guerres des Amazones; d'autres offraient un mélange de la fiction et de la vérité; on y faisait combattre les lions et les panthères contre les griffons, ces êtres fantastiques, adoptés par la même imagination qui avait créé les centaures. Plusieurs monuments décrits par ce voyageur appartiennent aux temps de Justinien et de tout le Bas-Empire, à ceux de la domination génoise, à ceux des khans de Crimée : on voit se dérouler la géographie et l'histoire des différents siècles, depuis la fondation des plus anciennes colonies de la Chersonèse taurique, jusqu'au siècle où elle perd son indépendance et n'est plus qu'une province d'un vaste et puissant empire.

Vous avez pu reconnaître, Messieurs, par cette analyse des nombreux travaux de M. Dubois, qu'il a examiné les régions situées au nord et à l'orient de la mer Noire, sous tous les rapports qui pouvaient attirer l'attention du géographe, du géologue, de l'historien, de l'antiquaire, de l'artiste, et de cette honorable classe d'observateurs qu'intéresse l'étude de l'homme, et qui aiment à s'expliquer la filiation et les migrations des peuples, par l'analogie de leurs langues ou de leurs mœurs, par la comparaison de leurs traits, par les traditions que les annales du monde nous ont conservées.

Un tel ensemble de travaux sur la géographie nous paraît constituer la véritable science; il l'agrandit, il lui donne une large base; ce n'est plus une simple description du sol : le tableau s'anime; la puissance des grands agents de la nature en change quelquefois l'aspect, et il est ensuite modifié par les hommes. Le géographie d'un pays embrasse ainsi toutes les observations qui aident à le mieux connaître. Elle cherche ses notions dans le passé comme dans les temps actuels. Les contrées, même les plus anciennement habitées, peuvent encore donner lieu à des découvertes; l'étude et l'esprit d'observation savent les faire; ils rajeunissent les sujets qu'ils ont considérés sous toutes leurs faces, et ils assurent à la géographie de nouvelles conquêtes dans les régions que d'autres voyageurs avaient déjà parcourues.

L'exposé que nous venons de mettre sous vos yeux vous représente les titres de M. Dubois de Montpéreux à la récompense qu'il nous a paru mériter. Mais d'autres voyages, dont le mérite est très remarquable, ont été également examinés par votre Commission; et nous nous empressons, Messieurs, de rappeler que les nombreux et importants travaux de M. Texier sur l'Asie-Mineure vous ont déjà été signalés en 1856, par une commission dont j'avais, comme aujourd'hui, l'honneur d'être l'organe. Nous vous avons alors représenté les savantes explorations de ce voyageur en Phrygie, au milieu des monuments de ses anciens rois, et des ruines de Pessinunte; à Angora, l'ancienne Ancyre, où il a reconnu les inscriptions de l'Augusteum, destinées à rappeler les actes du règne d'Auguste; aux bords de l'Halys, où il a découvert ces gigantesques et merveilleux bas-reliefs, taillés anciennement sur les parois des rochers; à Césarée de Cappadoce, au mont Argée dont il a observé les formations volcaniques; et dans la vallée d'Urgub, hérissée de cônes naturels, qui s'élèvent comme les tentes et les pavillons d'un vaste camp, où les hommes ont pratiqué leurs habitations. Cette partie des voyages de M. Texier avait lieu

13.

en 1834. Nous avons remarqué avec le même intérêt les observations qu'il a faites l'année suivante sur les îles de la Propontide, sur les côtes occidentales de l'Asie-Mineure, sur les vestiges de quelques uns de ses anciens ports, et sur les attérissements qui les tiennent aujourd'hui éloignés du rivage. Il ne nous resterait qu'à vous rendre compte de ses travaux sur les rives méridionales de l'Asie-Mineure, dans les provinces de la Caramanie et de la Cilicie, et dans la chaîne du Taurus qui leur sert de limite vers le nord. Cette partie des voyages de M. Texier nous a paru aussi importante, aussi instructive que ses précédentes observations, mais elle appartient à l'année 1836 ; elle ne pouvait pas être prise en considération dans un concours ouvert sur les travaux terminés en 1835 ; et n'ayant pas à faire nous-mêmes l'examen approfondi de ses intéressantes explorations, nous pensons qu'il doit être renvoyé au concours de l'année suivante.

Un autre voyage très digne, Messieurs, de votre accueil et de la faveur publique, a été commencé en 1835 dans l'intérieur de l'Abyssinie, par MM. Combes et Tamisier. Ces jeunes voyageurs avaient quitté à vingt et un ans leur patrie, pour se rendre dans les régions d'Orient. Après avoir séparément visité une partie de l'Égypte et de l'Arabie, ils arrivèrent à Massouah, principal port de l'Abyssinie sur la mer Rouge, et, dès le 15 avril 1835, ils commencèrent ce nouveau voyage, se dirigèrent sur Adoua, près d'Axum, ancienne capitale de cet empire, qui obéissait autrefois à un même souverain, mais qui se trouve aujourd'hui divisé en plusieurs États : ils quittèrent ensuite le pays de Tigré, pour traverser la chaîne du Simin, et se rendre dans l'Amhara, où Gondar est situé : ils parcoururent ce bassin du Dambéa, au midi duquel Bruce était allé chercher, en 1769, les sources du Nil bleu ; et s'avançant au-delà des régions observées par ce voyageur, ils traversèrent le pays occupé par les Gallas-Douello, entrèrent dans le royaume de Choa, qui fait également partie de l'Abyssinie, gagnèrent la ville d'Angolola, où résidait le roi de ce pays, et se rendirent à Ankober, qui devint le point extrême de leur voyage. Cette dernière ville est le lieu de rendez-vous des caravanes qui viennent de Gondar ou de l'intérieur de l'Afrique, et qui prennent ensuite la route de Zeila, où leurs marchandises sont embarquées pour différentes régions de l'Orient.

MM. Combes et Tamisier ayant quitté Ankober pour revenir chez les Gallas indépendants, continuèrent leurs explorations en Abyssinie, par plusieurs routes qui n'avaient pas été fréquentées avant eux.

Un voyage si pénible, qu'ils entreprenaient seuls, sans protection, et avec leurs uniques ressources, a été mêlé de périls, et ils ont été souvent à l'épreuve de l'adversité ; mais ils l'ont subie avec courage ; l'ardeur de connaître des régions qui, depuis le temps des Portugais du xvie et du xviie siècle, n'avaient pas été visitées, et dont les invasions des Gallas avaient rendu l'accès plus difficile, a soutenu leur louable zèle, et ils ont heureusement accompli leur voyage dont une partie est déjà publiée.

Votre Commission a pensé, Messieurs, que leurs explorations, soit en Abyssinie, soit en Arabie, n'ayant été terminées qu'en 1836, c'était au concours de l'année prochaine que devait être renvoyé l'examen de tous leurs travaux. Mais, quoiqu'elle n'ait pas eu à s'en occuper elle-même, elle a cru devoir signaler à votre intérêt le dévouement de ces amis, de ces associés de périls, de fortune, de pensées, qui, se donnant toujours l'un à l'autre un appui mutuel, sont venus, à la suite d'une expédition difficile, participer aux mêmes encouragements et à la même renommée.

Tandis que l'un et l'autre observaient, soit en Abyssinie, soit en Arabie, les régions baignées par la mer Rouge, un voyageur anglais, M. Wellsted, lieutenant de la marine britannique, visitait d'autres contrées de l'Arabie. Il arriva de Bombay à Mascate le 21 novembre 1855, navigua vers le sud-est, le long des côtes de l'Oman jusqu'au port de Sûr. Pénétrant ensuite dans l'intérieur, il traversa les montagnes qui se prolongent parallèlement à ce littoral, et il suivit le versant occidental de cette chaîne jusqu'au Gebel-Akdar, d'où il revint vers la mer, pour continuer dans la direction du nord-ouest la reconnaissance du rivage. M. Wellsted fit une autre excursion au midi de l'Arabie, pour visiter, dans la contrée d'Hydramant, la vallée de Wady-Meisah; il parcourut, dans un autre voyage, la mer Rouge jusqu'à Suez, au mont Sinaï, au golfe d'Akabah; il visita, à son retour, différents points de la côte, soit en Arabie, soit en Nubie; fit des observations sur l'ancien port égyptien de Bérénice, et sur l'emplacement de l'ancien port de Berbera, près du détroit de Bab-el-Mandel.

Ce voyageur avait déjà concouru, en 1833, à un relèvement des côtes de la mer Rouge, sous les ordres de M. Haynes, et avait rédigé un très intéressant mémoire sur l'île de Zocotora. Il a fait entrer des tableaux de mœurs des tribus arabes dans les voyages que nous venons de vous rappeler; ses observations sont variées et instructives, et nous croyons, Messieurs, que son ouvrage est digne d'une mention très honorable.

D'autres voyageurs anglais ont fait paraître d'importants travaux sur l'Afrique. M. le capitaine Allen à dressé une carte du Quorrah, et MM. Mac-Grégor et Oldfield ont publié la relation du voyage qu'ils ont fait en 1832, 1833 et 1834, avec Richard Lander; en remontant le même fleuve. Cette relation est remarquable, non seulement par les descriptions de lieux, de mœurs et d'événements qu'elle renferme, mais par de judicieuses remarques sur les moyens d'abolir plus efficacement la traite des noirs en faisant pénétrer dans le cœur de l'Afrique les relations du commerce et les bienfaits de la civilisation, et par le conseil que ces voyageurs donnent au gouvernement britannique d'établir un certain nombre de postes et de stations, soit le long du Quorrah, soit entre ce fleuve et la côte de Sierra Leone, pour assurer à l'Angleterre la jouissance de ce commerce.

Les missionnaires du midi de l'Afrique ont poursuivi, en 1835, leurs explorations vers le nord; ils sont parvenus, en remontant le cours du Calédon, vers le Mont-aux-Sources, qui distribue dans toutes les directions les eaux de cette partie du continent.

Une autre expédition dirigée par un naturaliste, par le docteur André Smith, pénétrait aussi dans l'intérieur, à travers le territoire des Missions; elle arrivait, au commencement de 1835, sur les rives du Ky-Gariep, se rendait ensuite à Kourouman, et, poursuivant sa route vers l'équateur, elle dépassait le tropique du Capricorne et s'avançait jusqu'au 25° degré 26 minutes. Quoique ces travaux vous aient déjà été signalés l'année dernière, et qu'ils aient alors obtenu de vous une mention honorable, nous avons cru pouvoir les rappeler dans notre rapport, parce qu'ils appartiennent à l'année 1835, dont vous vous occupez aujourd'hui. Honneur aux hommes excités par l'amour de l'humanité, qui cherchent à introduire chez les nations sauvages les principes de l'ordre social, à adoucir leurs mœurs, à poursuivre, en agrandissant la raison humaine, le système de travaux et de conquêtes le plus digne d'un siècle éclairé !

Nous venons, Messieurs, de vous rendre compte des principaux voyages qui sont à notre connaissance et qui remontent à l'année 1835; il ne nous reste qu'à résumer les conclusions du rapport que nous avons eu l'honneur de vous présenter.

Votre Commission a jugé digne du prix que vous avez à décerner aujourd'hui, les voyages de M. Dubois de Montpéreux dans les régions du Caucase.

Elle a pensé que l'examen des voyages de M. Texier dans l'Asie-Mineure, et de MM. Combes et Tamisier en Abyssinie, pouvait être renvoyé au concours de l'année suivante.

Elle juge digne d'une mention honorable les voyages de M. le lieutenant Wellsted sur différents points de l'Arabie.

FRAGMENT *d'un voyage dans l'intérieur de la Bolivia,* *par* M. ALCIDE D'ORBIGNY.

Six années déjà s'étaient écoulées, depuis que j'explorais l'Amérique méridionale, quand, après un an de voyage au sein des diverses nations indigènes de ce

continent, j'arrivai à Trinidad de Moxos, république
de Bolivia. Je n'avais parcouru ces provinces, jusqu'a-
alors inconnues, mais si intéressantes pour l'étude de
l'homme, de la géographie, des sciences naturelles,
que grâce aux moyens de transport que le gouvernement de Bolivia avait si généreusement mis à ma disposition, moyens auxquels n'auraient pu suppléer
mes faibles ressources personnelles, et mon plus ar-
dent désir était de trouver une occasion de payer, au
moins en partie, à ce gouvernement hospitalier la
dette de la reconnaissance. Les communications qui
existaient entre Cochabamha et Moxos étaient longues, très périlleuses surtout, et leurs difficultés ap-
portaient les plus grands obstacles au commerce établi
entre ces deux points. Je songeai que trouver, au milieu
des montagnes et des forêts, un chemin plus court et une
navigation nouvelle qui pussent obvier à ces inconvénients, serait rendre à la Bolivia un service propre à
manifester à ce gouvernement mon désir de reconnaître les faveurs dont il me comblait.

Quelque peu au sud de Trinidad, sur la rive occidentale du Mamoré, j'avais remarqué l'embouchure du
Rio-Sécuri, inconnu sur les cartes, et dont personne,
même dans le pays, ne soupçonnait le cours. Cette
grande rivière, venant plus directement des montagnes
à l'est du Cochabamba, pouvait m'aider à mettre mon
projet à exécution; mais je voulais préalablement connaître, par moi-même, si l'on n'exagérait point les difficultés des communications actuelles.

En conséquence, bien qu'à peine convalescent
d'une de ces fièvres malignes si souvent mortelles
en ces contrées, j'abandonnai les plaines brûlantes et
inondées, une partie de l'année, de la province de

Moxos, m'embarquai sur une pirogue formée d'un seul tronc d'arbre creusé, et secondé par des Indiens cayuvavas, les meilleurs rameurs du pays, je remontai le Mamoré jusqu'à son confluent avec le Rio-Chaparé, ensuite ce dernier jusqu'à sa jonction au Rio-Coni. Enfin, après quinze jours d'une pénible navigation pendant laquelle je n'avais aperçu que des forêts et la petite partie du ciel correspondant au profond sillon que creusent les rivières, au milieu de cet océan d'une verdure perpétuelle ; après quinze jours employés, comme d'ordinaire, à mesurer les moindres détours des cours d'eau à l'aide d'une grande boussole d'arpenteur et d'une montre, en notant soigneusement chaque rumb et le temps que je l'avais suivi, non sans avoir préalablement, calculé la marche des pirogues d'après des mesures terrestres, j'arrivai chez les sauvages Yuracarès, au pied des derniers contre-forts des Andes-Orientales. Je consacrai quelque temps à l'étude de cette nation remarquable, dont j'aurai, plus tard, occasion de parler; puis, abandonnant ces plaines, couvertes de la plus riche végétation, je commençai mon ascension sur les montagnes, au travers de précipices sans nombre. La nature changeait graduellement de formes et d'aspect, à mesure que je m'élevais : les arbres dont la cime s'élance vers les cieux, les palmiers élégants au tronc svelte, les fougères arborescentes au feuillage si léger, disparurent peu à peu; les arbres furent remplacés par des buissons, ceux-ci, par de petites plantes graminées ; le ciel même se dégagea des nuages que je laissais sous mes pieds, et bientôt les neiges perpétuelles succédèrent aux sites plus riants des régions chaudes, égayées par ces légers oiseaux, chamarrés de si vives couleurs, et dont la pré-

sence semble vouloir animer des fleurs dont l'éclat ne
le cède pas à celui dont brille leur plumage.

Cinq jours après avoir laissé la zone torride, je couchais sur la neige, peu au-dessous du niveau d'élévation de notre Mont-Blanc. Douze lieues de crêtes déchirées, séparées par des gorges profondes, arrêtent
souvent le voyageur au milieu d'elles ; et lorsque la
neige tombée la nuit en abondance vient à recouvrir les
défilés, il faut attendre que le soleil de quelques jours
sereins vienne fondre les neiges et découvrir des sentiers que l'habitude des guides peut seule leur faire
apercevoir. La célèbre grotte de *Palta-cueva*, placée
entre deux crêtes qu'on doit franchir, ne montre que trop, par les squelettes de mules dont ses environs sont couverts, le danger de s'y arrêter; danger
néanmoins difficile à éviter, en raison de la longueur
du trajet et des aspérités du chemin. Ne pouvant plus
douter de la réalité des périls qui menaçaient le commerçant assez hardi pour prendre, afin de se rendre à
Moxos, cette route, la seule pourtant qui existât, à
moins qu'il ne se résignât à faire près de trois cents
lieues en passant par Santa-Cruz de la Sierra, je ne
pensai qu'à abandonner les sommets glacés, non sans
avoir reconnu avec surprise qu'à cette énorme élévation au-dessus de la mer, les points culminants des
pics sont composés de terrains de transition, contenant
des fossiles de coquilles marines.

Je descendis rapidement vers les vallées du versant
méridional, traversai des lieux couverts par les habitations des Indiens quichuas, agriculteurs et pasteurs, et
gagnai la ville de Cochabamba, où j'eus le bonheur de
rencontrer le général Santa-Cruz, président de la République, auquel je devais toutes les faveurs que j'avais

obtenues. Je lui parlai du projet que j'avais conçu ; il
approuva le plan que je m'étais tracé, tout en me faisant entrevoir les difficultés à vaincre, et les périls qui
m'attendaient au sein de ces contrées inconnues, où
j'aurais à lutter ,la fois, contre les obstacles de la nature et peut-être contre des nations sauvages. Inébranlable dans ma résolution, un mois après tous mes préparatifs étaient terminés, et j'allais entreprendre ce
voyage, sur le récit duquel j'ose appeler un moment
la bienveillante attention de la Société.

Le 2 juillet, je laissai Cochabamba, abandonnant
encore une fois la civilisation d'une ville pour aller de
nouveau m'enfoncer au sein de déserts où je devais être
seul avec moi-même. J'étais accompagné d'un religieux
chargé de convertir à la foi chrétienne les sauvages
que nous rencontrerions, d'une personne qui devait
suivre mes instructions sur l'ouverture de la route projetée, et s'entendre en quichua avec les Indiens porteurs des bagages, et enfin d'un métis qui savait un
peu la langue des Yuracarès, que je croyais trouver de
l'autre côté des Cordilières. La troupe arriva le soir à
Tiquipaya : je m'y vis en butte à l'importune curiosité
du curé et des habitants, qui concevaient difficilement
quel intérêt pouvait déterminer un étranger à un tel
voyage ; et je fus involontairement encore la cause de
beaucoup de larmes ; car il fallait enlever presque de
force, à leurs familles, les Indiens qui devaient
m'accompagner. La nécessité absolue de mon départ
me rendait sourd aux plaintes douloureuses d'une
mère âgée, d'une jeune femme qui restaient sans
soutien : il fallait que je partisse. En ces contrées,
l'indigène n'est pas, il est vrai, astreint au service
militaire ; mais sur lui seul pèsent toutes les char-

ges de la société, sans qu'il ait jamais le droit de se plaindre.

Le lendemain, je laissai la plaine, et montai toute la journée par des pentes abruptes, pour arriver vers le soir, sur le plateau de la Cordilière orientale, où je m'arrêtai dans le but de relever, par un réseau de rumbs, tous les points du vaste horizon qui se déployait sous mes pieds. Au sud, la belle vallée de Cochabamba que je venais de quitter, circonscrite de montagnes sèches et arides, contrastant avec l'aspect de vie de la plaine; à gauche, une grande ville ornée par les dômes de ses édifices religieux; puis, dans toutes les directions, des villages semés au milieu de nombreuses cabanes de l'humble descendant des Incas, semblables à ce qu'elles étaient il y a quatre siècles, mais entourées aujourd'hui de jardins, de vergers, que composent nos arbres fruitiers, apportés par les conquérants du Nouveau Monde, et de guérets que sillonne tous les ans la charrue. Tel est l'aspect de l'antique *Colcha-pampa* (plaine du lac) des anciens Incas, qui, de même que les fertiles vallées de Clisa et de Sacava, que j'avais à ma gauche, jouissent, neuf mois de l'année, d'une température douce et d'un ciel toujours sans nuage. Rien de ce qui caractérise l'Amérique ne se montrait à moi dans ces lieux; tout au contraire m'y retraçait trop vivement le souvenir du sol de notre belle France, dont j'étais éloigné depuis plus de six années. J'aimais à m'abuser un instant; je promenais ma vue sur ce beau paysage avec le plaisir qu'on éprouve à contempler la peinture fidèle d'un parent chéri dont une longue distance nous sépare; mais ce bonheur fut d'une courte durée : mes compagnons de voyage m'arrachèrent assez brusquement à mes illusions, à mes douces rêveries,

en me montrant le soleil déjà avancé dans sa course.
Alors je levai les yeux, la nature avait changé d'aspect:
des montagnes sèches, des ravins profonds, le sol le
plus accidenté et le plus stérile s'étendaient au loin; et,
comme la simple bordure d'un riche tableau, faisaient
ressortir la beauté des vallées auxquelles je dis, non
sans peine, un dernier adieu. Je me retournai triste-
ment vers la Cordilière orientale que j'allais franchir
pour la cinquième fois.

A droite et à gauche des pics aigus sur lesquels, çà et
là, des pointes déchirées d'une roche noirâtre contras-
taient avec la blancheur des neiges qui les recouvraient;
devant moi un plateau presque uni, où l'été le pasteur
amène quelquefois ses brebis, mais dont alors en hiver
les agiles guanacos, la curieuse vigogne, sont les seuls
habitants; retraites sauvages et silencieuses que fré-
quente aussi le majestueux condor. Le reste de la
journée, ainsi que le jour suivant, nous cheminâmes
sur le plateau; le second soir nous avions atteint une
colline voisine d'un lac glacé, élevé de 5,000 mètres
au-dessus du niveau des mers. L'excès du froid s'y faisait d'autant plus sentir que nous n'avions aucun abri;
et la raréfaction de l'air y était telle qu'à peine pouvais-
je respirer. La nuit parut bien longue; mais, comme
de coutume, le jour, consolation du voyageur, vint
nous faire tout oublier. Nous parvînmes bientôt au
point culminant de la chaîne; là, malgré les souffrances que j'éprouvais, je m'arrêtai pour contempler un
spectacle imposant : au sud, le ciel le plus pur; au
nord, vers le versant des plaines chaudes, à deux ou
trois mille pieds au-dessous de moi, s'étendait au loin
à l'horizon une zone permanente de nuages qui formait
comme une vaste mer agitée se heurtant sur les flancs

des montagnes plus élevées, et du sein de laquelle, semblable à des îlots, sortaient les sommités des chaînes
inférieures.

Nous avions franchi la chaîne sans obstacles. L'une
des difficultés de mon entreprise était déjà vaincue ; je
n'avais plus qu'à descendre. Je me dirigeai au N.-N.-O.,
ayant, de chaque côté, des sommets neigeux; vers
quatre heures, après une marche forcée, j'étais entièrement enveloppé de ces nuages que j'avais admirés le
matin. Impossible de distinguer aucun objet à dix pas
de distance, et j'eusse infailliblement été forcé de m'arrêter, si je n'avais suivi un léger sentier tracé, au milieu
de rochers, sur la pente on ne peut plus abrupte et
inégale d'un coteau. Avec la région des nuages commença la végétation ; j'avais jusqu'alors senti ma poitrine oppressée; aussi ne saurais-je exprimer avec quel
plaisir je commençai à respirer, plus librement, un air
moins raréfié et déjà parfumé par les fleurs des zones
plus basses. Quand j'eus traversé une couche épaisse
de vapeurs blanchâtres, chaque fois que s'écartait, devant mes yeux, le rideau mouvant de nuages alors moins
pressés, j'apercevais encore à quelques milliers de pieds
au-dessous de moi, un ravin profond, couvert d'une végétation des plus actives, et quelques cabanes, terme
de ma course de la journée. Je roulai, plutôt que je ne
descendis; et j'arrivai, à la nuit close, au hameau de
Tutulima, dernier lieu où l'homme agriculteur ait osé
fixer sa demeure, ayant ainsi passé dans un seul jour,
des glaces du pôle aux limites des régions chaudes.

Le lendemain j'oubliai mes fatigues en revoyant
avec bonheur, voltiger les légers oiseaux-mouches; et
en attendant ma troupe, qui ne fut complétement réunie que deux jours après, je m'occupai de recherches

d'histoire naturelle, non sans porter quelquefois mes regards sur cette voûte de nuages qui s'ouvrait et se refermait alternativement sur ma tête, mais qui ne s'abaissait jamais jusqu'à moi.

Le 8, après beaucoup de contrariétés, provenant de la mauvaise volonté de mes Indiens, je quittai le dernier point habité pour m'enfoncer dans le désert, pour fouler une terre encore vierge. Trouvant qu'avec la variation E. de 8° 28', le ravin de Tutulima, dirigé au N.-N.-O., de la boussole me donnait une bonne route, je le suivis, et d'ailleurs il m'eût été impossible d'en gravir les coteaux escarpés. Chargé de ma boussole, d'un fusil et d'un couteau de chasse, pour ouvrir le fourré, je dirigeais la marche, non sans être arrêté à chaque pas, suivant quelquefois le lit du ravin, passant et repassant la rivière, traversant les halliers de ses coteaux, déchiré par les épines; ou bien ayant à franchir des blocs de granit roulés par le torrent et amoncelés sur ses bords. Les fatigues inouïes du jour nous rendirent la nuit bien douce; le creux d'un rocher reçut une partie de la troupe, l'autre se groupa autour. Je ne pourrais peindre les sensations que me faisait éprouver l'idée d'être ainsi transporté dans un lieu où nul autre homme n'était encore parvenu; je me trouvais heureux de pouvoir, en même temps, servir mes semblables et les sciences en faisant à chaque pas de nouvelles découvertes en histoire naturelle et en géographie. Je passai une partie de la nuit plongé dans mes réflexions; et, le dirai-je? couché sous ma roche sauvage, je me berçais de ces douces illusions, de ces espérances qui soutiennent le voyageur, et qui me souriaient encore, lorsqu'au point du jour, un organiste, l'oiseau chanteur par excellence, fidèle

habitant des précipices, perché sur une branche sus-
pendue sur le torrent, commença ses mélodieux con-
certs, mêlés au bruit des eaux mugissantes. Les gammes
chromatiques les plus douces, les modulations des sons
les plus purs et les plus étendus s'y succédaient rapidement : je l'écoutais avec un ravissement pour lequel
l'expression me manque. Ses accents s'harmoniaient
et sympathisaient si bien avec ma disposition d'esprit,
que j'aurais voulu pouvoir en prolonger le charme ;
mais cette espèce d'extase dura peu, et mon retour
sur moi-même fut presque pénible. La troupe se réveilla;
six de nos Indiens avaient déserté pendant la nuit, et
néanmoins il fallait affronter de nouvelles fatigues.

Six jours de suite, je marchai dans le même ravin,
variant ma direction du N. au N.-N.-O., mais faisant
à peine trois à quatre lieues par jour. Les obstacles
croissaient à chaque instant; nous n'avions ni le temps ni
les moyens de les aplanir ; il fallait les vaincre. Tantôt
le torrent était tellement encaissé, que force nous
était de gravir les coteaux et de marcher de précipices
en précipices; tantôt ce même torrent était grossi des tri-
buts de plusieurs rivières nouvelles, qu'il fallait passer et
repasser, en luttant contre la force d'un courant des
plus rapides, et marchant dans l'eau jusqu'à la ceinture.
Ici, nécessité de construire un radeau pour le traverser;
là, de se frayer, la hache à la main, un passage au
travers d'un bois épais. La végétation cependant deve-
nait toujours plus belle, les palmiers au feuillage si gracieux semblaient se multiplier, ainsi que les différentes
espèces des autres arbres ; mais, au milieu de ce beau
paysage, la nature restait silencieuse, inanimée. Plus de
ces nombreux oiseaux qui pullulent ordinairement dans
les forêts chaudes : on serait tenté de croire que la pré-

sence de l'homme est réellement la condition nécessaire de l'apparition de la gent ailée ; ou peut-être en
ces lieux le bruit du torrent épouvantait-il les oiseaux,
car à peine y apercevait-on quelques solitaires coqs de
roche, au plumage de feu, seuls habitants de ces coteaux
escarpés.

Je pouvais jusqu'alors me croire sur un des affluents
du Rio-Mamoré, et la direction suivie était bonne ; mais
tout-à-coup une chaîne de montagnes élevées se mon-
tra devant nous, et la rivière que je suivais, recevant un
autre cours d'eau, qui venait de l'E.-S.-E., tourna
brusquement au N.-O. Tout espoir semblait m'ê-
tre ravi ; car, sans aucun doute, ce devait être encore un tributaire du Rio-Béni. Mon embarras était
extrème, et je ne vis d'autre moyen que celui de franchir la cordilière, coupant à angle droit la direction
que je devais prendre. J'examinais la chose en moi-
même, lorsque, fixant par hasard les yeux sur le sol,
j'y reconnus l'empreinte de plusieurs pas d'hommes, se
dirigeant vers le nouvel affluent. Dans le désir de communiquer avec les maîtres de ces lieux, je m'avançai en
suivant les traces fraîches, et bientôt j'aperçus au milieu de la rivière, un sauvage armé d'un arc et cherchant à percer d'un trait le poisson qu'il épiait d'un
œil attentif, au sein d'une onde des plus pures. Il ne
parut point effrayé de notre présence ; je reconnus de
suite à sa tunique sans manche, à son bissac placé sur
l'épaule gauche, à ses traits surtout et aux peintures
de sa face, que ce n'était pas un Yuracarès, ce dont je
m'assurai d'ailleurs en lui adressant, dans la langue de
cette nation quelques mots qu'il n'entendit pas. Il me
fit signe d'aller plus loin, où je trouvai huit Indiens de
sa tribu, celle des Mocéténès, et quelques Indiens Yu-
racarés occupés, sous une ramée de feuille de palmiers,

à faire rôtir des singes et du poisson. Nous étions peut-être aussi étonnés les uns que les autres de nous trouver en présence, et la plus grande curiosité régnait de part et d'autre. Les sauvages s'empressèrent de nous offrir de partager leur repas; mais il fallut attendre le gros de ma troupe pour apprendre de l'interprète Yuracarès où nous étions et à qui nous avions affaire. C'étaient des Indiens Mocéténès, habitant à une journée de marche, revenant de faire une visite amicale aux Yuracarès qui vivent de l'autre côté de la chaîne, et avec eux quelques uns de ces derniers, qui avaient accompagné leurs visiteurs.

Tous mélangés, nous formions le plus singulier assemblage, les contrastes les plus curieux, de couleur, de traits, de costume; et tandis que chacun s'occupait de ce qui pouvait l'intéresser, je repris mon rôle d'observateur; je comparai les caractères physiques des trois nations américaines qui se trouvaient là fortuitement réunies : le Quichua montagnard ou descendant des Incas, à la couleur foncée, au corps court et large, dont le tronc n'est pas en harmonie avec les extrémités, à la figure sérieuse et triste, au nez aquilin; près de lui, le Yuracarès, presque blanc, aux belles formes élancées et mâles, aux traits prononcés, à la figure fière, hautaine et souvent belle; plus loin, le Mocéténès, tenant entre eux un juste milieu par sa taille, par ses formes, par sa couleur encore presque blanche, mais ayant des traits efféminés, le sourire gracieux, plein de douceur, le nez très court et la face à peu près ronde. Je cherchais, comme je l'avais toujours fait, dans les mêmes circonstances, à m'expliquer ces différences par des causes naturelles qui influent, à la longue, sur les caractères physiques et moraux de

l'homme ; je me demandais si la forme massive des
Quichuas, la largeur extraordinaire de leur poitrine,
n'étaient pas déterminées par le besoin d'aspirer une
plus grande quantité d'air, par suite de la raréfaction
des plateaux élevés sur lesquels ils vivent. Je me demandais encore si la teinte presque blanche des Yuracarès, qui ont, au reste, les traits des Quichuas, et
si leurs belles formes ne pouvaient pas provenir de la
continuité de leur séjour au sein de ces forêts humides,
chaudes, impénétrables aux rayons du soleil, et si différentes des montagnes sèches où vivent les nations
montagnardes. Je me demandais enfin si les Mocéténès, qui présentent les traits efféminés des Indiens des
plaines de Moxos et de Chiquitos, ne seraient pas les
descendants des nations de ce rameau, dont la même
cause aurait pâli la couleur. Ces réflexions, que je
n'étendrai pas en ce moment, pour ne point abuser
des instants que la Société veut bien m'accorder, et que
j'ai d'ailleurs consignées dans un travail spécial sur
l'homme américain, m'occupèrent jusqu'à la fin du jour.

Le soir, comme des frères d'armes, nous étions
tous les uns près des autres au bord de la rivière, et
sous une voûte épaisse du feuillage le plus varié. D'un
côté l'on entendait la langue gutturale des Quichuas,
qui rappelle un rauque croassement ; plus loin, le parler doux et mielleux des Mocéténès, contrastant avec
le langage arrogant, la parole fière et hautaine des
Yuracarès, orateurs prétentieux. Les idiomes de l'ancien
monde étaient là tout-à-fait en minorité, et à peine
étions-nous trois à les entendre. Il est difficile de se rendre compte de l'impression singulière que reçoit le
voyageur des grands traits d'une nature imposante et
sauvage, en se voyant entouré d'objets si différents de
ceux qu'il rencontre au milieu de la civilisation des

villes. J'étais privé de toutes les commodités de la vie;
pour me reposer de longues fatigues, je n'avais d'autre
lit qu'un sol humide, et néanmoins je n'aurais pas cédé
ma place du moment, pour en prendre une des plus
commodes au milieu de la fête la plus somptueuse de
notre brillante capitale.

Le lendemain, on se sépara des Mocéténès, qui retournèrent chez eux, chargés des présents dont je les
avais gratifiés; mais les Yuracarès voulurent nous gui-
der vers leurs bois : ils nous conduisirent à l'endroit
d'où ils étaient descendus de la montagne, afin de la
franchir le jour suivant. Au lever du soleil, la troupe
s'ébranla : d'abord perdu au milieu du fourré, s'ac-
crochant aux branches pour s'aider à monter, chacun
gravit péniblement, sans rien apercevoir autour de lui ;
puis, au travers des hautes fougères, la forêt moins
épaisse permettait de voir, avec le ciel, le ravin que
nous abandonnions. Après quelques haltes obligées
par la fatigue, nous arrivâmes enfin, vers quatre heures, sur la partie la plus élevée de la chaîne; mais quel
ne fut pas mon désespoir, lorsque je m'y trouvai enveloppé de nuages qui ne me permettaient de rien distinguer de ce qui m'entourait! Ma seule espérance de
réussite consistait dans le choix à faire d'un cours d'eau
que je ne pouvais reconnaître que de la sommité sur
laquelle je me trouvais : j'attendis et laissai la troupe
me devancer. Une heure d'inquiétude me parut bien
longue, et je perdais presque courage, lorsque, par
un bonheur inattendu, les nuages s'ouvrirent un instant; et je pus plonger sur un horizon immense : les
derniers contre forts des montagnes, comme des sillons
irréguliers couverts d'arbres; descendaient lentement,
en serpentant, vers une mer de verdure sans bornes, com-

posée des forêts de la plaine, qui bordent les montagnes, sur une étendue de plus de quarante lieues. Plein
d'anxiété, je suivais, d'un œil avide, la direction des
ravins profonds, cherchant avec crainte leur point de
réunion, pour découvrir un cours d'eau navigable.
Un rayon de soleil me le dévoila, en faisant briller, à
une immense distance, une rivière serpentant au milieu
de la forêt, dans la direction du nord 15° E. C'était
le port qui s'ouvre au navigateur après une longue traversée; c'était le résultat de mes calculs; c'était le
triomphe de mes idées, un affluent du Rio-Securi,
que j'avais laissé près de Trinidad de Moxos. Comme
un enfant, je me livrai à la joie la plus folle, et après
avoir relevé tous les points visibles, et remarqué que
cette chaîne, étendue au loin à l'est et à l'ouest, servait
de limite aux deux versants du Rio-Béni et du Rio-
Mamoré, je descendis vers mes compagnons de marche, que je rejoignis encore avant la nuit.

Je les trouvai tristes; ma joie m'avait fait oublier
que je n'avais pas bu de la journée; mais eux, que le
même zèle n'animait pas, me le rappelèrent par leurs
plaintes amères. Confiant en la Providence, qui s'é-
tait toujours montrée si bonne pour moi, je parcourus
des yeux les environs, je demandai un vase et m'éloi-
gnai : on me regardait comme un fou; mais un instant après, au grand étonnement de ma troupe; je
rapportai le vase plein d'une eau des plus pures. Aux
frontières du Paraguay, dans une circonstance semblable, un Indien Guarani avait apaisé ma soif dévorante en m'apprenant qu'une espèce de bromelia contenait toujours de l'eau dans l'intérieur du calice,
formé par la réunion de ses feuilles. J'avais aperçu
beaucoup de ces plantes parasites sur les troncs des

arbres qui nous entouraient, et j'y trouvai le même
secours qui, tant de fois, m'avait rendu la force et le
courage. Dès lors plus de murmures; chacun, de son
côté, se mit à en recueillir, et à satisfaire, au plus
impérieux de tous les besoins, tout en me remerciant
de mon heureuse découverte.

Pendant deux jours je suivis, en descendant, la crête
des mêmes montagnes, sous une voûte éternelle de
branches croisées que le soleil ne perce jamais de ses
rayons. Aussi ces lieux humides donnaient-ils naissance à des plantes cryptogames des plus belles, dont
je me chargeais chaque jour. J'avais déjà, depuis le
départ de Tutulima, rempli mon chapeau de coquilles
précieuses, qui, avec les plantes que je recueillais,
figurent aujourd'hui dans les collections du Muséum,
et me rappelleront toujours les plus doux souvenirs.
J'arrivai au Rio, que les Yuracarès nomment *Icho* : il
n'était pas encore navigable; aussi me laissai-je conduire par eux jusqu'à un autre affluent plus considérable. Nous cheminions au milieu de la forêt, en suivant
un sentier tracé. Tout à coup mes Yuracarès s'arrêtent
et me font signe de les imiter : ils prennent chacun
un instrument suspendu à leur côté ; et, tous ensemble, exécutent trois sifflements aigus que l'écho ré-
pète au loin. Un instant je me crus trahi; mais bientôt
ils reprirent leur marche, et quelques minutes plus
tard, nous avions atteint une maison de la même nation. J'appris que jamais un Yuracarès ne s'approche
d'une habitation à l'improviste; ce serait un signe
d'hostilité. La hutte était un vaste hangar couvert de
feuilles de palmier, ouvert aux deux extrémités, et entouré de champs de bananiers. Je fus reçu sans aucune cérémonie : les femmes me présentèrent des

racines de mandioca rôties ; mais, à peine entrés, mes conducteurs allèrent s'asseoir en silence près du maître de la maison, et l'un d'eux prononça sans le regarder, sans s'arrêter un seul instant, un discours animé qui dura plus de deux heures, pendant lequel ses intonations étaient alternativement graves et chaleureuses. Il se tut enfin, et le chef de la famille, sans regarder non plus l'autre orateur, parla aussi long-temps que lui : toute la nuit se passa en pourparlers du même genre, relatifs à notre arrivée, mais qui me parurent ne rien avoir d'inquiétant.

Les habitants de la hutte voulurent nous accompagner jusqu'à une autre de leurs maisons. Les hommes se chargèrent seulement de leur arc et de leurs flèches, tandis que les pauvres femmes, non seulement portaient tout l'avoir de la famille, mais encore soit leurs jeunes enfants par-dessus leur charge, soit leurs singes, leurs poules ou leurs perroquets, ce qui formait pour elles un bien lourd farbeau, placé sur le dos dans un filet, et retenu, d'avant en arrière, par une bande d'écorce d'arbre, qui posait sur le front. Tel est toujours le sort de la compagne de l'homme chasseur, qui croirait se déshonorer, s'il accordait un seul instant secours et soulagement à celle qu'il aime assez pour ne la quereller jamais. Je passai le *Rio-Inésama*, et m'arrêtai chez mes conducteurs, au sein de la forêt, à peu de distance du Rio-Maleto, sur lequel je voulais m'embarquer. Des courriers furent dépêchés dans toutes les directions, pour prévenir de ma visite les Yuracarès disséminés dans les bois. Après avoir renvoyé mes Indiens Quichuas vers leurs montagnes, je repris l'étude des hommes singuliers parmi lesquels je vivais ; je me livrai de nouveau à mes recherches d'histoire

naturelle , et ne négligeai rien pour obtenir des renseignements sur de nombreuses rivières encore inconnues aux géographes.

Deux jours après, une fanfare bruyante m'annonça
l'arrivée d'une visite. Je vis bientôt une douzaine d'Indiens marchant sur une seule ligne, ayant la figure et les
jambes bariolées de rouge , les cheveux bien peignés
et couverts du duvet blanc des aigles, assez analogue,
pour la couleur, à la poudre que nos pères mettaient
sur leurs cheveux Ils étaient tous vêtus d'une tunique
sans manches , faite d'écorce de mûrier , ornée de
peintures rouges très régulières, et par-dessus avaient
un large cordon de perles de verre , passant sur l'é-
paule droite et soutenant leurs instruments de musique , pendus sur le côté gauche du corps. A la main
droite , ils avaient une espèce de sabre , et dans la
gauche un faisceau composé de leur arc et de leurs
longues flèches. Ils s'avancèrent gravement , me firent
l'un après l'autre une légère inclination de tête , et
allèrent s'asseoir en rond autour du maître de la maison, avec lequel s'entama un discours qui dura toute la
journée. Je fis faire aussi moi , par l'interprète , ma
petite harangue de remerciement pour le bienveillant
accueil dont j'étais l'objet, et trouvai les nouveaux
venus bien disposés à me servir.

Ne voulant pas laisser refroidir leur zèle, je partis
avec eux dès le lendemain, et m'enfonçai au sein de
la forêt la plus belle du monde,pour découvrir un arbre
qui pût me servir à construire une pirogue. A chaque
pas, j'admirais le luxe de la végétation à trois étages
distincts. Là, des arbres immenses de deux à trois cents
pieds d'élévation, forment une voûte perpétuelle d'une
verdure souvent chamarrée de teintes des plus vives,

des plus diversifiées, dont la parent les fleurs de la
liane enlaçante; au-dessous, comme protégés par ce
berceau naturel, s'élancent de soixante à cent pieds, les
troncs grêles et droits des palmiers, au feuillage si varié
dans ses formes, et si utile à l'homme sauvage ; plus
bas encore, à huit ou dix pieds d'élévation au-dessus du
sol, où rampent les plus élégantes fougères, croissent
d'autres palmiers plus grêles encore que les premiers,
et que renverserait le moindre souffle du vent; mais les
aquilons ne peuvent jamais agiter que la cime des
géants de la végétation, qui laissent à peine arriver jusqu'au sol quelques rayons du soleil. Quel imposant
spectacle! Que de jouissances n'éprouve pas le voyageur, en contemplant une aussi belle nature ! Son imagination s'exalte : il se sent transporté; mais s'il rentre
en lui-même, s'il se mesure à l'échelle d'une création
aussi grandiose, qu'il se trouve petit, combien son
orgueil est humilié par la conscience de sa faiblesse! Je
parcourus la forêt sans obstacles, en suivant mes sauvages vers le plus gros arbre, car tous leur étaient
connus; enfin, l'un d'eux est choisi; son tronc, qui peut-
être a déjà vu plusieurs siècles, son tronc de vingt-cinq
pieds de circonférence à la base, comme un rocher
que sape la mine, est aussitôt entamé par la hache;
les éclats volent; mais le soir seulement, après un
travail forcé, sa chute fait trembler la terre, renverse,
devant lui, tous les autres, et à plus de deux cents pas
il en tombe encore, entraînés les uns par les autres.
Les coups redoublés de la hache firent retentir la forêt
sept jours de suite, pendant lesquels je dirigeai les travaux des Indiens, et soutins leur courage par mon
exemple, en travaillant avec eux. Enfin le doyen des
arbres des environs s'est transformé en une nacelle

assez grande ; les obstacles qui s'opposent à sa marche vers la rivière sont aplanis sur tous les points à la fois, au travers de la forêt, l'espace de près d'un quart de lieue ; elle y est lancée triomphalement ; et je commençai à pouvoir m'applaudir du succès de mes vœux ; car, pour accomplir la mission que je m'étais donnée, il ne me restait plus qu'à voguer vers Moxos.

Avant de continuer la description de mon voyage, je crois nécessaire d'indiquer les principaux traits du caractère de mes nouveaux compagnons, les Yuracarès. Cette nation, disséminée dans les forêts qui, sur une largeur moyenne de trente lieues, bordent tout le pied du versant oriental des Andes, du 67 au 70° degré de longitude ouest de Paris, se croit la première du monde, et son orgueil est au-dessus de tout ce qu'on en pourrait dire ; elle est vaine de son indépendance sauvage, et son caractère présente la plus monstrueuse réunion de tous les défauts que peut amener, chez l'homme ignorant et superstitieux, une éducation à tous les âges affranchie des réprimandes et même des plus simples conseils. Gais, d'une pénétration facile, hardis, entreprenants, les Yuracarès ne redoutent rien ; aussi cruels pour eux que pour les autres, endurcis aux souffrances physiques, leur insensibilité est extrême, habitués qu'ils sont, dans toutes les occasions que leur en offrent leurs superstitions nombreuses, à se couvrir de blessures, à martyriser leurs femmes et leurs enfants. Ils n'ont aucun attachement pour leurs pères, qu'ils abandonnent souvent, et immolent, de sang-froid, leurs enfants, dans le seul but de s'affranchir de l'embarras de les élever. Ennemis de toute espèce de société qui pourrait leur ôter quelque peu de leur indépendance, ils ne vivent que par fa-

milles, et dans celle-ci, ne sont connus ni les égards
mutuels, ni la subordination, chaque individu n'y
demeurant que pour son compte propre et person-
nel. La femme a le même caractère que l'homme :
chez elle on ne trouve pas le sentiment maternel,
car elle sacrifie la moitié de ses enfants, tout en
restant l'esclave de ceux qu'elle croit devoir conserver. Toujours ambulants, les Yuracarès semblent
se fuir, n'habitant jamais plus de trois ou quatre ans
le même lieu. Ils se marient à la suite d'une orgie.
Le nouveau couple s'éloigne aussitôt, va s'établir
dans les parties les plus sauvages de la forêt, abat
les arbres, y met le feu, et s'y construit une cabane.
Visiteurs infatigables, ils se traitent avec cérémonial :
ces visites amènent toujours d'abondantes libations de
boissons fermentées et des danses monotones. Les fê-
tes, chez eux, marquent les diverses époques de leur
existence, la nubilité d'une jeune fille, par exemple,
et ne se terminent jamais sans que chacun ait arrosé
la terre de son sang, en se faisant de nombreuses blessures aux bras et aux jambes; les hommes, pour devenir plus adroits, les femmes pour acquérir plus de
force. Celles-ci vont accoucher au milieu des bois, au
bord d'un ruisseau, dans lequel elles se baignent immédiatement, et reviennent à la maison reprendre
leurs travaux ordinaires. Les hommes connaissent le
suicide, et se battent souvent en duel à coups de flèches.
En réunion, les hommes mangent ensemble et leurs
repas, comme leur chasse, comme leur pêche, sont as-
sujettis à une foule de superstitions. A la mort de l'un
d'eux, tout ce qui appartient au défunt est anéanti;
sa cabane et son champ sont abandonnés, et jamais
on ne cueille un fruit sur les arbres qu'il avait plantés :

son souvenir se conserve néanmoins long-temps dans sa famille. L'industrie des Yuracarès se borne à la fabrication de leurs tuniques d'écorce, aux peintures imprimées avec des planches de bois qui les décorent, à la chasse et à la pêche. Ils n'ont pas de gouvernement.

La religion des Yuracarès est des plus singulières ; ils n'adorent et ne respectent aucune divinité, et pourtant ils sont plus superstitieux que tous leurs voisins. Ils croient que les choses se sont formées d'elles-mêmes dans la nature, et qu'ils ne doivent pas en être reconnaissants. Ils croient n'avoir rien à attendre d'une conduite plus ou moins irréprochable, l'homme étant né le maître absolu de ses actions bonnes ou mauvaises. Ils ont cependant une histoire mythologique des plus compliquées, remplie de fictions dans lesquelles apparaissent, tour à tour, un assez grand nombre de génies et d'autres êtres fabuleux. Le *Sararuma* a causé un incendie général des forêts qui remplace le déluge des autres nations ; un seul homme y échappe, en se cachant dans une caverne. Le même Sararuma lui donne des graines qu'il emploie à repeupler la terre de ses arbres ; après quoi plusieurs êtres surnaturels se succèdent dans le monde, et y jouent un grand rôle : c'est *Ulé*, qui, de l'arbre le plus brillant de la forêt qu'il était d'abord, se métamorphose en homme à la prière d'une jeune fille ; c'est *Tiri* qu'élève la femelle d'un jaguar, après l'avoir arraché du sein de cette même jeune fille devenue mère ; c'est *Caru*, qui rend les hommes mortels par sa curiosité. Tiri a fait sortir du creux d'un arbre toutes les nations que connaissent les Yuracarès, et l'a refermé, dès qu'il a vu la terre assez peuplée.

Tous les Yuracarès connaissent cette histoire mythologique, et se plaignent de tous ceux qui y ont joué un rôle : de *Mororama* (dieu du tonnerre), qui, du haut des montagnes, leur lance ses foudres ; ils le menacent de leurs flèches lorsqu'il tonne ; de *Pepezu*, qui les enlève au milieu des bois ; de *Chunchu* (dieu de la guerre). Leur demande-t-on quel est leur dieu bienfaisant ? ils montrent leur arc et leurs flèches, armes auxquelles il doivent leur nourriture. Ils croient néanmoins à une autre vie, dans laquelle ils auront abondance de chasse et de pêche, et où tous, sans exception, devront se retrouver à jamais.

Mes promesses avaient déterminé trois Yuracarès à me suivre jusqu'à Moxos et à me servir de rameurs. On réunit pour toutes provisions quelques racines, et je me disposai à quitter les forêts. Un seul homme, le religieux n'était pas content : peu habitué à la patience et aux privations de tous genres que les missionnaires, plus que tous autres, doivent s'imposer pour arriver à des résultats satisfaisants, il n'obtint aucun ascendant pendant mon séjour, et prit le parti de retourner à son couvent.

Les eaux étaient très basses, la rivière remplie de sauts : je mis quatre journées à faire à peine trois lieues jusqu'au confluent du Rió. Toujours dans l'eau pour traîner la pirogue et presque sans chaussures, nous étions, le jour, dévorés des piqûres venimeuses des maringouins, que remplacent, la nuit, des myriades de moustiques plus acharnés encore. Mes compagnons de voyage se plaignaient à juste titre, et ce n'était pas trop de toute ma résignation et de ma constante coopération à leurs travaux pour les engager à persister. Enfin , au confluent où les deux rivières réunies forment le Rio-Securi, toujours navigable, il me fallut abandonner tout-à-fait les lieux habités; il me fallut, presque sans provisions, me confier aux hasards d'une navigation dont je ne pouvais prévoir ni la durée, ni les obstacles; et cela, dans la compagnie de gens si peu expérimentés, que le seul manque d'équilibre suffit pour faire chavirer plusieurs fois notre frêle embarcation. Je suivis ces méandres sans cesse renaissants au sein de la forêt; mais, l'avouerai-je? cette nature si majestueuse avait alors perdu pour moi, pour ainsi dire, tous ses charmes, tant il est vrai que la position physique est un prisme qui colore les objets selon l'impression du moment!

On sent que le caractère de mes rameurs, malgré l'empire que j'avais pris sur eux, devait du plus au moins me rendre le jouet de leurs caprices. Comment, en effet, empêcher des chasseurs passionnés de s'arrêter pour suivre, dans les forêts, une troupe de singes hurleurs qui se montraient sur les arbres du rivage, et qui, peu épouvantés, paraissaient se jouer de nous jusqu'au moment où une expérience tardive leur apprenait à redouter la flèche meurtrière de mes sauvages? Comment les empêcher de poursuivre ces joyeuses troupes de légers *callithrix*, ces hoccos criards, ou le pécari, représentant, dans ces bois, de notre sanglier d'Europe? Il fallait alors attendre une journée entière qu'ils revinssent avec le gibier. Dans une autre circonstance, c'était une plage poissonneuse, où, tandis que nous jetions nos lignes, ils perçaient de leurs dards les poissons qu'ils apercevaient au fond de l'onde. Les journées ainsi se succédaient lentement, quoique les rives fussent souvent animées par les hôtes de la forêt, que nous apercevions à chaque pas sur les plages ou sur les arbres. Là c'était un tapir qui abandonnait précipitamment le rivage ; ici un gabiai, qui se cachait dans l'eau à notre approche ; plus loin, un cerf léger, retournant plusieurs fois la tête pour mieux nous reconnaître, ou des singes sautant de branche en branche, et des oiseaux nichant en grande troupe sur les bancs de sable. Souvent, au lever de l'aurore, de cruels jaguars, dont les traces fraîches dans le jour nous donnaient des craintes, et dont les rugissements, la nuit, avaient troublé notre repos, se promenaient lentement sur la berge, ou, comme de jeunes chats, se jouaient sur la plage, s'enfuyant pourtant au bruit de nos armes à feu, moins fiers que le caïman cuirassé, qui se montrait à chaque instant dans les eaux.

D'abord l'abondance régna, grâce au succès de la pêche et de la chasse ; mais, à mesure que nous avancions, la forêt devint de plus en plus déserte, et bientôt nous fûmes réduits à du poisson sans sel pour toute nourriture. Enfin, après avoir vu plusieurs rivières considérables, toutes inconnues, se réunir à celle que nous suivions, après deux jours d'une navigation pénible, constamment exposés à l'ardeur des rayons d'un soleil brûlant ou à la pluie si abondante des régions chaudes, le Rio-Mamoré, dans toute sa grandeur, se déroula de nouveau devant nous. J'oubliai alors les souffrances passées ; j'oubliai que j'étais peut-être estropié, ayant eu, dans une occasion particulière, dont je m'abstiendrai de parler ici, le bras traversé par les serres aiguës de la grande harpie (*Falco destructor* des auteurs). J'étais à Moxos, le but de mon entreprise, et le lendemain, après quarante jours de voyage, je revis la capitale de cette province, où je fus à peine reconnu, tant la fatigue avait altéré mes traits. Mes itinéraires dressés me donnèrent un tiers de moins de chemin que par le Chapari. Mes souhaits; dans cette circonstance, avaient donc encore été exaucés, et je pouvais offrir, au moins en partie, au gouvernement de Bolivia, dans la route nouvelle ouverte à ses trans-actions commerciales, un prix digne de ses bienfaits, sans me croire pour cela libre envers lui de l'obligation imprescriptible de gratitude personnelle que son noble chef m'avait imposée.

UNE JOURNÉE A TAURIS.

(Extrait du voyage aux Indes orientales par le nord de l'Europe, les provinces du Caucase, la Géorgie, l'Arménie et la Perse, exécuté par M. Belanger, durant les années 1825 à 1829.)

Pendant le saint mois du Ramazân, il serait difficile de prendre une haute idée de la population et du commerce de la ville de Tauris. Le jeûne rigoureuse-ment observé durant le jour, par tous les Persans, et la fatigue que cette vie ascétique leur cause, les forcent pour la plupart à rester enfermés jusqu'au soir, et em-pêchent même les marchands d'ouvrir leurs boutiques avant deux ou trois heures de l'après-midi. Mais il faut voir le mouvement qui anime cette grande cité dans les temps ordinaires : essayons d'en reproduire quelques traits, et commençons au lever du soleil.

A peine les moëzzins ont-ils psalmodié sur tous les tons la pieuse invitation qui appelle les croyants à la prière, que le son rauque du cornet des *dallaks* (gar-çons de bains) se fait entendre et vient couvrir les der-nières modulations des *avertisseurs d'office*. L'eau est chaude, et les femmes, déjà couvertes de leurs *châ-dres* (voiles), n'attendent plus que ce signal pour aller se baigner avant l'heure consacrée aux hommes. Éyeillés par ces bruits, les chiens poussent de longs aboiemeents ; le chant des coqs, le braiement des ânes et les cris des valets qui se font entendre presque en même temps complète ce concert discordant. Aussitôt les devots ou les gens pressés par leurs affaires s'appellent à l'envi. Les esclaves ramassent sur les terrasses les lits des femmes, et les hommes que l'indolence y retient presque toujours les derniers se décident enfin à abandonner leur couche.

Cependant la musique du prince, composée d'instruments à vent, de tambours et de timbales, a donné le signal aux marchands du bazar, qui s'apprêtent à ouvrir leurs boutiques. Les paysans attardés poussent en toute hâte, vers le marché, des troupes d'ânes chargés de légumes, de fruits, de bois ou de glace, dont les Persans font une grande consommation. Malheureusement voici qu'une caravane partant pour Ispahân ou pour Yezd les arrête dans leur course. Cette rencontre occasionne un embarras qui s'augmente et se complique par l'arrivée de voyageurs dirigeant leur *kafiléh* les uns vers la route de Téhérân, d'autres vers celle d'Erzeroum ; de *tchappars* (courriers), pressés d'accomplir leurs missions ; de porte-faix pliant sous le fardeau, de villageois qui, retournant chez eux, vident les trous destinés près de chaque maison à recevoir les immondices et en chargent leurs bêtes. Chacun veut avancer, nul ne se montre disposé à faire place. Les cris et les injures les plus grossières se mêlent aux plaintes des passants et aux quolibets des désœuvrés. Mais d'où naît le désordre qui vient tout-à-coup bouleverser cette foule ? Les ânes ruent et se débarrassent de leurs fardeaux, les chameaux grognent, les mulets prennent le galop en renversant les piétons peu ingambes. C'est un seigneur qui va à la chasse, suivi de fauconniers à cheval, de valets conduisant la meute, et dont les *ferrachs* pour faire place à leur maître, frappent à coups de bâton conducteurs et bêtes de somme, sans s'inquiéter des accidents, conséquence de leur brutalité.

Les artisans et les gens affairés se croisent dans tous les sens. On rencontre à chaque instant des orfèvres, des étameurs et autres ouvriers qui, le sac sur le dos, et suivis de leurs apprentis portant leurs petites forges, leurs fourneaux ou leurs outils, vont travailler chez les personnes qui les ont mandés. *Pich-namáz* (1) et mollahs marchent d'un pas grave vers leurs mosquées, pendant que des groupes de bambins mal vêtus jouent en courant à leurs écoles. Des mirzas, le rouleau à la ceinture, pressent le pas de leurs mules pour se rendre aux ordres de leurs patrons. Plus loin des marchands cheminent lentement, préoccupés des affaires qu'ils vont traiter. Là, des solliciteurs gagnent le palais du Châh-Zadèh, ou se rendent au lever des ministres et des favoris du prince. Cependant les barbiers, à l'air important, font leur tournée du matin et vont présenter à leurs habitués le miroir dans lequel ces derniers reconnaîtront s'ils doivent se faire raser la tête ou teindre la barbe. Enfin, les femmes sortent pour faire des visites ou bien pour aller au bazar, où la plus grande partie de la population de Tauris se concentre, pendant que les quartiers éloignés deviennent déserts.

(1) Les *pich-namáz*, prêtres chargés de faire publiquement la prière, sont choisis parmi les mollahs, réputés les plus saints et les plus savants.

Des bouchers dont les viandes sont artistement dressées, des boulangers à la porte desquels sont étalés
des pains de toute espèce, comme *tchurek*, *lavach* et
sanguk (1), des teinturiers, des maroquiniers et des
apprêteurs de peaux de chagrin, des corroyeurs, des
potiers et des raffineurs de sucre de l'Inde et du Mazanderân, établis dans les rues voisines, annoncent
aux curieux que le bazar n'est pas loin : on en trouve
les abords occupés par une foule de banquistes, de
marchands ambulants et d'étalagistes.

Devant ce paysan sont entassés des pastèques, des
concombres et des *guermeks* (melons hâtifs). Près
de lui des gens de la campagne offrent aux passants des
charges de bois à brûler et des tisacks; plus loin on voit
des vendeurs de racines et d'herbages dont abondent
les jardins des environs de Tauris et qui se vendent
à vil prix; les laitues y sont en amas considérables.
On y débite aussi, par bottes, les tiges jeunes et blan-
chies du *rhaouach* (rhubarbe), dont les Persans trouvent le goût délicieux. Ici l'on crie de la glace qui se
donne presque pour rien; souvent des mendiants en
achètent, au moment même où ils viennent de solliciter
la charité des passants. Des *marchands de fumée*, portant à la ceinture un petit baquet contenant des pipes,
à la main un réchaud avec une paire de pincettes, sur le
dos une cruche de cuivre et quelques sacs de mauvais
tabac, invitent les pauvres gens à fumer à bon marché

_____

(1) Le pain appelé *lavach* est rond, de la largeur d'une grande as-
siette et mince comme un parchemin : on le cuit sur une plaque de tôle.
Le *sanguk* ou *pain de cailloux* est ainsi nommé parce qu'on le fait cuire
dans des fours couverts d'une couche de cailloux d'environ 2 pouces, et
assez semblables aux nôtres. Ce pain, plus épais que le précédent, est fa-
çonné en longues galettes du poids d'une à deux livres.

les prétendus *tabacs fins* de *Chiráz*, de *Suze* et de *Damas*. Là sont des échoppes d'épiceries communes, de viandes sèches et de poissons salés : on trouve dans quelques unes des abricots conservés, des pistaches de Kaswin, des prunes de Boukhara, des noix et des amandes; dans d'autres de la pâte de dattes (*adjoué*) et des dattes nouvelles (*routeb*); les plus recherchées sont celles du Benderât; ailleurs, des fromages, du lait caillé et du lait aigre; en face, des gommes, de l'encens, des parfums, des poudres épilatoires et du *henná*. D'énormes grappes de raisins de Tauris, suspendues à des cordes et parfaitement conservées (1), indiquent à l'acheteur les échoppes où se vendent les fruits encore frais, tels que grenades du Mazandérân, coings d'Ispahân, pommes de la Géorgie, oranges de l'Inde, jujubes de Chiráz. Des malheureux entourent celles où l'on donne à bas prix les têtes, les pieds et les entrailles, en un mot le rebut des viandes que consomme la classe aisée. Plus loin sont des marchands de pâtes frites au beurre, dont la fumée répand une odeur nauséabonde, et çà et là des amas de sel gemme en gros quartiers, qui se débitent au morceau.

La foule des acheteurs et des oisifs est surtout considérable dans le bazar. C'est une cohue dont on ne peut se faire aucune idée, mais qui s'explique par l'espace resserré que le marché occupe. D'ailleurs, les boutiquiers et les artisans n'y sont pas, comme dans les autres villes de la Perse, classés suivant la nature de leurs marchandises ou de leur industrie. Les maga-

(1) On le nomme *tébríri* : le grain en est très long et n'a pas de pépins; il se garde tout l'hiver.

sins, larges de 10 à 12 pieds, profonds de 6 à 8 au plus,
s'élèvent de 2 à 5 pieds au-dessus du sol; un banc de
pierre qui s'avance sur le bazar pour la commodité
de l'acheteur, réduit encore la voie publique souvent
occupée par des files de baudets qui marchent à pas
comptés, indifférents aux malédictions et aux coups
que leur distribuent les piétons. A l'inconvénient d'une
circulation difficile, vient se joindre le bruit confus et
assourdissant produit par les invitations des marchands, par le babil des femmes, les discussions
des chalands et les blasphèmes des porte-faix.

Que vos regards pénètrent dans la boutique de ce
tailleur, vous apercevrez un jeune Persan qui complète
l'élégance de son costume; il essaye un *berouni*,
manteau en drap, ample et à larges manches, pendant que d'autres acheteurs examinent des *pirahons*,
chemises en soie ou en toile, des *alculoks* ou vestes
de dessous en indiennes matelassées, des *kabas* et des
bagalis peu différents l'un de l'autre, des *tekmeks* et
des *aymèks*, redingotes à peu près semblables. Dans
la boutique voisine où l'on vend des essences parfu-
mées, du musc, de la civette, de l'ambre gris, du baume
de la Mecque, des bois de sandale et d'aloès, et toutes
les drogues indigènes à l'Inde et à la Perse, la *kedbanou* (1) d'un harem cherche à obtenir au plus bas
prix possible, pour la favorite de son maître, un flacon
d'huile de rose, pendant qu'un vieux barbon choisit
les substances les plus propres à réveiller ses appétits
amoureux. Près de lui, une femme âgée demande avec
instance qu'on lui serve quelques grains de bezoar

(1) La *kedbanou* est chargée d'instruire de ses devoirs l'épouse adoles-
cente et de former les jeunes esclaves aux caprices du maître.

pour un malade à la dernière extrémité ; et un homme encore jeune, la figure pâle et l'œil morne, attend avec impatience la dose d'*afioun* (1) qui doit le ranimer. Ici un marchand de miels du Kurdistan et de Kazeroun, de vinaigres à la rose, d'huiles de sésame, d'olives ou de carthame, mesure du *ghis*, beurre liquide, dont beaucoup de Persans, pour se fortifier l'estomac, prennent une tasse, le matin, avant le café. Plus loin sont exposés des vases de toute espèce, même des moules à balles, en porcelaine de Chirâz ou de Mechhed, non moins estimée des Persans que la porcelaine de Chine ; la même boutique renferme de la faïence, de la poterie vernissée, des carreaux émaillés et ornés d'arabesques.

Près d'un magasin de soieries où l'on peut se procurer des brocarts simples (*zerbaft*), des brocarts à deux faces (*zerbaft dou-rouy*) et des velours d'or (*mahh-mieli zerbaft*), un marchand de rôti s'occupe activement de sa cuisine. Il quitte son fourneau, où cuisent des pièces énormes de mouton et de chevreau, pour disposer, au fond d'un de ses fours creusés en terre, une terrine qui servira de lèchefrite ; il y descend ensuite un agneau entier qu'il suspend par le cou à une broche placée en travers de la bouche de ce four ; puis il passe à une autre, d'où il tire une gazelle parfaitement cuite. Sans perdre un instant, il met sur le feu ses brochettes de filets de mouton coupés en petits morceaux, dont plusieurs amateurs attendent la cuisson avec impatience.

_____

(1) L'*afioun* plus généralement connu en Perse sous le nom de *teriak*, est le suc de pavet. Les musulmans dévots qui n'osent s'enivrer avec le vin font un usage abusif de cette drogue, dont les funestes effets sont assez connus.

A la porté d'un joaillier qui vend des aigrettes en
pierres fines, des chaînes d'or, des bagues, des poi-
gnards, des bracelets pour les pieds et les bras, des
kaliouns (pipes d'eau) d'un grand prix et des monnaies
antiques, un groupe de femmes que le son de leur voix
fait supposer jeunes, car les châdres empêchent de distinguer leurs traits, disputent avec beaucoup de chaleur
le mérite d'une boîte à parfums enrichie de pierreries.
Un dévot personnage est arrêté devant un marchand
qui tient à la fois des cuillers en poirier pour les sorbets, des miroirs, des verroteries, des bourses et des
chapelets très variés par la forme, la grosseur et la substance des grains. Un sentiment de vanité qu'il réprime
avec peine le fait hésiter un moment entre un chape-
let en terre de la Mecque et plusieurs autres beaucoup
plus séduisants, en corail, en calambac et en bois de
sandale. De tous ces marchands, les confiseurs sont les
plus nombreux et les plus fréquentés; les Persans,
très friands de sucreries, excellent dans cet art.

Voici des boutiques où l'on vend les tissus du Cachemire et du Kermân, les mousselines à fleurs de
l'Inde; celles-ci appartiennent à des apprêteurs de
peaux d'agneaux pour bonnets; celles-là à des marchands de selles, de harnais et de housses remarquables par les couleurs et la bizarrerie de leurs broderies.
Puis, c'est un relieur qui vend des écritoires, des *ka-
lams* (plumes), des canifs, enfin tout ce qui concerne la
papeterie. Vis-à-vis sont des fourreurs et des cordonniers,
des fourbisseurs et des armuriers. On trouve chez ces
derniers des lames de tous prix et des armes à feu, depuis le fusil à mèche le plus grossier jusqu'au fusil à
canon damasquiné et à batteries en argent; en un mot,

toutes les pièces si nombreuses de l'équipement d'un cavalier persan.

Il faut visiter aussi les boutiques où se détaillent les serges épaisses du Mougân à l'usage de la classe inférieure, les *abas* (manteaux) en poils de chèvre du Mazanderân, les feutres dont on garnit les tapis et qui servent de manteaux aux pauvres. Les boutiques de médecins qui donnent leurs consultations et débitent leurs compositions pharmaceutiques sont nombreuses. Chez les chaudronniers on trouve des aiguières, des plateaux façonnés en cuivre, en fonte ou en étain, toute la vaisselle de table et les ustensiles de cuisine ou de ménage. Les marchands de tabac joignent à leur commerce celui des pipes; ils vendent ces beaux tuyaux de jasmin et de cerisier si estimés des amateurs, et des bouquins d'ambre émaillés ou garnis de pierreries. Les épiciers tiennent des fruits confits au vinaigre de Chirâz, du jus de citron et d'orange pour sorbets, des pains de sucre d'Astrakhân, et des bougies préparées avec de l'huile de cannelle ou de gérofle. En face, s'achètent des paniers d'osier, et des nattes dont les plus fines viennent du Sistân. A côté le voyageur peut se procurer à bon compte des couvertures, des sacs de voyage et des coffres très légers, couverts de peaux noires, ornés sur le devant de figures découpées en cuir de couleur.

Dans la boutique la plus voisine, quatre ou cinq grands chaudrons de cuivre placés sur des fourneaux sont entourés d'une foule de gens du peuple qui se font servir du pilaw à la viande; les mèches qui brûlent au milieu de la marmite et se nourrissent de la graisse, avertissent les chalands que le mets est cuit. Plus loin, sont des magasins de toiles de Cambay pour le vêtement ordinaire des femmes, de toiles impri-

mées et de toiles écrues de l'Inde ; tout près on vend
les riches tapis du Kermân et du Sistân. Là des gens
soudent fort habilement la porcelaine et le verre ; quelque petits que soient les morceaux , ils les attachent
très adroitement avec du fil d'archal , et revêtent ensuite la couture d'un enduit de chaux et de blanc
d'œuf. Des lapidaires, au moyen d'un mécanisme des
plus simples, taillent les pierres fines et gravent des
cachets (1). On voit chez les mieux fournis des turquoises de Nichabour , de vieille et de nouvelle roche ; des
perles de Bahrein, des émeraudes d'Égypte, des topa-
zes, des grenats syriens, des rubis de Ceylan et du Pé-
gou. Les marchands de bas et de chaussettes en drap,
en laine ou en coton, ont leurs boutiques près de l'entrée des caravanserais, où se tiennent aussi un grand
nombre de mollahs. Ces derniers, accroupis sur un
feutre étroit, avec un petit pupitre devant eux, et tout
à côté du papier et une écritoire, sont là au service des
paysans qui, ne sachant pas écrire, ont besoin de leur
ministère.

Les caravanserais, occupés presque tous par les
marchands en gros, ouvrent sur le bazar. Dans l'un

(1) Le cachet remplace dans l'Orient la signature. La profession de
graveur est donc un état de confiance ; voici ce que Malcolm dit à ce sujet :
« Il doit tenir un registre où il désigne chaque sceau qu'il a gravé, et si
» la personne à laquelle il l'a vendu l'a perdu, ou si on le lui a volé, il
» ne peut , sous peine de mort, en faire un semblable. Il est obligé d'in-
» diquer exactement la date du jour où il fait le nouveau. Le propriétaire.
» intéressé, s'il continue son commerce, doit constater le fait par les
» témoignages les plus respectables, et en instruire ses correspondants en
» déclarant nuls tous comptes et actes qui auraient été scellés de son pre-
» mier sceau, postérieurement au jour où il a été perdu. » (Sir John
Malcolm's, *History of Persia*, vol. the IVth, chap. the XXVth.)

sont emmagasinés les cotons les plus estimés de la
Perse, les soies du Ghilân et du Mazandérân ; l'autre
sert d'entrepôt aux grains de toute espèce. Les Arméniens, les Géorgiens et des commis de quelques maisons de Constantinople, ont leurs magasins dans un
troisième ; on peut s'y procurer les marchandises
d'Europe convenables au goût du pays, telles que
draps d'Allemagne et de Russie, quincailleries anglaises, soieries de Lyon, sucre en pains, etc. Les châles,
les étoffes, les toiles, en un mot tous les articles de
l'Inde, sont réunis dans un quatrième.

Si la confusion et le bruit sont moins grands dans
les caravanserais que dans le bazar, le mouvement
y est aussi considérable. A tout moment les marchands qui arrivent ou ceux qui ont terminé leurs
affaires appellent les valets d'écurie pour se débar-
rasser de leurs montures ou se les faire amener. Vous
entendez la voix des muletiers pressant les porte-faix
de charger ou de décharger leurs bêtes. Ce négo-
ciant s'impatiente et maltraite les hommes de peine
qui rangent avec lenteur ses ballots de marchandises,
tandis qu'un autre explique au maréchal, avec beaucoup de chaleur, l'accident arrivé à son cheval, accident
qui réclame tous les soins du vétérinaire. Là bas, un
conducteur de chameaux jure et grimace horriblement
sous le rasoir d'un barbier inhabile, dont l'apprentis-
sage se fait aux dépens de sa pauvre tête. A l'autre
extrémité du caravanseral, le patron du jeune frater
est tout entier à ses fonctions de chirurgien : armé
d'une lancette effrayante par sa longueur, il rafraîchit
par une saignée un gros marchand à visage apoplecti-
que. D'un côté, des domestiques préparent la cuisine
de leurs maîtres, de l'autre des ferrachs font sécher des

tentes de voyage. Il faut entendre les changeurs ; assis
sur un parquet de 3 à 4 pieds carrés, entourés de
petits coffres en fer et ayant un cuir devant eux pour
compter, ils prodiguent les ressources de leur élo-
quence, afin d'arracher quelques chayes (1) de plus
à ceux qui ont besoin de leur office : ce commerce
est l'un des plus avantageux qui se fasse en Perse,
où les variations de la monnaie sont très fréquentes.
L'agitation qui règne ne paraît produire aucune impression sur les marchands inoccupés ; ils fument
avec un calme, une gravité qu'on ne saurait décrire.
Mais ce qui mérite surtout l'attention de l'observateur, c'est la manière mystérieuse dont les négociants
Saudaguer (faiseurs de profits), comme on les appelle
dans ce pays, concluent les marchés de quelque importance. Après avoir long-temps raisonné, crié, disputé
sur les qualités et la valeur de la marchandise ; s'ils
s'entendent pour traiter du prix, ils se prennent aussitôt la main droite, et, la couvrant de leur manteau
ou de leur mouchoir, ils commencent à marquer dis-
crètement, par les mouvements de la main, les sommes
qu'ils veulent donner ou accepter. Ainsi la main pliée
vaut mille, la main ouverte cent, le doigt étendu
dix, le doigt plié cinq, le bout du doigt un. Durant
tout ce manége, leur visage est tellement sérieux
qu'il est impossible de deviner ce qu'ils pensent ou
ce qu'ils disent. Le marché fait, chacun reprend
l'air de physionomie qui lui est propre, et la conver-
sation redevient animée. Toutefois, on ne se quitte
pas sans boire une tasse de café et sans fumer dans la
même pipe.

(1) Le chaye est la plus petite des monnaies courantes d'argent et vaut
environ 25 centimes.

Cependant, le soleil a parcouru la moitié de sa course,
et déjà les lieux publics se remplissent d'oisifs et de
beaux parleurs. Retournez alors au bazar et dirigez
vos pas vers quelques maisons voisines, tenues par des
Arméniens ; vous verrez y entrer furtivement des Persans de tout âge, la plupart de conditions élevées. Ils
viennent y boire du vin et des liqueurs fortes. Si vous
osez pénétrer dans ces repaires de tous les vices, un
spectacle curieux vous y attend. Dispersés dans plusieurs pièces, les consommateurs, la coupe en main,
appuyés sur des coussins, ayant devant eux des plateaux couverts de flacons, se livrent sans réserve à
leur goût pour *le délicieux poison* (1). Ceux-ci, déjà
échauffés, ne trouvant plus de goût au vin, se plaignent
qu'il n'a pas de montant (*demágh nedáred*) et deman-
dent de l'eau de-vie; c'est la plus forte qu'ils veulent.
D'autres, rendus indiscrets par les vapeurs du breuvage, disent tout haut leurs chagrins domestiques,
pendant que les plus sérieux critiquent avec amertume
le gouvernement qui ne s'en inquiète guère. Quelques
uns rient aux larmes en écoutant l'histoire improvisée
par un conteur, tandis que des *birichs* (danseurs) (2)

(1) Suivant les Persans, *Djemchid*, un de leurs anciens rois, fut le
premier qui s'avisa d'exprimer le jus des raisins et de le faire fermenter ;
il goûta la liqueur, en trouva le goût très acide, et la prit pour du poison.
Une de ses femmes souffrant de violents maux de tête, crut mettre fin à
ses tourments en buvant de ce poison. Mais l'ivresse et plus encore le som-
meil qui s'ensuivirent la guérirent; le roi, enchanté des heureux effets de
ce breuvage, voulut que l'on en préparât en plus grande quantité, et pour
faire allusion aux incidents de cette découverte, il l'appela *zeher-e-khoch*,
délicieux poison. Cette expression est encore commune chez les Persans
pour désigner le vin. (Sir John Malcolm's, *History of Persia*, vol.
the Ier, chap. IId.)

(2) Littéralement garçons sans barbe; les danseurs sont toujours birichs.

provoquent par leurs danses lascives les propos obscènes, et qu'un poëte chante l'amour et le vin.

Le produit de ces lieux de plaisir les fait tolérer par le *Daroghâh*, qui prélève un double impôt sur les débitants et sur les consommateurs; car ceux-ci ne peuvent les fréquenter sans en avoir acheté l'autorisation. Les cabarets dont nous parlons remplacent aujourd'hui les cafés qu'Abbas II, tout dissolu qu'il était, fit fermer pour mettre fin à la prostitution des jeunes garçons, à laquelle ils servaient de refuge. Ce vice infâme règne encore dans les cafés de Constantinople. Il serait à désirer que Mahmoud, le réformateur de la Turquie, imitât l'exemple donné par Abbas.

Sortez de ces cabarets pour visiter les maisons où l'on boit le coquenard et le *beng*, vous trouverez sur votre chemin des gens défaits, mornes et languissants; suivez ces malheureux, ils vous conduiront jusqu'à la porte des tavernes, où ils viennent chercher dans l'enivrement une trève à leurs ennuis ou à leur misère. Bientôt vous les verrez, après avoir bu deux ou trois tasses de coquenard, devenir hargneux et colères, puis s'apaiser par degrés et s'abandonner à leur passion dominante. L'amoureux éclate en transports pour sa belle, le fanfaron ne parle que batailles, l'avare suppute silencieusement toutes les pièces d'or qu'il espère accumuler dans l'année. Alors ces tavernes ressemblent à de vraies maisons de fous; au bavardage le plus niais, à la gaieté la plus désordonnée succède un idiotisme complet. Le *beng*, fait d'une infusion de graines de pavot, de chènevis, de chanvre et de noix vomique, agit plus fortement que le coquenard, et cause de fréquents malheurs. Quelques jours avant notre arrivée, un Persan qui en avait pris une dose considérable entra dans

une folie si furieuse, qu'après avoir frappé de son poignard plusieurs personnes du cabaret, il se sauva, et
blessa encore cinq ou six individus avant de se laisser
prendre.

Cependant la foule n'a pas cessé de se concentrer
vers le bazar. Quelles couleurs assez variées rendraient
exactement l'effet pittoresque produit par l'affluence
de gens appartenant à toutes les classes et à toutes les
nations de l'Asie qui s'y pressent ? Là l'étranger peut
passer en revue les peuples les plus éloignés par leurs
croyances religieuses, leurs mœurs et leur patrie ; pa-
norama mobile qui fait défiler tour à tour devant les
yeux de l'observateur, négociants de Paris, officiers
russes arrivés de Pétersbourg, marchands turcs et grecs
de Constantinople, Anglais partis de Calcutta ou de
Madras, Boukhares de Sarmacande et des frontières
de la Chine, Géorgiens de Tiflis, Maures de Tétouan,
Guèbres de Bombay, Arméniens d'Yezd et de Smyrne,
juifs de tous les coins de l'Asie, Afghans du Kaboul,
Arabes de Mascate, Ouzbecks de Boukhara, Hindous
de Lahor, Kurdes et Turkomans. Il est impossible de
voir une plus grande diversité de costumes, des physio-
nomies plus disparates par le caractère et l'expression,
des manières et des attitudes plus différentes, d'entendre des idiomes plus dissemblables. Le voyageur
distingue ces étrangers parmi la masse de la population, remarquable par la beauté des traits et la blancheur du teint. Les femmes, très nombreuses, y viennent plutôt par désœuvrement, et pour répandre ou
recueillir des nouvelles, que pour acheter. Elles s'é-
chauffent si bien dans cette importante occupation,
qu'à peine entendent-elles les cris de *khaber-dar* (pre-
nez garde) ! répétés à chaque instant, tantôt par un

homme de loi qui s'avance gravement sur son âne, tantôt par un cavalier impatient de se faire passage.

Le Persan est aussi badaud que le Parisien ; à la plus légère occasion on voit se former le noyau d'un groupe qui grossit rapidement, et qui bientôt obstrue la voie publique. Ici des gens altérés se pressent autour d'un *saca* qui, l'outre sur le dos, une tasse de cuivre brillante à la main, crie de toute la force de ses poumons : *A l'eau! à l'eau! au nom des bienheureux Imans!* Là un malade s'exhale en plaintes qui attirent une foule curieuse près de la boutique de l'hakîm auquel il demande secours. Plus loin un nombre considérable d'hommes et de femmes se pressent autour d'un derviche en réputation ; les talismans qu'il écrit passent pour infaillibles. Mais où court tout ce monde ? En peu d'instants la foule entoure un jeune homme qu'un *dallal* (revendeur), chargé de toute sorte d'habits, vient d'attraper. Le pauvre diable s'est aperçu que le châle dont on lui avait tant vanté la beauté n'est qu'une vieillerie reprisée qu'il a payée dix fois sa valeur. Aussi ne trouve-t-il pas d'épithètes assez injurieuses pour qualifier la friponnerie du dallal. Celui-ci veut maintenir son marché, et déploie une effronterie qui impose un moment à la galerie. Cependant l'acheteur trouve main forte pour le conduire chez le daroghah, qui, environné de ses officiers armés de longs bâtons, se tient au centre du bazar dont il a la police. Laissons ce magistrat rendre, s'il lui est possible, une justice impartiale, et dirigeons-nous vers le Meïdân et vers les petites places voisines du marché.

Beaucoup de marchands ambulants s'y promènent au milieu de rassemblements nombreux. Des oisifs écoutent un conteur qui suspend sa narration au moment le plus intéressant, pour avertir ses auditeurs qu'ils aient à fouiller à la poche s'ils veulent connaître le dénouement. Devant d'autres on fait danser des loups ; divertissement populaire, tellement recherché des Persans, que les derniers arrivés en viennent souvent aux mains pour avoir part au spectacle. Personne ne fait attention aux cris d'un malheureux délinquant que les hommes du *Mohtécib* (1) emportent plutôt qu'ils ne l'emmènent. Il implore en vain la pitié de ses bourreaux qu'il adjure *par l'âme de leur mère, par celle de leurs aïeux, par la tête du prince , par le prophète Ali et par tous les Imans!* En quelques minutes ses jambes sont introduites dans le fatal nœud coulant du falacka, et on lui applique en mesure, sur les talons, des coups de bâton dont la force diminue en raison de la somme que le patient promet de payer si l'on veut adoucir son supplice.

Enfin le soleil a disparu, la musique du prince a fait retentir l'air de sons éclatants, le jour tombe, chacun reprend le chemin de sa demeure, et la foule s'écoule lentement. Les marchands se préparent à quitter les boutiques et à regagner leurs logis, les portiers ferment les caravanserais : on entend de nouveau le chant des *moëzzins*, et les dévots s'empressent de gagner les mosquées pour écouter la prière du soir.

Le *miragha* ou chef de la police de nuit entre alors en fonctions, et distribue ses escouades dans les divers quartiers de la ville. Le *Kichiktchi-bachi* , qui commande le guet du bazar, place les gardiens chargés de

(1) Le *Mohtécib* règle le prix de toutes les marchandises mises en vente dans le bazar; il vérifie aussi la justesse des poids et mesures et la qualité des denrées.

veiller sur la propriété des marchands ; service que ces
derniers paient moyennant une faible rétribution par
mois. Dans le marché, où quelques heures auparavant bourdonnaient la foule, règne un silence absolu ;
le bruit et le mouvement animent maintenant les maisons particulières. On sert le repas du soir , et les esclaves cherchent à égayer leurs maîtres en chantant
quelques unes des odes des poëtes favoris. Ici l'on
danse au bruit discordant de la musique persane ; là
on se querelle ; mais l'heure s'avance, et déjà sur les
terrasses les domestiques ont disposé les lits. Mille
fanaux de couleurs variées luttent avec la clarté de la
lune , et ces lueurs, jointes aux feux d'un million d'é-
toiles qui scintillent dans un ciel pur, vont bientôt
éclairer les scènes de nuit de cette cité populeuse.

PROGRAMME

DES PRIX PROPOSÉS EN 1838.

I. PRIX ANNUEL

POUR

LA DÉCOUVERTE LA PLUS IMPORTANTE

EN GÉOGRAPHIE.

Médaille d'or de la valeur de 1,000 francs.

La Société offre une médaille d'or de la valeur de *mille francs* au *voyageur* qui aura fait, en géographie, pendant le cours de l'année 1838, la *découverte* jugée la plus importante parmi celles dont la Société aura eu connaissance; il recevra, en outre, le titre de Correspondant perpétuel, s'il est étranger, ou celui de Membre, s'il est Français, et il jouira de tous les avantages qui sont attachés à ces titres.

A défaut de découvertes de cette espèce, une médaille d'or, du prix de *cinq cents francs*, sera décernée au *voyageur* qui aura adressé pendant le même temps à la Société les notions ou les communications les plus neuves et les plus utiles au progrès de la science. Il sera porté de droit, s'il est étranger, sur la liste des candidats, pour la place de correspondant.

II. PRIX FONDÉ

Médaille d'or de la valeur de 2,000 francs.

S. A. R. le duc d'Orléans offre un prix de *deux mille francs* au navigateur ou au voyageur dont les travaux géographiques auront procuré, dans le cours de 1838, la découverte la plus utile à l'agriculture, à l'industrie ou à l'humanité. S. A. ayant bien voulu charger la Société de géographie de décerner ce prix, la Société s'attachera de préférence aux voyages accompagnés d'itinéraires exacts ou d'observations géographiques.

III. ANTIQUITÉS AMÉRICAINES.

Médaille d'or de la valeur de 3,000 francs.

La Société offre une médaille d'or de la valeur de *trois mille francs* à celui qui aura le mieux rempli les conditions suivantes :

On demande une description, plus complète et plus exacte que celles qu'on possède, des ruines de l'ancienne cité de Palenqué, situées au N.-O. du village de Santo Domingo Palenqué, près la rivière du Micol, dans l'État de Chiapa de l'ancien royaume de Guatimala, et désignées sous le nom de *Casas de Piedras* dans le rapport du capitaine Antonio del Rio, adressé au roi d'Espagne en 1787 (1). L'auteur donnera les vues pittoresques

(1) *Voy.* Description of the ruins of an ancient city discovered near Palenque, in the kingdom of Guatemala, in Spanish America; translated from the original manuscript report of capitain don Antonio del Rio. London, 1822, in-4°.

des monuments avec les plans, les coupes et les principaux détails des sculptures (1).

Les rapports qui paraissent exister entre ces monuments et plusieurs autres de Guatimala et du Yucatan font désirer que l'auteur examine, s'il est possible, l'antique Utatlan, près de Santa-Cruz del Quichè, province de Solola (2), l'ancienne forteresse de Mixco et plusieurs autres semblables, les ruines de Copan dans l'État d'Honduras (3) ; celle de l'île Péten dans la laguna de Itza, sur les limites de Chiapa, Yucatan et Verapaz ; les anciens bâtiments placés dans le Yucatan et à vingt lieues au sud de Mérida, entre Mora-y-Ticul et la ville de Nocacab (4) ; enfin, les édifices du voisinage de la ville de Mani, près de la rivière de Lagartos (5).

On recherchera les bas-reliefs qui représentent l'adoration d'une croix, tel que celui qui est gravé dans l'ouvrage fait d'après del Rio.

Il importerait de reconnaître l'analogie qui règne entre ces divers édifices, regardés comme les ouvrages d'un même art et d'un même peuple.

Sous le rapport géographique, la Société demande surtout : 1° des cartes particulières des cantons où ces ruines sont situées, accompagnées de plans topogra-

(1) Il est à désirer qu'il soit fait des fouilles pour connaître la destination de galeries souterraines pratiquées sous les édifices, et pour constater l'existence des aqueducs souterrains.

(2) La caverne Tibulca, près de Copan, est soutenue par les colonnes.

(3) On compare les restes d'Utatlan, pour leur masse et leur grandeur, à tout ce que le plateau de Couzco et le Mexique offrent de plus grand, et l'on prétend que le palais du roi a 728 pas géométriques sur 376.

(4) L'un de ces bâtiments a, dit-on, 600 pieds de face.

5) Ces derniers étaient encore habités par un prince indien à l'époque de la conquête.

phiques : ces cartes doivent être construites d'après des méthodes exactes ; 2° la hauteur absolue des principaux points au-dessus de la mer ; 3° des remarques sur l'état physique et les productions du pays.

La Société demande aussi des recherches sur les traditions relatives à l'ancien peuple auquel est attribuée la construction de ces monuments, avec des observations sur les mœurs et les coutumes des indigènes, et des vocabulaires des anciens idiomes. On examinera spécialement ce que rapportent les traditions du pays sur l'âge de ces édifices, et l'on recherchera s'il est bien prouvé que les figures dessinées avec une certaine correction sont antérieures à la conquête.

Enfin l'auteur recueillera tout ce qu'on sait sur le Votan ou Wodan des Chiapanais, personnage comparé à Odin et à Bouddah.

Ce prix sera décerné dans la première assemblée générale de 1839.

Les mémoires, cartes et dessins devront être déposés au bureau de la Commission centrale, au plus tard le 31 décembre 1838.

— —

IV. NIVELLEMENTS BAROMÉTRIQUES.

Deux médailles d'or de la valeur de 100 francs chacune.

Deux médailles d'encouragement sont offertes aux auteurs des nivellements barométriques les plus étendus et les plus exacts, faits sur les lignes de partage des eaux des grands bassins de la France.

Ces médailles, de la valeur de *cent francs* chacune, seront décernées dans la première assemblée générale annuelle de 1839.

Les mémoires et profils, accompagnés des cotes et

des éléments des calculs, devront être déposés au bureau de la Commission centrale, au plus tard le 31 décembre 1838.

Les fonds de ces deux médailles sont faits par M. PERROT, membre de la Société.

—

CONDITIONS GÉNÉRALES DES CONCOURS.

La Société désire que les mémoires soient écrits en français ou en latin ; cependant elle laisse aux concurrents la faculté d'écrire leurs ouvrages en anglais, en italien, en espagnol ou en portugais.

Tous les mémoires envoyés au concours doivent être écrits d'une manière lisible.

L'auteur ne doit point se nommer, ni sur le titre, ni dans le corps de l'ouvrage.

Tous les mémoires doivent être accompagnés d'une devise et d'un billet cacheté, sur lequel cette devise se trouvera répétée, et qui contiendra, dans l'intérieur, le nom de l'auteur et son adresse.

Les mémoires resteront déposés dans les archives de la Société, mais il sera libre aux auteurs d'en faire tirer des copies.

Chaque personne qui déposera un mémoire pour le concours est invitée à retirer un récépissé.

Tous les membres de la Société peuvent concourir, excepté ceux qui *sont membres de la Commission centrale.*

Tout ce qui est adressé à la Société doit être envoyé *franc de port*, et sous le couvert de M. le Président, à Paris, *rue de l'Université*, n° 23.

Paris, le 30 mars 1838.

DEUXIÈME SECTION.

Actes de la Société.

PROCÈS-VERBAUX DES SÉANCES.

Assemblée générale du 30 mars 1838.

La Société de géographie a tenu sa première Assemblée générale de 1838, le vendredi 30 mars, dans une des salles de l'Hôtel-de-Ville. M. Boucher, l'un des vice-présidents, occupe le fauteuil en l'absence de M. Guizot, président de la Société.

M. d'Orbigny, secrétaire, donne lecture du procès-verbal de la dernière séance générale; la rédaction en est adoptée. M. le secrétaire communique ensuite la liste des ouvrages déposés sur le bureau et offerts à la Société.

Il est donné communication à l'Assemblée d'une lettre de M. le ministre de l'instruction publique, annonçant une souscription pour cinquante exemplaires de l'*Orographie de l'Europe*, publiée par la Société, ainsi que d'une lettre de M. le ministre de la guerre, annonçant l'envoi du *Tableau de la situation des établissements français dans l'Algérie.*

M. le colonel Denaix fait hommage de la 9ᵉ livraison

de son *Nouveau cours de géographie générale ration-nelle*. Cette livraison, qui appartient à son Atlas de la France, est formée des tableaux géographiques et his-toriques faisant connaître les principaux changements survenus dans l'étendue territoriale de la France, et dans son état politique, depuis l'établissement des rois de la première race jusqu'à l'avénement de Louis-Philippe Ier.

M. Barbié du Bocage communique une lettre de M. Leguével de Lacombe, auteur d'un voyage à Madagas-car, qui se propose de soumettre à la Société les docu-ments qu'il a recueillis sur cette île pendant un séjour de huit années.

Après quelques observations de M. le baron Wal-ckenaer, cette lettre est renvoyée à la Commission centrale.

M. le président proclame les noms des candidats présentés pour être admis dans la Société.

M. Roux de Rochelle, rapporteur d'une Commission spéciale, composée de MM. le baron Walckenaer, Eyriès, Jomard, de Larenaudière et de lui, fait lecture d'un rapport sur le concours relatif au prix annuel pour la découverte la plus importante en géographie. La grande médaille d'or est décernée à M. Dubois de Montpéreux, pour ses voyages dans les régions du Caucase, et la Commission juge dignes d'une mention honorable les voyages en Arabie de M. le lieutenant J. R. Wellsted, de la marine des Indes. Les droits de M. Texier pour ses voyages en Orient, et ceux de MM. Combes et Tamisier pour leur voyage en Abyssi-nie, sont réservés pour l'année prochaine.

M. d'Orbigny lit un fragment de son voyage dans l'intérieur de la Bolivia; mais l'heure avancée ne permet pas à M. Bélanger de faire la lecture qui était annoncée dans l'ordre du jour de la séance. Cette communication est renvoyée à la prochaine réunion de la Commission centrale.

L'Assemblée, aux termes de son règlement, procède au renouvellement annuel des membres de son bureau, et elle nomme au scrutin :

Président.	M. de Salvandy, ministre de l'instruction publique.
V.-Présidents.	M. le général de Rumigny, aide-de-camp du roi, M. Daussy, ingénieur-hydrographe en chef de la marine.
Scrutateurs.	M. le baron Rotschild, M. Castellan, membre de l'Institut.
Secrétaire.	M. Peytier, capitaine au corps royal d'état-major.

M. le vicomte de Santarem est nommé au scrutin, à une place vacante dans la Commission centrale.

L'Assemblée, conformément à ses statuts, décerne à M. Guizot, président sortant, le titre de président honoraire de la Société.

La séance est levée à dix heures et demie.

MEMBRES ADMIS DANS LA SOCIÉTÉ.

M. Sabin BERTHELOT, naturaliste.

M. Charles-Alexandre CHALLAYE.

M. le docteur DERODE.

M. Gustave D'EICHTHAL.

M. Léon PLÉE.

OUVRAGES OFFERTS A LA SOCIÉTÉ.

Par M. le ministre de la guerre : Tableau de la situation des établissements français dans l'Algérie, 1 vol. in-4°. — *Par le Dépôt de la guerre :* Carte de l'Algérie, dressée sous la direction de M. le lieutenant-général Pelet, d'après les levés et les reconnaissances des officiers d'état-major, etc., 3 feuilles. — Cartes particulières des provinces d'Oran, d'Alger et de Constantine, 3 feuilles. — *Par le Dépôt de la marine :* Carte de la mer de Chine, dressée par M. Daussy, ingénieur hydrographe en chef, d'après les travaux du capitaine Horsburgh, etc., 1 feuille. — Carte des attérages de l'île de Terre-Neuve (partie comprise entre le cap Raze et les îles Saint-Pierre et Miquelon), levée en 1836 et 1837, par M. Lavaud, capitaine de corvette, 1 feuille. — Instructions nautiques sur les mers de l'Inde, tirées de la dernière édition de l'ouvrage anglais publié par J. Horsburgh, et traduites par M. le capitaine Le prédour, tome II, in-8'. — Instructions pour naviguer sur la côte orientale de Terre-Neuve, par M. le capitaine la Lavaud, in 8°. — *Par M. le ministre de l'instruction publique :* Voyage dans l'Amérique méridionale, par M. d'Orbigny, 30e, 31e et 32e livraison. — *Par M. Dubois :* Voyage en Crimée, au Caucase, en Arménie, etc. Atlas, 1re et 2e livraisons. — *Par M. Berthelot :* Histoire naturelle des îles Canaries; Géographie descriptive, feuilles 55 à 40; Miscellanées canariennes, feuilles 1, 2 et 3 et huit planches. — *Par M. Denaix :* Atlas physique, politique et historique de la France, accompagné de notes et légendes explicatives, formant la 9e livraison du Nouveau cours de géographie générale. — *Par MM. Combes et Tamisier :* Voyage en ₄Abys-

sinie, dans le pays de Galla, de Choa et d'Ifat, précédé d'une excursion dans l'Arabie-Heureuse, et accompagné d'une carte de ces diverses contrées, tom. I
et II, in-8°. — *Par M. Ternaux-Compans :* Voyages,
Relations et Mémoires originaux pour servir à l'histoire
de la découverte de l'Amérique, 7e, 8e et 9e vol. — *Par
la Société royale géographique de Londres :* Journal de
celte Société, tome VIII, 1re partie. — *Par MM. Heck
et Plée :* Atlas des familles; la France géographique, industrielle et historique, 1 vol. in-4°. — *Par
M. Cortambert :* Cours complet d'éducation pour les
filles; Leçons de géographie , in-8°. — *Par le
Bureau des longitudes :* Connaissance des temps pour
1840, 1 vol. in-8°. — *Par M. d'Orbigny :* Carte
d'une partie de la république Argentine, comprenant
les provinces de Santa-Fé, d'Entre-Rios, de Buenos-
Ayres, et la partie septentrionale de la Patagonie,
1 feuille. — *Par M. d'Avezac :* Géographie de Virgile,
ou Notice des lieux dont il est parlé dans les ouvrages
de ce poëte, par M. Helliez. Paris, 1771, 1 vol. in-12.
— *Par M. le vicomte de Pontécoulant :* Des représenta-
tions zodiacales (extrait de l'Encyclopédie du XIXe siècle) , in-8°. — L'Espagne en 1837, première lettre,
in-8°. — *Par M. de Montholon :* Notices sur l'Inde; une
excursion à Goale, Mysore et Mahé. 2 brochures in-8°.—
Par les Auteurs et les Éditeurs : Plusieurs numéros des
Annales des voyages, — des Annales maritimes, —
— du Journal de la marine, — du Journal des missions évangéliques, — des Annales de la propagation
de la foi, — du Recueil industriel, — du Mémorial
encyclopédique, — du Journal asiatique, — du Bulletin de la Société élémentaire, — de l'Extrait des
travaux de la Société d'agriculture de Rouen.

BULLETIN

DE LA

SOCIÉTÉ DE GÉOGRAPHIE.

MAI 1838.

PREMIÈRE SECTION.

MÉMOIRES, EXTRAITS, ANALYSES ET RAPPORTS.

MÉMOIRE *descriptif de la route de Tehran à Meched et de Meched à Jezd, reconnue en* 1807, *par* M. TRUILHIER, *capitaine au corps du génie.* (Suite.)

Au-delà du caravanseraï dont on a parlé, le terrain ayant toujours sa pente de droite à gauche devient inégal. Il se dessine en langues de terre dont la direction est oblique à gauche. Il y a souvent des embuscades dans cet endroit. Les soldats armés de fusils à mèche conservent le feu à des tiges de l'arbuste qui fournit la gomme copal dont on voit une assez grande quantité dans ces déserts.

On n'aperçoit plus depuis Bedescht la grande chaîne de montagnes ; j'ignore si elle est fort abaissée et si elle n'existe plus que dans ces coteaux dont il a été question, comme séparant le désert de Bastan du pays des

Turkmen. On m'a dit qu'il y avait au nord des montagnes plus hautes.

En avançant vers Meïamenn, on aperçoit de fort
loin une chaîne élevée, dont la direction coupe per-
pendiculairement celle du chemin que l'on suit, ce qui
oblige de marcher au N.-O., afin de la passer à la
pointe. C'est en entrant dans la plaine de Meïamenn,
et à 2 farsakhs du village que la route oblique ainsi
vers le nord. On voit à droite, au pied de la chaîne,
trois groupes d'arbres. Le premier seulement est un
village; il est éloigné de la route de 1,500 toises. Une
lieue avant Meïamenn, on passe un petit ruisseau
dont l'eau est bonne, et coule de droite à gauche.

Meïamenn est bâti à un quart de lieue du pied de la
montagne. Le cours du ruisseau qui l'arrose est marqué par une suite de jardins clos, dont la longueur
est de plus d'une demi-lieue depuis la source. Il y a
aussi beaucoup d'arbres autour du village.

Meïamenn a 100 maisons, 5 chevaux, 100 ânes,
20 chameaux, 50 bœufs, 6 moulins faisant chacun
100 batmans de farine en vingt-quatre heures; 1,000
moutons ou chèvres. Les récoltes de grains suffisent à
peine pour six mois. 4 ou 5 villages que l'on voit
dans les environs, à peu de distance, fournissent le
supplément. L'eau est bonne. La route de cette journée
n'a presque aucune difficulté. Le groupe de villages
est sous l'autorité d'un Zabit (fermier).

De Meïamenn à Daskiert on compte 9 farsakhs.
Cette journée est la plus périlleuse à cause des Turkmen. La route est toute déserte. On marche une heure
dans la plaine vers le N.-O. pour franchir ensuite la
montagne, et le reste de la direction est à l'E. Il y a
une source à l'entrée du défilé, et pas d'autre eau jusqu'à la station.

La montagne de Meïamenn est nue, haute, accidentée et d'un aspect granitique. Quoique je n'aie pu obtenir de renseignements sur la situation du village de *Kanahoudi*, dont parle Forster, je crois reconnaître ici la chaîne à laquelle il donne ce même nom, et que Rennell suppose être le mont Masdoramus de Ptolémée, qui bornait à l'Orient le pays des Parthes. La direction de la montagne est du nord au sud, un peu vers l'est; elle s'abaisse subitement à une lieue de Meïamenn, et se prolonge au nord en un terrain montueux, déchiré en tous sens, où s'embusquent les voleurs, et qui paraît tenir aux montagnes qui séparent ce désert du pays des Turkmen, et participer de leur nature. On marche 3 farsakhs dans ce terrain. Cette partie du chemin n'est en général pas bonne, mais elle est praticable. On débouche dans une immense plaine déserte à 5 farsakhs de Daskiert. Il y a un ravin à une lieue de Daskiert. Ce point est à peu près à la hauteur du village de Kezzarou (50 maisons), qui est 400 toises à droite. L'eau en est, m'a-t-on dit, un peu meilleure que celle de Daskiert. Il est moins éloigné de Meïamenn que de ce dernier lieu. Il y a assez de culture autour de Kezzazou ; elle n'est guère interrompue jusqu'à Daskiert. On passe dans l'intervalle un ruisseau qui va du second au premier village. Ce sont les seules eaux que l'on trouve dans la plaine.

Daskiert a 100 maisons, 50 bœufs, 50 ânes, 1,000 chèvres et moutons; un moulin qui fait en un jour 100 batmans de farine. Le territoire suffit aux besoins. On récolte beaucoup de coton ; on envoie le superflu à Bastan. 12 paires de bœufs sont employés au labourage. Dans ce pays, une paire de bœufs fournit par son travail une récolte de 15 à 18 khalvars de grains, ce qui

18.

porte le produit total à environ 200 khalvars. L'eau de
Daskiert est saumâtre et pleine de sangsues; aussi la plupart des animaux ont-ils fréquemment la bouche ensan-
glantée. Il n'y a point d'arbres. Les parties cultivées
de la campagne sont parsemées de tours qui servent
d'asile contre les Turkmen. Le village est clos à l'ordinaire d'une mauvaise enceinte de terre. L'eau manque quelquefois au moulin. On tire alors la farine de
Meïamenn.

On voit au sud de Daskiert, et à la distance de plusieurs lieues, la pointe d'une montagne aussi élevée
que celle de Meïamenn, et qui paraît tenir à cette
dernière par un rameau bas et encore plus éloigné.
On appelle cette montagne Douchakh. Il y a dans les
environs une mine de cuivre désignée sous le nom
d'Elhack; elle est à 5 ou 6 farsakhs de Daskiert. Cette
mine fut exploitée sous les Cepheis; ayant été creusée
jusqu'à plus de 200 pieds de profondeur, les eaux que
l'on rencontra obligèrent de l'abandonner. Nadir-Châ
fit faire des efforts inutiles pour épuiser les eaux et reprendre l'exploitation.

De Daskiert à Abbas-Abad le sol est entièrement
aride; la distance est de 6 farsakhs. La route est unie
et sans la moindre difficulté. Entre les deux plaines où
sont situés les deux villages, on traverse pendant trois
heures un terrain légèrement montueux, dont la
pente est à droite vers une vallée déserte, couverte
d'efflorescences salines, et qui se rattache à gauche à
des hauteurs peu éloignées. C'est encore un lieu d'em-
buscade pour les Turkmen. Châ-Abbas avait fait construire plusieurs citernes dans le désert de Bastan, et
notamment sur la route de cette journée; elles sont
toutes en ruine. Le pays est toujours nu, et on ne

commence à trouver un peu de culture qu'en arrivant à Abbas-Abad.

Le village et le caravanseraï d'Abbas-Abad sont l'ouvrage de Châ-Abbas. Ce prince avait fait exécuter tous les travaux nécessaires à la sûreté et à la commodité du pèlerinage de Méched. Il établit ici cent familles géorgiennes, et leur accorda de grands priviléges qui ont été renouvelés par Nadir-Châ et par ler oi régnant. Le principal consiste à être dispensé de toute fourniture aux individus qui voyagent avec firman. Le roi lui-même fait payer à Abbas-Abad les provisions nécessaires, lorsqu'il y passe. Malgré ces exemptions, les cent familles sont réduites à vingt, ce qu'on attribue aux enlèvements des Turkmen. Le village est fondé depuis sept générations; il est clos de murs, et bâti sur une hauteur qui tient à celles de gauche. Les habitants possèdent 16 chevaux, 10 bœufs, une centaine de chèvres et moutons, 3o ânes. Le territoire fournit à peine des grains pour cinq mois. On apporte le supplément de Daskiert ou du pays de Sabzavar. On récolte du coton. Il n'y a pas de moulin. Ils vendent leur froment aux caravanes, et tirent de la farine de Mezinann. Le réal ne se divise ici qu'en 10 chaïs. Les poids et mesures sont toujours les mêmes qu'à Tehran.

Il y a deux sources à Abbas-Abad qui coulent à droite vers les terres cultivées. La première est très légèrement saumâtre; la seconde est bonne, et un peu plus abondante.

Abbas-Abad est le dernier village du gouvernement de Bastan. De là à Mezinann, on compte 6 farsakhs. La route est unie et sans difficulté. Il n'y a pas d'eau ni de culture jusque vers le village de Guiehhé (5o maisons) qu'on laisse à gauche, une lieue avant Mezinann,

et où commence le gouvernement de Sabzavar, réuni
à celui du prince Mahamed-Veli-Mirza. La direction
est à l'E. 1/4 S.

On marche à peu près une lieue au pied de quelques
hauteurs qu'on laisse à gauche; ces hauteurs disparaissent ensuite, et la plaine s'étend au loin des deux
côtés. A 2 farsakhs de Mezinann, il y a un pont en
maçonnerie sur le lit à sec d'un torrent qui paraît
venir de la gauche, et former par la perte de ses eaux
les efflorescences dont on a parlé. Les montagnes ne
sont plus en vue du côté des Turkmen, ou sont à peine
remarquables à l'horizon. A mi-chemin de Mezinann,
une chaîne de montagnes se relève subitement à gauche à une forte demi-lieue du chemin, et continue de
régner les journées suivantes. Il est probable qu'elle
tient aux montagnes des Turkmen ou au noyau principal s'il en existe un plus au nord. Quoi qu'il en soit,
la chaîne nouvelle présente en quelques points des
apparences de végétation. En approchant de Guiehhé
on oblique un peu au sud, et avant d'arriver à Mezinann, on passe aux villages de Sevi (30 maisons), de
Behman-Abad (30 maisons), autour desquels il y a
des terres cultivées.

Mezinann a 100 maisons, 10 chevaux, 60 ânes,
30 bœufs, 500 moutons ou chèvres, 6 moulins qui
peuvent moudre chacun 1 khalvar de grains en vingt-
quatre heures. Le rial se divise en 10 chaïs comme à
Abbas-Abad. On recueille quelque coton dont on fait
des toiles grossières, consommées pour l'habillement
des gens du pays, et comme ce coton n'est pas suffisant, on en apporte un peu de Sabzavar. On tire
aussi de Sabzavar des grains, car le pays ne fournit à
la consommation que pendant six mois. Poids et me-

sures comme à Tehran. En général, je crois que sur
cette route on a plus de troupeaux et de chameaux
que ne l'indiquent les renseignements recueillis; je
crois aussi qu'on récolte du coton en assez grande
quantité, et que ces deux articles fournissent aux habitants les moyens de subsister. L'eau n'est pas abondante dans le pays de Mezinann ; elle vient des montagnes. De Mezinann à Mehr il y a 5 *farsakhs*. La
route est en plaine et sans difficulté. La montagne à
gauche de Mezinann porte le nom de Zavak. Il y a
plusieurs autres chaînes qui règnent derrière, et parallèlement à celle-là, à peu de distance les unes des
autres; elles comprennent entre elles une province
nommée Djouhem, divisée en 5 vallons, et qui contient un grand nombre de villages. Le chef-lieu est un
bourg de 300 maisons appelé Mehemet-Abad. Au nord
du pays de Djouhem est le pays des Turkmen, Tekié
ou Teké, dont les races de chevaux sont très renom-
mées.

A 2 farsakhs de Mezinann, on passe une demi-
lieue à droite d'un village remarquable par des jardins
étendus; son nom est Dourzan (il a 50 maisons); il y
a dans ses environs quelques autres villages; mais la
route est presque en entier dans un terrain inculte et
sans eau. On en trouve quelquefois de bonne à une
citerne bâtie à un demi-farsakh avant Soutkhar. A
cette hauteur, les montagnes de gauche forment un
enfoncement, et se reportent bientôt à une demi-lieue
du chemin, distance à laquelle elles sont toujours jusqu'à Mèhr. A droite, on voit vers l'horizon, la plaine
déserte terminée par les pointes de quelques montagnes qui semblent peu élevées. A 4 farsakhs de Mezinann on traverse le village de Soutkhar (50 maisons).

La culture en est belle et assez étendue. Elle est bien arrosée par plusieurs ruisseaux qui viennent des montagnes; elle finit à un quart d'heure au-delà, et l'intervalle jusqu'à Mèhr est stérile.

Mèhr a 40 maisons, 10 chevaux, 20 ânes, 20 bœufs employés au labourage, 200 moutons et chèvres, 4 moulins faisant chacun 100 batmans de farine en un jour. Les habitants recueillent plus de grains qu'il n'en faut pour leurs besoins. Ils vendent ou exportent le superflu à Sabzavar et dans les environs. Poids et mesures comme à Tehran. Le rial se divise en 10 chaïs. Ce village est fort agréable; il y a beaucoup de jardins dans l'intérieur même. Il n'y a pas d'enceinte. L'eau est bonne et abondante, quoique chargée d'argile, et vient des montagnes. La culture est riche, et produit beaucoup de coton, comme celle des villages environnants. On éprouve quelques secousses de tremblement de terre. Il y a trois ans, plusieurs maisons furent renversées et d'autres endommagées; des rochers se détachèrent des montagnes voisines. Dans ce village on éprouve beaucoup de difficultés pour obtenir des chevaux ou une escorte. L'escorte n'est guère plus nécessaire dorénavant, et on n'en donne point passé Sabzavar. Il y a 3 ou 4 villages auprès de Mèhr qui profitent des mêmes eaux; elles se perdent ensuite dans le désert du sud.

De Mèhr à Sabzavar on compte 9 farsakhs. La route se dirige à peu près à l'est; elle est très bonne. La distance des montagnes de gauche, lesquelles paraissent former une chaîne régulière, varie d'une demi-lieue à une lieue. A droite, on voit au loin des pics aigus qui paraissent indiquer également une chaîne. Le terrain est en plaine. A 4 farsakhs de Mèhr on passe à un

caravanseraï dont l'eau était puante et mauvaise à la fin
de juillet. Je crois qu'au lieu d'y faire station , il vaudrait mieux se porter 500 toises à gauche au village de
Rivat (30 maisons) où l'on voit des jardins. On voit
2 ou 3 autres villages à l'entour du caravanseraï ; mais
ils sont peu considérables. Une partie de l'eau qu'ils
emploient à la culture est fournie par un petit ruisseau
que l'on passe un quart d'heure avant le caravanseraï,
et qui coule de gauche à droite. L'eau est bonne, mais
singulièrement chargée d'argile.

Au-delà du caravanseraï, le pays est à peu près
inculte jusqu'à un minaret qu'on aperçoit de fort loin,
et au pied duquel on passe. Dans cet intervalle, il n'y
a guère d'eau que celle qui vient d'un petit village à
gauche , éloigné de la route de 3 ou 400 toises, autour
duquel il y a quelques terres cultivées; tout le reste est
bruyères.

Depuis le minaret jusqu'à Sabzavar, sur un espace
d'environ une lieue et demie ou deux lieues , on voit
plusieurs villages à droite et à gauche. L'eau abonde.
La culture est riche, et n'offre presque pas d'interruption. Le terrain est toujours en pente à droite, et en
même temps il s'élève , de sorte que la hauteur des
montagnes qui règnent du côté du nord paraît moindre.
Deux lieues à droite, une autre chaîne se forme parallèlement à la première depuis 3 farsakhs avant d'arriver à la ville.

Sabvazar, ou plus correctement Sébzévâr, est une
ville dont l'enceinte bâtie en briques crues a au plus
1 farsakh de développement. Les murailles sont
précédées d'un assez mauvais fossé; elles ont 3 ou
4 pieds d'épaisseur et une vingtaine de pieds de hauteur
moyenne. La ville est remplie de ruines auxquelles on

reconnaît la domination des Agwans. Elle est réduite
maintenant à environ 600 maisons. On me l'a dit
ainsi; mais je crois que le nombre doit approcher de
1,000. Les habitants possèdent 200 chevaux, 200 ânes,
10 mules, 20 chameaux (article évidemment au-
dessous de la vérité), 2,000 moutons ou chèvres,
450 bœufs ou vaches, dont cent couples sont employées
au labourage. Le territoire de la ville est arrosé par six
courants d'eau qui viennent des montagnes du nord.
L'air est salubre, l'eau bonne, le pays découvert et
dénué d'arbres. Sébzévâr a 20 moulins, dont chacun
peut faire en vingt-quatre heures de 2 à 4 khalvars de
farine. L'usage est comme dans tout le nord du Khorasan de donner un vingtième pour la mouture. Le pays
récolte des grains au-delà de ses besoins. Les moutons
sont apportés de chez les Turkmen et du Kourdistan
sur un rayon de dix à douze journées de distance.
Il y a dans cette ville un bazar misérable dans lequel
on vend presque uniquement des fruits et des comestibles. Le pays fait en cotons des récoltes abondantes
qui sont l'objet d'un petit commerce. Mirza-Mahamet-
Khan *Eslou*, de la tribu des Kadjar est gouverneur de
Sébzévâr; son autorité s'étend depuis Abbas-Abad
jusqu'à Robati-Zafrani inclusivement. J'estime qu'il
peut avoir une cinquantaine de villages sous ses ordres.
Il obéit au Châzâdè Mahamed-Veli-Mirza, gouverneur
du Khorasan. La maison qu'il habite est renfermée
dans une enceinte intérieure, dont les murs et le
fossé ressemblent à ceux de la ville, mais sont dans le
meilleur état. On éprouve quelquefois à Sébzévâr des
tremblements de terre.

Les caravanes de Tehran à Hérat se dirigent d'ordinaire de Sébzévâr sur Tourbet, depuis que le passage

par Tourchisch leur est interdit. Elles suivent jusqu'ici la route que j'ai décrite.

Une route va de Sébzévâr à Tourbet par Tourchisch, savoir :

De Sébzévâr	à Singuir	12 farsakhs.	
	à Khalaï-Meïdan	6	
	à S r	6	
	à Tourchisch	8	
	Total	32	
De Tourchisch	à Azran (300 maisons)	6	
	à Tourbet (1,500 m.)	8	
	Total	14	

Cette route par Tourchisch est montagneuse. On peut éviter Tourchisch qui est rebelle, et remplacer cette station par celle d'Erzabad (30 maisons).

Voici quelle est la route de Sébzévâr à Tourbet par Robâti-Zafrani.

De Sebzévâr	à Robâti-Zafrani	6 farsakhs	
	à Housseïn-Abad	6	(50 m.) Eau saumâtre.
	à Mehemed-Abad	30	(30 m.) id.
	à Bolouki-Bel-Hèr	8	(30 m.) Eau lég. saum.
	à Terkhi-Benki	8	(20 m.) Eau douce.
	à Kamé	7	(30 m.) id.
	à Tourbet	4	
	Total	45	

Cette dernière route est plus facile et meilleure que toutes les autres.

Deux ou trois routes vont de Sébzévâr à divers points du Kourdistan en deux journées de marche.

Le Kourdistan se compose de plusieurs vallées, dont l'origine est à peu près au nord de Sébzévâr, et qui se prolongent à l'est jusque près d'Hérat, ayant une longueur totale de dix à douze journées sur deux ou trois de largeur moyenne. Cette contrée est habitée en grande partie par des Kourdes nomades. Il y a aussi un grand nombre de villages. On estime la population totale à   familles. Ce pays obéit à plusieurs chefs, tous soumis au Châzâdè. Le plus puissant d'entre eux s'appelle émir Gouna-Khân.

Le Kourdistan est très abondant en bestiaux. On y recueille aussi beaucoup de grains et de coton. On y fabrique dans un village les tapis les plus beaux du Khorasan, à moins que ceux de Khaïn ne méritent une préférence que je leur ai entendu attribuer. Mais, en général, cette fabrication est très répandue dans le Khorasan, comme aussi celle des feutres que l'on emploie au même usage. Il y a une route de Méched par le Kourdistan ; elle est moins sûre que celle de Neychabour, mais elle est au moins aussi abondante.

De Sébzévâr à Robâti-Zafrani, il y a 6 farsakhs ; la route est en plaine, et n'a pas de difficulté notable. La direction est à l'E.-1/4-S-E.

Les montagnes de gauche sont à une distance moyenne d'une lieue. Leur sommet, peu élevé, est découpé en arêtes aiguës. Sur les 3 premiers farsakhs, il y a à droite et à gauche près de la route d'assez nombreux villages. On passe à quelques uns. L'eau ne manque pas ; elle n'est saumâtre qu'au village de Djoulal (25 maisons), qui est le dernier à droite. On aperçoit une plaine stérile qui s'étend jusqu'aux montagnes indiquées ci-devant. A un quart de lieue de Sébzévâr, on laisse à droite l'enfourchement de la route commune de Tourbet et de Tourchisch. La pente de terrain est toujours du même côté. Les 3 derniers farsakhs du chemin traversent un désert aride. On y trouve les ruines d'un caravanseraï bâti par Châ-Abbas.

Robâti-Zafrani a 15 ou 20 maisons, 30 bœufs ou vaches, 300 moutons ou chèvres, 20 ânes. On emploie au labourage 4 couples de bœufs. La récolte totale de grains n'excède pas 20 khalvars. La violence du vent et la disette d'eau réduisent à cela le produit des semences. On recueille un peu de coton. Point de moulins. On fait moudre dans les villages environnants. Point d'arbres. On fait quelques toiles grossières. Le village est clos d'un mauvais mur. Châ-Abbas a fait bâtir un caravanseraï vaste et beau qui subsiste encore. Robâti-Zafrani est pour les caravanes la première station pour aller à Neychabour.

En partant de Robâti-Zafrani, les 3 premiers farsakhs sont une belle route unie au travers d'une bruyère aride. Les montagnes de gauche, éloignées du chemin de trois quarts de lieue à Robâti-Zafrani, convergent peu à peu vers sa direction. On les franchit alors, en coupant obliquement les divers rameaux qui composent la chaîne. Cet espace d'environ 4 farsakhs est riche en curiosités minéralogiques. L'ouverture de la gorge par laquelle on y entre serait facile à défendre contre des troupes qui viendraient de Sébzévâr. Il est possible qu'on puisse la tourner, car ces montagnes sont fort irrégulières. On trouve un caravanseraï ruiné et un ruisseau dont l'eau est bonne au commencement du défilé. Un autre, également ruiné, est sur le chemin à une heure de Robâti-Zafrani ; il n'y a qu'une citerne hors de service ; enfin, on trouve un troisième caravanseraï à 5 farsakhs de Robâti-Zafrani. Quelques paysans s'y sont établis, et au moyen d'un petit ruisseau qui coule auprès, ils cultivent un peu de terrain.

La pente par laquelle on débouche dans la plaine de Neychabour est bien plus douce, plus large, et plus accessible que la gorge d'entrée. Intérieurement, celle-ci est fermée au couchant par des montagnes abruptes qui paraissent le noyau principal de toutes celles que l'on traverse.

A un farsakh avant Houssein-Abad, et à pareille distance des montagnes, on trouve dans la plaine de Neychabour quelques maisons ruinées, et un ruisseau dont l'eau coule de gauche à droite; elle est bonne et abondante. Quelques villages sont bâtis à l'entour. Je crois cette station préférable à celle de Houssein-Abad, le seul village où passe le chemin, et où les caravanes s'arrêtent d'ordinaire par cette raison.

La plaine de Neychabour est couverte en grande partie de bruyères. Elle présente néanmoins un nombre de villages si considérable, que je n'ai pas vu dans le Khorasan de pays plus riche. C'est une des parties les plus fertiles de la Perse. La largeur de cette plaine du nord au sud est de trois à quatre lieues. Une très haute chaîne de montagnes la ferme au nord; elle n'est découverte à une grande distance que du côté de l'E.-S.-E. Des montagnes plus basses, dont il est difficile de saisir la liaison entre elles, la bornent à l'ouest, à une distance de quatre lieues du point où l'on débouche. Les eaux sont en général bonnes et abondantes. Houssein-Abad a 50 maisons, 50 bœufs, 30 chevaux, 50 ânes, 4 ou 500 moutons ou chèvres. Les habitants emploient 10 paires de bœufs au labourage. Ils récoltent en grains au-delà des besoins, et vendent leur superflu aux caravanes. Point de moulins; l'eau est saumâtre. Le village est clos d'un mur.

. De Houssein-Abad à Neychabour on compte 3 far-

sakhs. Le chemin est en plaine et sans difficulté, si ce
n'est le passage de quelques ruisseaux. Les eaux coulent
toutes du nord au sud, en obliquant un peu au sud-
est. On voit dans cet intervalle une quinzaine de villages près de la route, et en approchant de Neychabour
de vastes enclos remplis de jardins qui dépendent de la
ville.

De Houssein-Abad à Neychabour, au moins sur les
2 premiers farsakhs, la culture des villages est interrompue par quelques intervalles stériles ou bruyères.
Ces bruyères, ou petites broussailles épineuses, ressemblent à celles qui couvrent les déserts de la Perse.
Les chameaux en sont très avides; mais je n'ai pas entendu dire ailleurs qu'à Neychabour que ces épines
portassent une espèce de manne : on la recueille ici
mêlée avec la graine, et on l'emploie en médecine.
J'estime la direction depuis Sabzavar à l'O. 1/4
N. Neychabour, bâti, comme on l'a dit, au milieu
d'une vaste plaine, est une ville de 2,000 maisons.
Elle renferme beaucoup de ruines dans son enceinte,
qui a de développement environ 1 1/2 farsakh. Les
murailles ressemblent à celles de Sébzévâr; mais elles
sont en moins mauvais état; elles ont environ 20 pieds
d'élévation, 3 ou 4 d'épaisseur; elles sont en briques
crues. Il y a un fossé de très mauvaise défense, et des
tours pour flancs. Cette ville a été plusieurs fois détruite par les neiges. La tradition fait remonter au
règne de Tamerlan l'époque où elle fut ruinée le plus
récemment. On suppose qu'un pareil événement a eu
lieu au temps de Salomon, et les habitants débitent à
ce sujet les histoires les plus ridicules. La neige y
séjourne presque toutes les années, et le froid est
souvent très vif. L'air de Neychabour est salubre; l'eau

fort bonne. Tout ce qui est nécessaire à la vie se trouve en abondance dans la ville et ses environs : on y recueille beaucoup de coton, et on en fabrique des toiles pour la consommation de tout le pays : on fait quelques tapis et beaucoup de feutres. La plaine produit beaucoup plus de grains qu'il n'en faut pour les besoins des habitants : on y récolte de la soie, qui monte à la quantité de 500 batmans pour le seul territoire de la ville ; on l'exporte à Meched. Il y a de nombreux troupeaux dans les environs ; la bruyère nourrit surtout beaucoup de chameaux. Les fruits sont bons et abondants.

Il y a à Neychabour quelques juifs qui, sous l'apparence de très pauvres marchands, font un commerce clandestin en turquoises.

Dans cette ville, comme dans tout le Khorasan, les denrées sont en général à vil prix. On a pour un rial 20 batmans d'orge ou 12 batmans de froment. Une charge complète d'âne, de broussailles épineuses qu'on emploie souvent pour brûler, ne coûte qu'un chaï.

Le gouvernement de Neychabour s'étend depuis les montagnes de Robâti-Zafrani jusqu'à Cherif-Abad exclusivement. Il est possédé par Mahamed-Khan-Sardar, ou général des troupes du prince et chef de ses ministres.

Neychabour était la résidence de Djaffar-Khan, frère d'Âga-Mohammed-Khan, à qui Feit-Ali-Châ fit arracher les yeux, lui supposant des desseins ambitieux, il y a quelques années. Ce seigneur vit encore à la cour de son neveu, le roi régnant.

Il existe à Neychabour, à Sébzévâr et dans toutes les villes de Perse un approvisionnement considérable de grains qui ne diminue que pendant les siéges. C'est une précaution importante dans un pays où l'on ignore l'art d'attaquer les places, et surtout dans une province qui fut si long-temps en proie à de sanglantes divisions.

Les fameuses mines de turquoises sont à 8 farsakhs ouest-nord-ouest de Neychabour, dans un rameau considérable de la grande chaîne dont on a parlé précédemment. Voici l'état dans lequel je les ai trouvées : Sur les flancs de la montagne appelée Firouz-Kou (montagne des turquoises), on voit à diverses hauteurs douze ou quinze cavernes spacieuses distribuées sur une étendue d'une demi-lieue. Toutes ces cavernes résultent de l'excavation du roc vif. Les plus grandes peuvent avoir 5 à 600 toises cubes de capacité. On voit dans l'une un puits d'une grande profondeur, également taillé dans le roc. Les parois des grottes sont rayées en tout sens par des veines de turquoises de plus ou moins belle couleur. Ces veines sont en général minces de 2 lignes; elles s'étendent beaucoup en surface, et se coupent entre elles sans aucune régularité. Les belles turquoises sont un point plus gros de la veine, dont la couleur doit être d'ailleurs d'un bleu pur. On en trouve aussi quelquefois d'isolées dans le massif de la roche. Dans l'exploitation primitive, on enlevait à la pointe ou à la poudre un bloc de pierre que l'on brisait ensuite avec précaution, et en morceaux de la grosseur d'une noisette. On retirait à mesure les turquoises. Ce travail occupait et occupe encore à présent quatre ou cinq cents individus établis dans deux villages voisins (qu'on appelle Maden, villages des mines). Quand l'exploitation se faisait au compte des divers gouverneurs, elle exigeait des frais considérables, et l'infidélité des surveillants ou des ouvriers, ou même le simple hasard diminuaient beaucoup le bénéfice net. On a donc préféré abandonner la mine au compte des ouvriers, avec la seule obligation de payer 100 toumans chaque année au gouverneur de Neychabour. Ces 100 toumans sont ensuite répartis entre les deux villages qui contiennent ensemble 200 maisons.

Depuis lors, les ouvriers ont formé une association, et au lieu d'attaquer le rocher selon l'ancienne méthode, ils se contentent de trier une seconde fois l'immense amas de pierres déjà cassées, que l'on voit à l'entrée des grottes, ce qui leur donne un profit moindre, mais assuré, et suffisant pour répandre dans les villages un air d'aisance très remarquable ici.

Pour cet effet, on apporte à dos d'âne tout ce cailloutis à la source d'eau la plus voisine; on le lave et on fait le triage. Les turquoises qu'on obtient sont en général petites, mais en si grande quantité, que les ouvriers sont dédommagés de leurs peines. De temps en temps, ils font quelques attaques nouvelles, mais cela ne dure pas long-temps, et ils ne tardent pas à l'abandonner. Dans le moment où j'ai vu les mines, ils croyaient avoir découvert au pied de la montagne un rocher moins dur à travailler et qui devait contenir d'assez belles pierres. Je doute qu'ils fassent quelque entreprise suivie; ils craindraient qu'on ne leur supposât un bénéfice trop considérable.

Le chemin le plus court pour aller à Méched traverse les montagnes du nord. Il est de 14 farsakhs seulement, mais très difficile. Pour aller de Neychabour à Hérat, il faut passer à Tourbet ou à Méched, ou du moins se diriger sur l'une de ces deux villes. Nous donnerons à l'article Tourbet les communications avec ce point.

De Neychabour à Kadèmga, la distance est de 4 farsakhs; la route se dirige à l'est-sud-est; elle est unie et sans difficulté. A un quart de lieue de la ville, on laisse à droite le chemin de Tourchisch; à 2 farsakhs 1/2 de Neychabour, on voit à droite, à 800 toises, les villages de Haît (20 maisons), et de Bismèrou (50 maisons) par lesquels passe la route de Méched par la montagne. Dans ce premier intervalle, on voit une quinzaine de villages à portée de la route. L'eau abonde. Les ruisseaux coulent de gauche à droite. La culture est riche et presque continue, surtout dans le voisinage de Neychabour. Les montagnes restent à une distance moyenne de trois quarts de lieue de la route.

La dernière partie du chemin jusqu'à Kadèmga est une croupe légèrement inclinée à droite et dénuée de culture. On voit du même côté un village autour duquel il y a de beaux jardins.

Kadèmga est un village de 50 maisons entièrement habité par des Seids, à qui le fondateur Châ-Abbas a accordé de grands priviléges; ils ne paient aucune imposition. Ce village, bien abrité au nord et à l'ouest, présente l'aspect le plus riant; on y voit à l'entour de la mosquée de magnifiques pins, et d'autres beaux arbres. Les habitants possèdent 20 chevaux, 100 ânes, 100 bœufs ou vaches, dont 14 couples sont employés au labourage; 400 moutons ou chèvres, que l'on peut porter, je crois, à près de 1,000. On récolte 6 à 7 khalvars de coton, des grains au-delà de la consommation. Point de moulins; ils se servent de ceux des villages environnants. L'eau est bonne et abondante, l'air salubre. Je n'ai pas vu dans toute la Perse un village aussi agréable. Le travail d'une paire de bœufs ne donne pas moins de 30 ou 40 khalvars de grains chaque année.

Au lieu d'employer quatre journées pour se rendre de Neychabour à Méched par cette route, on peut à la rigueur y arriver en trois; alors il faudrait prendre pour stations intermédiaires Meïchounn (100 maisons), qui est un peu à gauche, 1 farsakh plus loin, et Chérif-Abad (15 maisons).

De Kadèmga à Chérif-Abad, on compte 7 farsakhs. La direction est d'abord au sud-est, ensuite à l'est, et la dernière demi-lieue au nord-est. Les montagnes de gauche règnent toujours à trois quarts de lieue du chemin ou davantage; mais on traverse ou bien on longe des hauteurs ou des langues de terre qui s'y rattachent. Il y a 3 ou 4 villages près du chemin jusqu'à Meïchounn. Les environs de ce dernier sont particulièrement fertiles; mais de là jusqu'à Chérif-Abad, on ne quitte plus les bruyères. La qualité de la route est en général bonne. Il y a néanmoins deux ou trois passages qui auraient besoin d'être réparés pour les rendre praticables aux voitures, savoir : 1° près du village de Dizbar; 2° à la descente près de Chérif-Abad; 3° à un fort farsakh avant d'y arriver.

A demi-distance de Kadèmga à Chérif-Abad, on passe un gros ruisseau qui sort des hauteurs, et coule à droite dans la plaine. Les broussailles ne manquent pas dans les environs. Il y a à peu de distance auparavant et sur la droite quelque culture. Une lieue au-delà de ce ruisseau, est un caravanseraï en ruines dont la construction est encore due à Châ-Abbas. On passe encore trois petits ruisseaux qui coulent de gauche à droite. La montagne dont on contourne la pointe en

approchant de Chérif-Abad, est un rameau de la chaîne
de gauche. En cet endroit est une petite source, et
l'enfourchement de la route de Méched à Tourbet qui
se dirige au sud.

Chérif-Abad est un village dépendant du gouvernement de Tourbet; il n'y a point d'autres habitations à grande distance. On y compte 15 ou 20 maisons, 20 bœufs, 25 ânes, 400 moutons ou chèvres.
Les habitants recueillent des grains au-delà de leurs
besoins. Point de moulins. On y bâtit un caravanserai.
L'eau n'est pas très bonne. Le village est bâti dans un
vallon dont la direction est au sud-est. Dans cette direction, on voit à deux ou trois lieues le terrain se
relever. C'est une ramification large et élevée de la
chaîne qui règne au nord, et qu'il faut franchir pour
entrer dans la plaine de Méched.

La chaîne qui unit les montagnes caspiennes au
Caucase indien, et que l'on ne perd pas de vue depuis
Neychabour, a sa direction au sud-est-quart-est; elle se
prolonge vers Hérat, et finit avant d'y arriver, car les
deux routes ordinaires d'Hérat à Méched et à Tourbet
sont en plaine l'une et l'autre. Il se pourrait néanmoins qu'elle s'abaissât en quelque endroit, et qu'elle
se relevât au nord d'Hérat; car, pour aller à cette ville
de Méched, le chemin le plus court est difficile et montagneux. Quoi qu'il en soit, je crois à l'existence d'une
chaîne de montagnes principale, qui unit les montagnes caspiennes au Caucase indien. Mais la considération précédente m'engage à la rapporter quinze ou
vingt lieues au nord de Méched. Alors les cinq vallées
parallèles qui sont au nord de Sébzévar auraient leur
origine à un contre-fort dirigé du nord au sud, comme
la montagne de Meïàmenn, et seraient divisées entre

elles par autant de rameaux de ce contre fort, dirigés
dans le même sens que la chaîne principale, c'est-à-
dire à l'est-sud-est. Cette description des rameaux
appartient d'abord évidemment aux montagnes situées
au nord de Sébzévâr; leur élévation subite au milieu de
la plaine entre Abbas-Abad et Mezinann en présenterait une pointe. A la hauteur de Mèhr, ou un peu plus
loin, elles offrent leur maximum de hauteur, qui est sensiblement diminué lorsqu'on les franchit pour passer
dans la plaine de Neychabour.

On m'a assuré de plus à Méched, que la chaîne
de montagnes située au nord de cette ville se prolonge jusque vers Kaboul : cette chaîne s'appelle
Leybas.

De Chérif-Abad à Méched on compte 5 farsakhs. Le
chemin est montagneux jusqu'à 2 farsakhs de la ville; on
trouve alors un beau caravanserai, autour duquel sont
bâtis 8 ou 10 moulins. L'eau est bonne et abondante;
elle coule au nord-est. La première partie de ce chemin est à proprement parler la seule difficulté que l'on
rencontre depuis Tehran. Les mauvais passages sont
au nombre de cinq : nous allons les indiquer en décrivant la configuration de cette montagne. Elle est coupée en deux par une gorge étroite et profonde dirigée
au sud-est, dans laquelle coule un ruisseau d'eau
douce. On y trouve les ruines d'un caravanserai, à la
distance de Chérif-Abad d'un fort farsakh. Un chemin
part de là, et va à Neychabour par les montagnes.
Pour arriver à ce caravanserai on franchit un rameau
d'une élévation médiocre, dont le flanc, exposé au sud,
est de rocher assez escarpé. On y monte par un sentier
périlleux pour les bêtes de somme, et on entre dans
une espèce de petit col; la descente, bien plus longue et

plus douce, traverse un terrain déchiré, et n'est pas entièrement praticable.

On s'élève ensuite par un mauvais sentier pierreux et extrêmement rapide sur le plateau du noyau principal de la chaîne. Cette seconde montée est tout aussi difficile que la première ; il faut monter sur un escarpement de rochers entre des blocs de fortes dimensions. Le plateau supérieur est peu étendu ; il règne à gauche et au pied d'une sommité, et se termine de même, 400 toises à droite, par un relèvement de la crête : on y chemine un quart d'heure.

Le commencement de la descente est très rapide. On trouve bientôt une citerne avec une source d'où l'on tire l'eau pour la remplir. Cette descente se prolonge une lieue et demie jusqu'à la plaine de Méched. Le terrain est varié ; mais il n'y a plus de difficulté qu'en un seul point, c'est encore une portion de descente très rapide, et longue de 2 ou 300 toises. La rampe est sinueuse et embarrassée de rochers. Tous les obstacles sont surmontés quand on est parvenu au pied. On suit une demi-heure une petite gorge dirigée au nord avant d'arriver au caravanseraï des moulins ; il y a un petit ruisseau dans cette gorge. Du caravanseraï à Méched, la route est en plaine. On ne voit presque pas de villages, quoique la culture s'étende à plus d'une lieue de la ville.

La direction du chemin de Chérif-Abad à Méched me paraît du sud au nord, peut-être déclinant vers l'ouest.

A l'entour du caravanseraï où sont les moulins, on voit dispersés environ deux cents blocs de marbre blanc dont la solidité moyenne est de 30 ou 36 pieds cubes ; il y en a de 60 et davantage. Nadir-Châ les avait fait apporter de Tauris pour servir à la construc-

tion d'un palais qu'il avait ordonnée à Kalaat, ville
maintenant ruinée, à cinq journées au-delà de Méched.
Un plus grand nombre de ces blocs a déjà été enlevé
et employé en différents endroits. Le lieu où les autres
sont restés déposés indique clairement qu'il n'y a point
de passage plus praticable dans cette chaîne de montagnes.

Méched, capitale actuelle du Khorasan, est bâtie en
plaine. C'est une grande ville remplie de ruines, de
jardins, et qui renferme encore 4,000 maisons. Elle
commence à se relever après avoir beaucoup souffert
dans les guerres civiles et étrangères qui ont désolé le
Khorasan durant le dernier siècle. Elle est fermée
d'une muraille flanquée de tours, haute d'environ
25 pieds et épaisse de 5 pieds, bâtie en briques crues;
l'enceinte est couverte en partie et très irrégulièrement
par un massif de terre élevé sur le bord intérieur du
fossé; l'épaisseur de ce massif est de 8 à 9 pieds.
En quelques parties on a élevé de plus, immédiatement
sur la crête de la contrescarpe, un petit mur crénelé
pour avoir un feu plus rasant; il n'y a point de glacis,
et le fossé, dont les terres coupées à pic ne se soutiennent que par leur extrême consistance, peut avoir
18 à 20 pieds de profondeur sur 12 de largeur moyenne.
Le développement de l'enceinte est de 2 farsakhs. Le
palais du prince est fermé d'une autre enceinte à peu
près semblable, mais mieux entretenue.

Méched est célèbre par la sépulture d'Imam-Mouza-
Riza, dont le tombeau attire une grande affluence de
pèlerins de tous les pays où règne la secte musul-
mane des chyas. On y a bâti une mosquée dont la
coupole et les deux minarets couverts de cuivre doré
se distinguent de fort loin; du reste, elle n'a rien de

remarquable , si ce n'est la grande quantité d'établissements et fondations pieuses qui y sont attachés,
tels que des écoles, bains, hôpitaux, etc. La dota-
tion actuelle de cet édifice sert à nourrir, dit-on , plusieurs milliers d'individus parmi lesquels il y a beaucoup de religieux; la décoration intérieure est moins
belle que celle des mosquées d'Ispahan. On sait que
les riches offrandes faites au tombeau d'Imam-Riza ont
en partie disparu pendant les troubles de la Perse.

Le reste de la ville est fort mal bâti. Le palais du
prince, qui n'est pas entièrement achevé, est assez
beau, et ressemble pour la distribution à ceux du
roi.

Nadir-Châ, désirant que sa cendre reposât dans la
ville de Méched, s'y était fait construire un magnifique
tombeau. Feit-Ali-Châ, qui vint dans ce pays il y a peu
d'années, ordonna la démolition de cet édifice, pré-
tendant venger sur les restes de Nadir la mort de son
aïeul, qui avait été supplicié par l'ordre de ce souverain, pour avoir voulu lui disputer le trône.

Il y a à Méched une centaine de familles juives que
Nadir-Châ y avait réunies, dans la vue d'activer le
commerce. A la mort de ce prince, elles ont perdu
toute protection, et vivent aujourd'hui dans le dernier opprobre. Leur condition sous le gouvernement
persan est en général beaucoup plus triste que chez les
Agwans et les autres musulmans sunnis.

Non seulement la population de Méched ne correspond pas à l'étendue de la ville, mais elle est inférieure
à ce que l'on pourrait conclure du nombre de maisons habitées, dont plusieurs ne le sont que par des
femmes ; les pertes occasionnées par la guerre sont
sensibles.

Méched a toujours un approvisionnement considérable en grains, comme toutes les villes fermées de la Perse ; mais ce qui lui est particulier, elle est aussi approvisionnée en bestiaux. Le défaut de sécurité pendant un siècle de troubles a obligé les cultivateurs de la plaine à s'enfermer habituellement dans la ville ; aussi voit-on bien peu de villages dans les environs.

Les bouchers de la ville ne tuent guère d'ailleurs les moutons pour la consommation ordinaire. Il n'y a presque d'autre combustible que la broussaille épineuse du désert. Le peu de bois employé pour cet usage et pour les constructions vient du Kourdistan et des environs.

Dans le Khorasan, des toiles de coton de différentes qualités sont l'habillement commun ; on recueille assez de coton pour les besoins.

On recueille aussi un peu de soie dans les environs de Méched ; on en tire des diverses parties de la province, et on en fait quelques étoffes qui servent à l'usage des femmes, ou qui sont employées pour pantalons d'hommes.

Pendant l'hiver, l'usage des pelisses de mouton est général ; les plus estimées viennent de Bockhara ; elles coûtent de 20 à 30 réals. Les pelisses de diverses qualités font l'objet du principal commerce avec Bockhara, et celles de mouton sont exportées dans toutes les villes de l'Irak-Adgemi.

On fait à Méched des tapis de feutre ; mais ceux à poils coupés viennent du Kourdistan, et particulièrement de chez les Turkmen et autres peuples nomades du Khorasan ; les plus renommés sont ceux de Khain, comme on le dira ailleurs.

Il se fait à Méched un commerce considérable en

objets de superstition, comme chapelets, linceuls mor-
tuaires, sur lesquels sont écrits des versets du Koran
avec de la terre apportée de Kerbela, etc. Les pèlerins
en prennent tous.

Le commerce de châles de cachemire se divise à Hérat
entre Jedz et Méched. La plus grande partie est dirigée par la première route qui est plus sûre. Les guerres
civiles qui désolent maintenant le pays des Agwans
ont beaucoup diminué le transit, et par contre-coup
les châles ont augmenté de prix en Perse.

Durant les troubles civils de l'Afganistan, beaucoup
de pierres précieuses et joyaux ont été dérobés du
trésor des souverains, ou ont été pillés sur d'autres
personnages de marque. La plupart de ces bijoux sont
entre les mains des juifs et de divers particuliers que
la crainte des avanies oblige à observer la plus grande
circonspection pour s'en défaire; ce commerce clandestin a lieu surtout à Hérat et à Méched.

Il y a à Méched des graveurs sur pierre assez habiles; ils s'occupent surtout du travail des turquoises; ils taillent aussi les cornalines qui viennent de
l'Yémen.

On ne fabrique plus de sabres à Méched, apparemment depuis que les guerres civiles ont fait abandonner
l'exploitation des mines de fer et d'acier du Khorasan.
Une branche d'industrie très remarquable à Méched
est celle des vases de pierre; on les emploie généralement pour la cuisson des aliments liquides; ils
sont façonnés au tour en marmites, cafetières, etc. La
pierre est argiloïde, colorée en bleu, et provient d'une
carrière située dans la montagne au S. de Méched, à
1 farsakh; une cafetière à bec et anse taillés ne
coûte que 5 chais (50 cent.).

L'acier principalement employé dans les arts vient du Mazanderan : celui des Indes apporté à dos de l'Afganistan est rare et cher. On ne trouve plus d'acier du Khorasan, sinon déjà employé. On travaille ce dernier quelquefois sous une autre forme.

Le cuivre, l'étain et les autres métaux sont apportés de Tehran et d'Ispahan.

Le climat de Méched est en général salubre, mais plus froid que ne l'indiquerait sa latitude. La maladie du ver filaire n'y est pas inconnue; mais elle est bien plus commune vers Bokhara. Il paraît que dans ce dernier pays les symptômes n'en sont pas les mêmes que dans le Fars. Le ver n'est que de deux ou trois brasses; il se manifeste dans toutes les parties du corps. On s'en débarrasse en faisant une légère incision, dès qu'il paraît sous la peau; si on le laisse développer, la maladie se prolonge dans les limites de vingt jours et de six mois. On distingue la maladie dite du *ver femelle*, parce qu'il en paraît plusieurs à la fois.

On trouve à Méched une très grande quantité de chameaux, chevaux et autres bêtes de somme. Les pays environnants en possèdent aussi en grande abondance, surtout des chameaux. On y trouve rarement celui à deux bosses; il vient de chez les Turkmen. On redoute dans ce pays et dans tout le Khorasan la piqûre d'une araignée nommée Chetour-Zenek (dompte-chameau); elle est mortelle pour ces animaux et même pour les hommes, selon l'opinion vulgaire.

Les poids et mesures sont les mêmes qu'à Tehran. Le khalvar équivaut à 100 batmans de Tauris Aschta-bassi; le batman noabassi est au premier dans le rapport de 9 à 8, ce qu'expriment les deux noms: l'un et l'autre se divisent en 40 sirs.

Les mesures de longueur sont la brasse royale (guiaz-chaï), égale à 0^m,998, et la brasse courte (guiaz-moukesser), égale à 0^m,94z : chacune se divise en 19 guérés.

Mahamed-Veli-Mirza-Châ-Zâdé (fils du roi), gouverneur du Khorasan, réside à Méched; il est âgé de vingt-cinq ans, plein de chaleur et d'ambition; il ne voit pas sans jalousie le prince Abbas-Mirza déclaré héritier présomptif de la couronne; il tient ses troupes en haleine par diverses expéditions; telle fut celle de Kourian, l'année dernière. Pendant mon séjour à Méched l'armée s'est mise en marche pour aller rétablir en possession du gouvernement de Mèrv, Nasr-Eddin-Mirza, frère du roi de Bokhara, que des démêlés avec son souverain avaient forcé de venir en personne implorer l'assistance du Châ-Zâdé. Mahamed-Kan, de la tribu de Kadjar, gouverneur de Neychabour, Sardar (général) des troupes du prince, m'a dit que l'une et l'autre de ces deux campagnes ont été entreprises sans le consentement formel du roi de Perse.

Mahamed-Veli-Mirza se croit, et non sans raison, à la tête des plus belliqueuses troupes de l'empire persan. Il est probable qu'il deviendra un compétiteur dangereux pour le successeur de Feit-Ali-Châ. Il m'a paru mépriser les Agwans, et se livrerait volontiers à l'idée d'une invasion de l'Indoustan, parce qu'il suppose peut-être qu'il y gagnerait une couronne.

Le gouvernement du prince s'étend de l'O. à l'E. depuis Abbas-Abad jusqu'à Kourian, sept à huit lieues en-deçà d'Hérat. Il a pour bornes au S. le désert qui sépare le pays de Tebbès de celui d'Jezd, et au N. la plaine immense et aride qui s'étend jusqu'aux portes de Mèrv. Au S.-O., il est presque isolé de la Perse par le grand désert salé ; il est d'un accès difficile de quelque côté que ce soit, par la rareté des sources et la mauvaise qualité des eaux. Aussi le Khorasan n'a-t-il pour ennemis naturels que les Turkmen, et autres habitants du désert.

La sécurité dont on jouit aujourd'hui sur presque toutes les routes de cette province, notamment celles du S., est due au courage actif du jeune prince. Nommé gouverneur du Khorasan, peu de temps après l'avénement de Feit-Ali-Châ, il fallut qu'il en fît la conquête. Depuis la mort de Nadir, ce pays était plongé dans l'anarchie. Chaque chef particulier de canton se considérait comme indépendant; ils se faisaient la guerre entre eux, pillaient et dévastaient réciproquement leurs territoires. L'apparition même d'une armée d'Agwans, qui assiégea ou bloqua Méched pendant plusieurs années, ne fut pas capable de les réunir. Au milieu de ce désordre général, les Turkmen portèrent leurs tentes au centre du pays, et étendirent leurs incursions sur tous les points. Les divers personnages qui dominèrent passagèrement sur le reste de la Perse, n'eurent pas le temps de penser au Khorasan, ou craignirent de s'y présenter, ou enfin échouèrent dans leurs tentatives pour le soumettre. Aga-Mohamed-Khan, prédécesseur du roi régnant, occupé à surveiller ou à combattre les Russes, ne put achever d'y rétablir l'ordre, parce qu'une telle entreprise ne demandait pas moins de persévérance que d'activité. Cet honneur était réservé à Mahamed-Veli-Mirza, qui d'ailleurs arriva dans le Khorasan en des circonstances favorables. La mort de Tymour, Châ des Agwans, avait fait éclater la division entre ses fils, qui tous prétendaient lui

succéder, et avait donné le signal de ces guerres in-
testines qui durent encore, et qui ont déjà donné et
ôté la couronne à trois des frères.

Mahamed-Veli-Mirza soumit successivement Sébzévâr, Neychabour et Méched, après les avoir bloqués
environ une année. Il surprit plusieurs fois des camps
de Turkmen, leur tua beaucoup d'hommes, soumit
ou chassa les diverses tribus. Les gouverneurs particuliers des autres cantons sentirent l'impuissance où ils
étaient de résister. Ils joignirent leurs forces à celles
du prince, et remplissent aujourd'hui les charges de
sa cour à Méched. La sécurité se rétablit, et depuis l'expédition de Kourian, le petit pays de Tourchisch est le
seul qui demeure en état de rébellion. Mahamed-Khan,
se confiant dans la force des murailles de Sultan-Abad,
a refusé constamment de se soumettre. Une chaîne de
petits postes établis autour de son territoire l'a privé
des bénéfices que lui procurait le passage des caravanes d'Hérat à Tehran. Elles ont pris depuis cette époque leur direction par Tourbet et Sébrévâr.

Quant à l'expédition de Kourian, voici quelle en a
été l'occasion. Ibrahim-Khan était gouverneur de ce
petit pays, qui est situé sur la route de Tourbet à Hérat,
à 6 farsakhs de cette dernière ville. Il avait épousé une
fille d'Isaac, Khan de Tourbet, et il espérait s'être
assuré l'amitié et le secours de ce gouverneur. Loin de
réprimer les brigandages des Turkmen, il paraît qu'il
a souvent partagé avec eux la dépouille des caravanes
qui se rendaient à Hérat. On l'accuse même d'en avoir
fait attaquer pour son propre compte. Cette conduite
attira l'attention du Châ-Zâdé, qui se disposait à le
punir lorsqu'Ibrahim-Khan, se sentant trop faible,
conçut et exécuta la résolution de recevoir à Kourian

les Agwans d'Hérat. Il profita du voisinage de cette ville dont le territoire confinait avec le sien, et il se déclara sujet du roi de Kaboul.

L'année dernière, le Sardar de Méched, Mahamed-Khan, marcha contre lui avec l'armée du prince, et ayant chassé les Agwans, il fit couper la tête à Ibrahim-Khan, et retourna après avoir pillé les environs d'Hérat.

Pendant mon séjour à Méched, le même général réunissait l'armée, et il est parti le 19 août pour Mèrv, où il doit rétablir un prince Usbek, frère du roi actuel de Bokhara; j'estime que les forces destinées à cette expédition ne s'élèvent pas au-dessus de vingt-deux mille hommes; en cas ce besoin, le Châ-Zadé pourrait rassembler des troupes plus nombreuses, parce que les nomades du Kourdistan et desenvirons d'Hérat sont tous soldats quand on les paie bien, semblables en cela à la plupart des peuples pasteurs; je ne crois pas que, dans aucun cas, on pût lever dans le Khorasan une armée de plus de quarante à cinquante mille hommes.

Quant aux finances, il n'y a pas lieu de croire qu'elles soient dans un état bien florissant. Les impôts sont assez modérés. Le prince a eu la guerre à soutenir presque sans interruption depuis qu'il est à Méched, et quelque sage économie qu'il mette dans les dépenses, pour en recueillir les fruits dans un avenir facile à prévoir, il n'est pas possible qu'il ait de grands trésors.

Les peuples du Khorasan sont en général affectionnés au prince et au gouvernement actuel de la Perse. Ils passent pour les plus belliqueux de cet empire. Ils font peu de cas de l'infanterie, et n'en connaissant pas d'autre que la leur; ils sont fondés à la mépriser; mais ils sont courageux cavaliers. Leurs chevaux sont en général durs à la fatigue, plus grands et robustes qu'agiles. Il faut distinguer les races de chevaux des Turkmen qui réunissent toutes ces qualités. Les armes de la cavalerie sont la lance, le sabre, le poignard et le bouclier, et celles de l'infanterie un fusil à mèche qui porte avec soi un petit chevalet léger, destiné à assurer le coup lorsqu'il est fiché en terre.

Dans le Khorasan, le prix d'un bon cheval commun est de 7 à 8 toumans. On paie à peu près de même un bon chameau.

Nous avons déjà remarqué que deux routes conduisaient de Méched à Hérat; l'une un peu plus courte, mais montagneuse; la seconde en plaine, n'offre aucune espèce de difficulté. En voici l'itinéraire tel que le suivent les caravanes :

De Méched à Senkbast (caravanseraï)	6	farsakhs
à Adiré (caravenseraï)	5	
à Kèhr Abad	o	
à Tourbet	8	
à Abbas-Abad	5	
à Kérizé	5	
à Poussan	6	
à Rovzenek	"	
à Memizek	4	
à Hérat	6	
Total	58	

A l'exception de Senkbast et d'Adiré, tous les noms indiquent des villages. Le pays est peuplé; l'eau bonne partout.

Hérat est bâti, à ce qu'on m'a dit, sur une petite éminence. C'est une ville très peuplée, dont on porte le
nombre de maisons à 10 ou 1*,000. Il y a là exagé-
ration, s'il est vrai que l'enceinte n'ait pas tout-à-fait
1 farsakh de développement. Le mur est bâti en terre
et en briques crues; il est épais de 5 ou 6. pieds au
moins, et haut de 25 ou 30. Le fossé est large de 6
à 7 brasses de 5 pieds environ l'une. Sa profondeur
varie d'une brasse à 5, mesurée à la contrescarpe, à
cause qu'il a été taillé en partie dans le talus des terres
du mamelon. L'enceinte du château, qui forme d'un
côté celle de la ville, est plus haute que l'autre, bâtie en
pierres, et a 4 ou 5 pieds d'épaisseur. Les musulmans
chyas sont dans une forte proportion parmi les habitants d'Hérat. On la croit des deux tiers. Pendant mon
séjour à Méched, le gouverneur d'Hérat, se croyant
menacé par le rassemblement de l'armée du prince,
dont la destination était gardée secrète, fit expulser
tous les Chyas, et prit quelques autres mesures de défense. Ce gouverneur est Firouz, un des fils de Tymour-
Châ des Agwans.

Le pays d'Hérat est excessivement abondant en
grains, bestiaux, chevaux, chameaux, coton, etc. On y
recueille aussi un peu de soie, et on en fabrique des
étoffes. Mais les manufactures les plus considérables
sont celles des toiles de coton, que l'on expédie jusqu'à
Kaboul. Tout le commerce de la Perse avec Kaboul,
Kachemire et le Penjab passe à Hérat.

Telle est la richesse propre de cette fertile contrée,
que les Persans y enlevèrent, dit-on, 100,000 têtes de
bétail gros et menu, dans l'expédition de l'année
dernière, et que cette perte fut insensible.

(La suite au numéro prochain.)

EXTRAIT *d'un voyage à Banjermassing* (île de Bornéo) , *entrepris par le capitaine Despéroux et rédigé sur ses notes par le capitaine* G. LAFOND.

—

En suivant la côte de Bornéo, qui, à partir de la pointe *Salalan* septentrionale, prend une direction N. pendant une distance de 12 lieues environ, on arrive devant l'embouchure du beau fleuve *Banjermassing* (torrent d'abondance), dont l'entrée n'a que deux milles de large, mais qui s'élargit en remontant, et permet d'assez longs bords aux plus grands navires. Ses rives sans élévation sont composées de vase très molle et sans dangers ; elles sont bordées par une forêt dont les arbres avancent jusque dans l'eau qui recouvre presque toujours leurs pieds. Ces bois sont peuplés de singes de plusieurs espèces, et plus particulièrement d'une très grosse, de couleur roussâtre, et au long museau. La solitude règne dans ces lieux dont le silence n'est troublé que par les cris de ces animaux et ceux des oiseaux, cris que l'écho prolonge et rend plus sonores.

Quoique ces parages paraissent déserts, il est prudent de se tenir sur ses gardes surtout la nuit, car les Dayacks, indigènes appelés aussi coupeurs de têtes, guettent l'occasion de se saisir d'une proie, et attaquent par surprise, même les bâtiments.

Il serait très imprudent de s'approcher avec une embarcation des bords du fleuve où ils se tiennent embusqués.

Après avoir remonté le fleuve environ 15 lieues, on voit à sa droite le confluent de la rivière *Tatas*; on quitte le fleuve pour suivre cette rivière, qui, après beaucoup de sinuosités, conduit à la ville de ce nom où les Hollandais ont un établissement. Cette ville indienne est bâtie sur des troncs d'arbres flottants, et retenus à la terre par des câbles, de telle sorte que dans un cas d'incendie, circonstance qui arrive assez fréquemment, elle se met tout entière en mouvement, et chaque maison est dirigée de sorte à éviter le feu. Elle est ainsi bâtie, parce que jusqu'à cet endroit, et même plus à l'intérieur, les terres sont presque toujours submergées, excepté à marée basse ; les maisons ou les radeaux qui les soutiennent reposent alors sur de la vase. Les habitants sont presque tous Chinois et Malais. Il s'y fait un grand commerce en diamants, or en poudre, rotins, cire, nids d'oiseaux, bois d'aloès, etc. Il y vient annuellement des jonques de Chine qui y font les principales affaires.

En remontant encore la rivière, on entre dans les plus belles possessions du sultan, souverain de ce pays, mais il n'est permis de dépasser les limites de la ville de Tatas qu'avec une permission revêtue du cachet de ce prince; des instruments de supplice suspendus à une corde tendue d'une rive à l'autre, avertissent celui qui ne serait pas muni de cette sauvegarde du danger qu'il court.

Dans d'autres stations ou villages, on voit aussi de ces enseignes, afin de retenir les habitants dans leurs limites respectives ; ce sont des avertissements toujours présents, et ils ne les méprisent pas en vain.

Entre *Tatas* et *Martapoera*, les bords de la rivière s'élèvent insensiblement et le terrain devient plus ferme; on voit quelques champs de riz, mais la plus grande partie du sol est en friche. Les crocodiles de la plus grande espèce abondent dans cette rivière, et dévorent souvent les habitants qui se hasardent dans ses eaux; on en voit sur la plage exposés au soleil et la gueule béante attendant leur proie. Les serpents y sont également très communs, et les arbres qui bordent la rivière sont couverts d'une espèce très petite de ces reptiles qui se suspendent aux branches; cette espèce est très dangereuse, et leur morsure est, dit-on, mortelle; ce reptile est cependant peu redouté, vu le peu de chance d'en être attaqué. Il se nourrit d'insectes et de mouches qui sont très abondantes dans ces marécages.

Il faut un jour et plus à une embarcation légère, armée de vingt rameurs, pour aller de *Tatas* à *Martapoera*, ancienne résidence des *sultans*, et dont les habitants sont presque tous lapidaires et exploitent les mines de diamants du voisinage. Ce travail est très pénible, car entièrement ignorants dans la science hydraulique, ils emploient plus de temps à sécher ces mines, profondes à peine de 15 à 20 toises, que pour faire la principale besogne, qui consiste à retirer les terres; on les lave ensuite pour en extraire les diamants. Leur manière de procéder est la suivante : disposés par échelons, les uns au-dessus des autres, sur trois ou quatre hommes de front, et faisant face à ceux des étages inférieurs, ils se passent des seaux, contenant d'abord de l'eau, puis, quand celle-ci est épuisée, la terre de la mine.

L'abondance des pluies presque journalières qui inondent ce pays les empêche souvent d'effectuer la première partie de ce travail. Le terrain où se trouve le diamant se reconnaît à une superficie couverte de cailloux blancs et transparents; la terre est blanchâtre, et l'eau qui y séjourne prend une teinte verdâtre sur

les bords; ce sont des indices assez certains pour reconnaître les lieux qui contiennent de ces pierres
précieuses. Cette terre, qui contient aussi de l'or très
fin, est peu propice à la végétation et n'est recouverte
que d'arbres rabougris.

On voit à Martapoera l'ancien *dalom* ou palais du
sultan, grand édifice en bois, orné à l'intérieur de
belles sculptures peintes et dorées. Il tombe en ruines
et est abandonné par les princes de ces contrées que
la politique refoule dans l'intérieur, à mesure des progrès des établissements hollandais. La vie que ces princes mènent est presque nomade, et leurs principaux
meubles consistent en nombreux coffres portatifs dans
lesquels ils renferment leurs richesses afin de pouvoir
déménager en un instant, ce qui leur arrive si fréquemment, qu'il est souvent difficile de savoir où les rencontrer. Aussi, en général, l'extérieur de leurs demeures ne
fait guère soupçonner la résidence d'un souverain. Ce
sont pour la plupart de simples cases, ne différant de
celles de leurs sujets que par la grandeur. Toutefois il
en est autrement à l'intérieur, qui est très somptueux.
Dans de grandes salles dont les murs sont recouverts
de soie et d'or, ces princes se montrent les possesseurs des mines de diamant par la profusion avec
laquelle ils en étalent les plus beaux produits aux jours
de fête ou de représensation; occasions où le spectateur voit se réaliser les merveilles en ce genre des
Mille et une Nuits.

En pareille occasion, les membres de la famille en
sont couverts de la tête aux pieds, et ceux principalement qui exécutent des danses de caractère en ont
sur la tête en telle abondance qu'on dirait les guir-
landes de fleurs blanches qui chez les Malais ornent la

tête des nouveaux mariés , et retombent en festons sur leurs épaules. Ils en portent de très gros à leurs doigts de pieds, à leurs bras , à leur cou ; les hommes sur le contour de la bande qui termine à la cuisse leurs courtes culottes ; les femmes, au corsage, au bas du sarong (espèce de jupe) , et lorsque l'appartement est bien éclairé, ces parures sont tellement éblouissantes, qu'il est presque impossible d'en soutenir la vue.

A peu de distance au nord de Martapoera, la rivière Tatas se rétrécit et devient encaissée ; ses bords s'élèvent progressivement, et sont garnis jusqu'à la ville *Matavaman* d'une suite d'habitations, entourées de jolis vergers. Le pays alors est d'un aspect riant et enchanteur. Une branche de la rivière conduit à Cara-Intann (*bouquet de diamant*), résidence la plus habituelle du souverain. La contrée, d'abord de plaines, est montueuse dans cet endroit; les eaux serpentent alors entre des collines, et prennent parfois la rapidité d'un torrent, ce qui exige toute la vigueur de nombreux rameurs pour faire remonter les bateaux légers du pays. Devant Cara-Intann, à peu de distance de leur source, ces eaux perdent et leur rapidité et leur profondeur, et coulent gracieusement sur un lit de petites pierres transparentes de toutes couleurs, et de l'espèce de la cornaline et de l'agate; leur limpidité permet d'en apercevoir toutes les nuances.

On jouit à Cara-Intann, ainsi que dans les environs, de la vue d'un pays magnifique, presque tout de plaine, entrecoupé de jolies collines, arrosé de plusieurs rivières, qui vont se jeter dans de très beaux fleuves, navigables même aux plus gros bâtiments. Le sol est riche, propre à différentes sortes de cultures; malheureusement ces terres restent en friche, faute d'habitants, et sont en grande partie couvertes de forêts. Les seuls possesseurs de ces lieux, débris d'une colonie javanaise, mêlés à de petites tribus d'indigènes, sont peu nombreux, et préfèrent la recherche de l'or et des diamants à l'agriculture. Le manque de population est général dans Bornéo, et l'on peut l'attribuer en grande partie à l'usage cruel qu'ont les indigènes de s'entre-détruire. En effet, chez les Dayacks, peuple primitif de cette île si belle, qu'on pourrait presque appeler Continent, et qui sont encore répandus dans toutes ses parties, chaque district, et même chaque village se maintient en état de guerre continuelle avec ses voisins, afin de pouvoir toujours se procurer des têtes humaines, indispensables pour leurs cérémonies. Celle du mariage, entre autres, exige de l'époux, l'hommage à sa future de deux têtes qu'il lui faut conquérir. Ce peuple n'entreprend rien sans qu'un sacrifice humain ne vienne lui rendre le destin propice; il s'imagine qu'à sa mort, ceux dont il a coupé les têtes le soutiendront dans le chemin difficile qui mène à une autre vie; l'on retrouve cette affreuse coutume dans les îles voisines, surtout aux Célèbes chez les tribus du nord de ces îles.

Le Dayack est tatoué de la tête aux pieds; mais ce qui le rend hideux, ce sont ses oreilles, dont la partie inférieure est percée d'un trou qui s'agrandit graduellement par les ornements qu'il y fait entrer, et arrive à pendre jusque sur l'épaule. Sa couleur est cuivrée, ses cheveux sont lisses, et sa physionomie semblable à celle des Malais. Ses armes sont le *parang*, sabre d'un tranchant excellent, très lourd, et recourbé dans le sens du plat de la lame; un poignard très petit, une lance dont le manche est une cerbacane en bois de fer, et qui lui sert à envoyer des flèches empoisonnées, et un bouclier de forme longue et étroite. Quoique le nombre de ces indigènes soit loin d'être en rapport avec l'étendue du pays, il ne laisse pas que d'être encore considérable, et le sultan de Banjermassing, dont les sujets connaissent l'usage des armes à feu, se fait redouter, et exerce un droit de suzeraineté sur plus de cent mille Dayacks. Un bien plus grand nombre paie tribut à celui de *Kotey*, et chacun des autres princes malais qui possèdent des territoires à Bornéo, en ont plus ou moins sous leur dépendance. En outre, il est bon nombre de tribus qui ne reconnaissent aucune autorité, principalement celles qui habitent la contrée appelée le Grand-Dayack.

Malgré leurs coutumes féroces, ils cultivent la terre et récoltent du riz, et ceux qui avoisinent les établissements étrangers s'adonnent également au commerce, portent des rotins, de la cire, des gommes et de l'or, qui s'échangent pour du fer et quelques articles de nos manufactures. Mais ceux qui vivent dans l'intérieur sont les sauvages les plus atroces qui puissent exister. Les plus civilisés habitent de grandes cases, construites sur des piliers, et renfermant beaucoup de monde, afin de s'y défendre contre les attaques de leurs voisins; les autres n'ont pour asile que les cavernes et les troncs d'arbres, et pour nourriture que des racines, des reptiles ou autres animaux qu'ils se procurent à la chasse.

Une caste appelée *Pari* se rapproche encore plus de la brute, et mérite mieux la qualification d'orangoutang que le singe à qui l'on a donné ce nom. Cette espèce d'homme inspire la plus grande terreur aux Dayacks, qui leur attribuent une force et une adresse surnaturelles; ils affirment que cinquante des leurs ne peuvent résister à dix Paris.

—————————

GÉOGRAPHIE DE LA FRANCE.

Quoique la géographie de la France ait été éclairée jusqu'à ce moment par un grand nombre d'ouvrages instructifs, cependant elle laisse encore à désirer des recherches étendues, soit pour compléter les tableaux déjà tracés, soit parce que la science, considérée sous d'autres rapports, et multipliant ses applications, a pris une-extension très remarquable, et a fait entrer dans ses études de nouvelles séries d'observations.

La Société de géographie a cherché à encourager ce genre de recherches dans les différentes régions de la France. Elle a pensé que des études spéciales, faites sur les lieux mêmes par la classe des hommes estimables et laborieux qui aiment à s'occuper de la situation et des intérêts de leur pays, pourraient avoir d'importants résultats ; elle a exprimé ce vœu dans son Bulletin géographique, et bientôt elle s'est trouvée secondée par plusieurs des Sociétés savantes qui correspondent avec elle. Celles du Jura et de Maine-et-Loire ont été les premières qui aient accueilli cette pensée, et nous nous empressons de publier un sujet de prix que la Société industrielle d'Angers vient de proposer, pour obtenir une géographie complète de l'Anjou.

On peut juger, par le programme des nombreuses questions à résoudre, que ce sujet a été considéré sous toutes ses faces, et qu'étant dignement traité, il répandra une nouvelle illustration sur ce beau pays et sur ses annales.

Un tel exemple aura sans doute des imitateurs, dans un temps où les études de la géographie, de l'histoire et des sciences naturelles sont si justement encouragées. Quelles recherches pourraient avoir un but plus utile, et promettre aux hommes studieux une plus vive satisfaction, que celles qui tendent à leur faire mieux connaître leur pays natal, à en décrire avec plus d'exactitude les ressources, les beautés, tous les caractères distinctifs, et à suivre à travers les siècles le cours des événements qui s'y sont accomplis ?

Nous avons donc pensé qu'il était à la fois intéressant pour la science, et utile à notre patrie de donner une grande publicité à un programme qui honore le zèle éclairé de la Société industrielle d'Angers ; et nous aurons encore plus à nous féliciter de l'impulsion que nous avons désiré donner à ce genre de recherches, s'il peut s'établir en ce genre une heureuse émulation entre les Sociétés savantes qui se sont formées dans les différentes parties de la France.   R.

Souscription pour une géographie de l'Anjou.

La Société industrielle, appréciant l'immense utilité d'une géographie spéciale de l'Anjou, a voté dans sa séance du 5 de ce mois, un prix de 500 francs, pour l'auteur du meilleur ouvrage qui sera fait suivant le programme qu'elle en a publié ;

Mais considérant l'insuffisance de ses ressources pécuniaires, et convaincue qu'un grand nombre de personnes attachent toute l'importance qu'il mérite au

travail ci-dessus indiqué, et seront jalouses d'y coopérer de leur plume ou de leur bourse ;

A décidé qu'un appel serait fait à tous les Angevins
pour obtenir tous les renseignements utiles qu'ils pos-
séderaient, et qu'une souscription serait immédiatement ouverte pour faire les fonds nécessaires à ce
prix.

En conséquence, le bibliothécaire de la Société est
chargé de recevoir les documents qu'on voudra bien
lui remettre, afin de les communiquer aux personnes
qui désireront concourir au prix proposé, et d'inscrire
sur le registre, à ce destiné, le montant des souscrip-
tions qui seront versées entre ses mains.

Angers, 29 mars 1838.

Le président de la Société,

GUILLORY aîné.

*Programme d'un prix proposé par la Société industrielle
d'Angers et du département de Maine-et-Loire.*

MÉDAILLE D'OR DU PRIX DE 500 FRANCS POUR
LA MEILLEURE GÉOGRAPHIE DE L'ANJOU.

D'après le rapport de son comité de géographie, et
sur sa proposition, la Société industrielle fonde un prix
pour le Mémoire le plus complet, et accompagné des
meilleures cartes sur la *géographie de l'Anjou.*

Ce prix consiste en une médaille d'or de la valeur de
500 francs.

Dès à présent le concours est ouvert; il sera fermé le
1er mai 1839 ; le jugement sera proclamé dans la séance
de la Fête-Dieu de la même année.

Les questions à résoudre auront pour objet les points suivants :

1° Quelles étaient dans la grande confédération gauloise les familles ou peuplades qui se groupaient au bas des rivières de Sarthe, Loire et Mayenne, autour de leur confluent avec la Loire, par le canal où s'unissent leurs eaux ?

— Déterminer les limites du territoire que ces familles occupaient ; le nom particulier du corps de nation qu'elles formaient ; les points de leurs établissements principaux.

—Dire le gouvernement qui les régissait : druidique, guerrier ou mixte.

2° Comment peut on se figurer, au temps de César et de ses lieutenants, la circonscription du pays, où, dans les *Commentaires*, sont placés les Andégaves.

— Que devinrent, sous les empereurs, les villes et bourgs de cette contrée.

— Quels furent, durant les siècles de la domination romaine, les camps, les cités, les monuments, les routes.

3° Que fut l'Anjou à partir de la conquête des Francs, sous Childéric.

—Quelle dut être sa division en deux provinces : *en-deçà Maine* au sud ; *outre Maine*, au nord.

— Quand et par qui cette division s'opéra-t-elle.

— Quelles étaient l'étendue et la force des deux sections.

4° Qu'était l'Anjou sous les Ingelgériens.

— Distinguer la première branche de la seconde.

—Décrire les états d'Ingelger.

— Le comté qui lui fut donné par Louis-le-Bègue.

— Les terres qu'il acquit par alliance.

— Montrer l'Anjou réuni tout entier aux mains de Foulques-le-Roux.

— Peindre les effets des guerres et des traités sous les Foulques.

— Sous les Plantagenets.

— Faire voir enfin les vicissitudes qui resserrèrent ou étendirent la souveraineté depuis le ix⁰ siècle jusqu'au xiii⁰.

5. Quel fut l'Anjou quand Phillippe-Auguste le confisqua sur Jean-sans-Terre.

— Quand saint Louis le donna à Charles son frère.

— Quand Philippe-le-Bel l'érigea en comté-pairie.

— Quand Philippe-de-Valois rentré en sa possession, le céda à Jean, son fils.

— Quand Charles V le transforma en duché héréditaire.

— Quand le duc Louis I⁰ʳ fut appelé au trône de Naples.

— Quand le roi René fit le bonheur du pays.

— Quand Louis XI le ressaisit au profit de la couronne.

6. Quel était l'Anjou à l'époque de la révolution.

— Comment il se divisait en Haut et Bas-Anjou.

— Quels furent, en résumé, ses princes souverains, ses princes apanagistes.

— Indiquer le *Saumurois*, et remontant à la création de son gouvernement en faire voir les limites d'abord plus étendues et ensuite plus restreintes.

7° Quelle est la topographie exacte du département de Maine-et-Loire.

— Et enfin, dans la suite des siècles, quels furent :

1. L'Anjou considéré sous le rapport militaire et politique.

— L'Anjou dans sa circonscription diocésaine.

— L'Anjou dans son ressort judiciaire, et relativement aux pays sur lesquels s'étendaient ces coutumes.

2. Le cours des fleuves et rivières; leurs variations.

— L'état des ponts-et-chaussées, ainsi que des barrages.

— Le progrès de la navigation.

— Le développement de la population, de la richesse agricole, du commerce; des manufactures et des arts.

Le Mémoire doit ainsi avoir sept chapitres, avec leurs différentes sections, et être appuyé de cartes diverses; le tout néanmoins sur un plan analytique, mais prouvé par des textes, des chartes, des autorités.

Nota. Les Mémoires, cartes et pièces justificatives, avec un bulletin cacheté, renfermant le nom de l'auteur, devront être adressés, *franc de port*, avant le 1er mai 1839, au président de la Société industrielle, hôtel de la préfecture, à Angers.

Arrêté en assemblée générale, le 5 mars 1838.

Le président, Guillory aîné;

Le secrétaire, G. Bordillon.

TRAVAUX *astronomiques et géodésiques exécutés dans la province de Constantine*

(Extrait d'une lettre de M. Puillon-Boblaye, capitaine au corps royal d'état-major.)

Constantine, le 18 avril 1838.

Je suis arrivé à Constantine le samedi 24 mars avec M. le capitaine de Saint-Sauveur. Les trois premiers jours de marche ont été favorisés par le temps, et j'ai pu faire au camp de Dréan une station assez complète; une seconde station à la Vigie de Fedjougy a été interrompue par la nécessité de rejoindre le convoi; il ne manque que les distances zénithales, et je pourrai les prendre au prochain voyage.

Le soir de mon arrivée au camp de Medjez-Hamar, j'ai été visiter les sources chaudes de *Hammam - Mescoutin*, l'un des phénomènes les plus remarquables qu'il soit possible d'observer, et qui, à lui seul, mériterait, à mes yeux, un voyage d'Afrique.

Le lendemain nous avons passé le col du Ras-el-Akba, et à partir de ce point, la neige et la grêle nous ont accompagné jusqu'à Constantine.

Je me suis présenté en arrivant chez M. le général Négrier, qui m'a félicité de ma prompte arrivée, attendu que l'expédition sur Stora est fort prochaine.

Le dimanche j'ai observé la marche du chronomètre au Minaret de la Kasbah, et commencé une station que j'ai terminée le lundi.

Le mardi je me suis rendu sur l'un des sommets du plateau du Djebel-Ouach, à quatre lieues de Constantine, et j'y ai fait une station qui n'a pas répondu complètement à mon attente. M. le général Négrier m'avait donné une escorte de 50 cavaliers, et la nécessité de pourvoir aux besoins des chevaux, l'impossibilité de les conduire partout où l'on voudrait aller, seront quelquefois de grandes contrariétés; néanmoins, j'ai pu observer de cette station les points de jonction des deux versants vers Bône, et, ce qui était plus inattendu, le port de Stora et le col où passe la route qui y conduit. Après un jour de repos employé à déter-

miner la marche de la montre, nous nous sommes
rendus au sommet de la montagne de Karkara, à trois
heures de marche de Constantine. Cette station, que
je désirais faire promptement, principalement pour
déterminer le col de la route de Stora, a été contrariée
par le temps; le ciel était brumeux, la température
de 5° seulement, et plusieurs objets sont restés invisi-
bles. Je ferai sans aucun doute la jonction de Constantine à Bône et à Stora, et cela par plusieurs enchaîne-
ments, mais il me sera impossible d'y arriver par une
triangulation aussi régulière que celle de la carte de
France : il y aura nécessairement des angles conclus à
raison de l'impossibilité où je me trouverai d'abord
certains sommets sur lesquels il faudra cependant
m'appuyer; au surplus, si, comme je l'espère, j'ob-
tiens la position de Constantine à moins de 10 mètres,
par rapport à celle de Bône, je crois que j'aurai satis-
fait, aussi bien que possible, vu les circonstances, aux
exigences de la science.

Depuis jeudi, la pluie et la neige recommencent, et
mettent M. le général Négrier dans la nécessité de re-
tarder l'expédition; il craint d'être arrêté par le débor-
dement des rivières et l'état fangeux du sol; il pense
n'éprouver aucune résistance sérieuse de la part des Arabes, et peut-être même ne pas échanger un coup de fusil.

J'ai trouvé dans ce pays un jeune officier plein de
zèle pour les travaux topographiques, M. Thomas,
aide-de-camp de M. le général Négrier; malgré les occupations que lui donne cette position, il ne perd point
une occasion de faire des reconnaissances qu'il dessine
ensuite avec soin..... Constantine est la position où il y a
le plus à faire pour la géographie de l'Afrique, et je
vois avec peine que, jusqu'à ce moment, ses progrès

reposent à peu près uniquement sur le zèle de ce jeune officier.

Ayant reconnu, dès mes premières excursions dans les montagnes des environs de Bône, la possibilité d'opérer une jonction géodésique entre cette ville et Constantine, j'ai dû donner de l'extension à la tâche dont je suis chargé, et ne considérer les déterminations astronomiques que comme des moyens de vérification et d'orientation. Sans doute il eût été beaucoup plus expéditif et moins pénible pour moi de me contenter de déterminer astronomiquement la position de Constantine; mais jamais l'exactitude du résultat n'eût approché de la précision donnée par une triangulation même imparfaite, et j'eusse laissé dans le vague tout l'espace compris entre Constantine, Bône et Stora. Une expédition très rapide vient de me donner le moyen d'obtenir ce beau résultat géodésique, la jonction de Constantine et de Stora; avant peu, j'adresserai un enchaînement de triangles beaucoup plus développé, lequel embrasse tous les points culminants qui sont compris entre Constantine, Bône, les pics de Taya (à l'ouest), et le Nifenser (au sud-est).

Cependant je ne négligerai pas les observations astronomiques; déjà l'état de la montre marine a été observé à Bône les 11, 12, 13, 15 et 16 mars, et à Constantine, les 26, 28 mars, 1, 2, 4 et 5 avril. Dans le trajet de Bône à Constantine, la rapidité de la marche et surtout le mauvais temps m'ont empêché d'observer le soleil; néanmoins, les premières données suffiraient pour une détermination approximative de longitude. Dans les journées des 1, 2, 4 et 5 avril, nous avons observé un azimuth de vérification. La longitude sera obtenue par quatre transports du temps : les deux premiers avec la seule montre nᵒ 31 ; et les deux derniers avec trois montres qui me sont envoyées de Toulon.

Quant à nos travaux géodésiques, la nécessité d'a-voir des escortes nombreuses et de rentrer chaque soir à Constantine, à Bône et dans les camps, ne m'a per-mis jamais de faire des stations un peu prolongées : quelquefois même j'ai été réduit à ne faire qu'un simple tour d'horizon. En outre mes signaux ne peuvent être établis que lorsque je vais sur la montagne pour y faire ma station, et ils sont toujours détruits par les Arabes dès que j'ai quitté la place. Ce n'est donc point une triangulation qui puisse être exécutée avec l'extrême précision apportée dans les travaux de la carte de France ; néanmoins les limites des erreurs ne dépas-seront pas 10 à 15 mètres : je crois qu'avec une telle approximation, obtenue en Afrique et sur une si grande surface, je pourrai compter sur l'indulgence des savants.

Je vais joindre à l'indication de mes travaux, quel-ques détails sur l'expédition que M. le général Négrier vient de diriger sur Stora.

Notre petite colonne mobile se composait d'environ 1,800 hommes, parmi lesquels étaient un corps nom-breux de cavalerie arabe (les Smelas), un bataillon de l'infanterie turque et quelques autres troupes indi-gènes. La colonne se mit en mouvement le 6 avril, et campa sur la rive droite du Rummel, à deux lieues de la ville. Cette partie des environs de Constantine fait un contraste charmant avec le grand désert qui l'en-toure ; les maisons de campagne sont nombreuses et la végétation admirable. Ce sont les arbres de notre climat mêlés à des citronniers, des jujubiers, et au-dessus desquels s'élèvent de magnifiques palmiers avec leurs fruits. Le 7, la colonne suivit le flanc nord du plateau de Djebel-Ouach et le cours de l'Oued-Hammah, fort ruisseau alimenté par des eaux thermales (la température des nombreuses sources thermales des environs de Constantine ne varie qu'entre 27° et 29° centigrades). Vers la naissance de ces eaux, nous vîmes de nombreuses ruines, au milieu desquelles s'élevaient beaucoup de palmiers dont la chaleur des eaux favorise la végétation. C'est ici que tombe fort exactement la station romaine *ad Palmam*. A partir de ce point, nous avons rencontré la voie romaine que nous n'avons presque plus quittée jusqu'à *Rusicada*. Cette voie est tracée avec beaucoup d'art : elle ne montre pas cette affectation de rectitude qui brave tous les obstacles, elle cherche les lignes de moindre pente et se maintient long-temps sur des lignes de faîtes où elle est admirablement conservée. Mais ailleurs les eaux ont déplacé les blocs et la voie est impraticable. Sa largeur varie ; elle augmente dans les lieux ouverts, comme dans la plaine où l'on rencontre la route de Bône, et se resserre sur les pentes et dans les défilés ; sa plus grande largeur est de six mètres. Les côtés sont soutenus par de gros blocs équarris, souvent de près d'un mètre de longueur, et le milieu est un gros pavé. Je crois que c'est un des plus beaux ouvrages de ce genre que l'on puisse voir. J'ai trouvé une colonne milliaire, mais sans inscription.

A chaque halte, je fis des observations barométriques qui auront leurs correspondantes à Bône et à Constantine.

Nous campâmes, le 7, au pied d'une chaîne que je désignerai sous le nom de *Sidi-Dris* ou *Toumihath*, du nom des pics les plus remarquables qu'elle supporte. Quelques jours avant, cherchant à déterminer, des en-

virons de Constantine, un point sur la direction de
Stora, j'avais cru reconnaître le passage de la route
dans le col de *Sidi-Dris*, et j'avais déterminé la montagne la plus voisine ; notre marche nous amenait camper au pied même de notre petite montagne, jamais
géodésien ne fut mieux servi par la fortune. M. le général Négrier, empressé d'aller au-devant de tout ce
qui pouvait concourir au succès de ma mission, mit
pour le lendemain un détachement à ma disposition ;
et je devais, aussi promptement que possible, rejoindre la colonne. J'étais au point du jour sur le sommet
de la montagne, mais nous avions eu un orage dans la
nuit, et les montagnes refroidies étaient couvertes de
nuages ; j'élevai un signal, et je partis sur les huit
heures, croyant avoir manqué le but le plus important
de mon exploration, la jonction de Constantine et de
Stora.

Suivant toujours la voie romaine, nous coupâmes
en plaine le chemin très fréquenté de Bône à Milah.
Je m'attendais à y trouver les traces d'un embranche-
ment ; il nous échappa, car il doit exister : des ruines
romaines situées au centre de la plaine, au confluent
de l'Oued-El-Ensa et de l'Arrouch (direction de Bône) ;
d'autres ruines, que j'ai observées au retour vers le
couchant, et qui pourraient appartenir à *Villa-Sele*,
indiquent ce tracé. Du point où nous étions, on peut
aller en deux journées à Bône par un chemin facile et
découvert, abondant en bois et en eaux. Quatre journées suffiraient donc pour atteindre Constantine par
cette direction, au lieu des six journées pénibles de la
route actuelle.

Depuis que nous étions descendus dans la plaine,
nous ne pouvions plus avoir de doutes sur les disposi-

tions hostiles des habitants. Partout de riches cultures, mais partout tentes, populations et troupeaux étaient disparus. Nous campâmes cependant au pied de Cos-tems où quelques douars n'avaient pas encore démé-nagé. M. le général Négrier les rassura, et leur cheick vint donner des assurances de soumission, pendant que nous entendions crier la guerre sainte dans la mon-tagne.

Le lendemain à midi, nous étions déjà sur les ruines de *Rusicada*; nous avançâmes par la vallée qu'occupait la ville jusqu'aux bords de la mer qui battait avec une grande violence sur les ruines des quais et des digues romaines. Toute la colonne vint avec empressement pour y chercher la ville dont elle était encore éloignée de 1,000 à 1,500 mètres. Nos tribus auxiliaires vinrent à leur tour y faire leurs ablutions et contempler un spectacle nouveau pour le plus grand nombre. On ré-trograda jusqu'à l'entrée de la petite vallée où nous campâmes. J'avais devant moi le marabout de Skikida, qui devait me servir de point d'observation.

Toute la population kabyle de ce pays, plus nom-breuse que je ne l'ai vue nulle part en Afrique, avait abandonné ses maisons et ses belles cultures ; on la voyait se réfugier sur les plus hautes montagnes. Deux cheicks, ou soi-disant tels, vinrent cependant trouver M. le général Négrier, reçurent des bournous, et pro-testèrent que nous ne serions pas attaqués, mais pré-vinrent en même temps que nous recevrions quelques coups de fusil, attendu que leur autorité n'allait pas jusqu'à s'y opposer; en effet, deux heures après les balles atteignaient en grand nombre notre camp, placé trop près du pied des montagnes; il n'y eut point d'ail-leurs d'accidents graves.

Le lendemain 8, j'obtins la permission de faire une station au sommet du cap Skikida. Je partis avec 200 hommes des bataillons d'Afrique, pendant que M. le commandant Nyell dirigeait une reconnaissance vers Stora, avec un détachement beaucoup plus fort. Je terminai ma station sans être inquiété.

'La position de *Rusicada* était peu avantageuse sous le rapport militaire : située dans une petite vallée longitudinale, comprise entre les collines du cap Skikida et celles plus élevées de l'intérieur, les Romains avaient été obligés d'entourer de murs une étendue considérable de ces dernières, pour la préserver des attaques des indigènes vis-à-vis desquels leur position était, tout l'annonce du moins, la même que la nôtre. De grands travaux d'art avaient été faits pour se procurer, à l'ouverture de la vallée, un débarcadère ; mais en même temps une voie romaine taillée en corniche, sur le bord de la mer, et se dirigeant vers Stora, annonce qu'ils avaient eu besoin d'aller chercher là le seul mouillage sûr que présente cette côte.

Les difficultés pour tirer un parti avantageux de cette position seront grandes. Les environs du mouillage sont bordés de montagnes abruptes qui s'enchaînent et s'élèvent à une grande hauteur, et rendraient l'établissement militaire difficile et dispendieux. Quant à la route de Rusicada à Constantine, elle ne présentera que peu de difficultés ; au surplus ces questions demanderont à être étudiées sur le terrain, mieux que nous n'avons pu le faire.

Le seul monument remarquable que j'ai vu à Rusicada est un cirque en pierre de taille : je crois être le seul qui l'ait vu, car on s'est peu occupé d'antiquités.

Au retour, j'ai pu faire la station de *Sidi-Dris* ; les

Arabes ayant abandonné, à notre approche, les défilés qu'ils étaient venus occuper. Nous campâmes à une grande hauteur, au pied du pic, et j'eus le malheur d'avoir mon baromètre brisé par un cheval.

M. le capitaine de Tourville a fait la reconnaissance topographique de la route de Constantine à Stora. La contrée que l'armée a parcourue est extrêmement fértile, bien arrosée, fort peuplée, surtout près de Stora, où se trouve la tribu des Beni-Mehenna, comptant plus de 100 à 150 douars. Cette population kabaïle est fixée au sol, et la manière dont leurs terrains sont cultivés et enclos indique un sentiment de propriété que l'on ne retrouve guère dans les autres parties de la régence.

ANTIQUITÉS PÉRUVIENNES.

—

Le capitaine Benjamin Ray, de Nantucket, dans le Massachusetts, commandant du navire *le Logan*, arrivé vers le milieu de décembre dernier à New-Bedford, d'un voyage sur la côte du Pérou, a rapporté divers objets, extraits des décombres d'une ville souterraine, récemment découverte aux environs de Guarmey, province de Truxillo, par latitude 10° sud, et dont les habitants du pays n'ont conservé ni souvenir, ni tradition. Le capitaine Ray visita l'emplacement de cette ville, descendit dans les excavations qu'on y avait pratiquées, et parcourut les ruines qui avaient déjà été déblayées. Les murs des édifices étaient encore intacts, et on y avait trouvé plusieurs squelettes humains, des ustensiles de ménage, et d'autres articles servant à divers usages. Ces corps étaient parfaitement conservés; les cheveux, les ongles et les téguments n'avaient subi aucune altération, et le système nerveux était très peu contracté, quoique complétement desséché. Résultats que le capitaine attribue à la qualité nitreuse du sol environnant.

La position dans laquelle on a trouvé ces momies ferait croire que la population, évaluée, d'après l'étendue présumée de la ville, à trente mille âmes, a dû être surprise au milieu de ses occupations habituelles, et engloutie par quelque soudaine et terrible convulsion de la nature. On y a déterré entre autres un homme qui était debout, et on a recueilli dans ses vêtements des pièces de monnaie que les autorités de l'endroit avaient envoyées à Lima. Les personnes chargées de les examiner pensent qu'il a dû s'écouler au moins deux cent cinquante ans depuis l'époque de cette épouvantable catastrophe. M. Ray vit dans une des maisons le corps d'une femme vêtue d'une robe de coton très ample, assise devant un métier, et qui, au moment de sa mort, était occupée à tisser. Sur le métier, formé de roseaux, était étendue une petite pièce d'étoffe, en partie tissée, et la femme tenait à la main une épine aiguë de 8 à 10 pouces de long, autour de laquelle était roulée une quantité de fil de coton très fin et d'un brun léger; des écheveaux de coton et de laine de différentes couleurs gisaient aussi çà et là. Le capitaine Ray s'est procuré le morceau d'étoffe inachevé, l'épine ou fuseau, et plusieurs échantillons des fils. L'étoffe a environ 8 pouces carrés, ou la moitié de la dimension qu'on devait lui donner.   W.

DEUXIÈME SECTION.

Actes de la Société.

PROCÈS-VERBAUX DES SÉANCES.

Séance du 5 avril 1838.

Le procès-verbal de la dernière séance est lu et adopté.

Il est ensuite donné communication du procès-verbal de la dernière assemblée générale.

M. le général de Rumigny et M. le capitaine Peytier, nommés dans cette séance, le premier vice-président et le second secrétaire de la Société, adressent leurs remerciements à la Commission centrale.

M. le secrétaire de l'Académie des sciences de Saint-Pétersbourg accuse réception de l'envoi qui a été fait à cette Académie des derniers volumes du bulletin.

M. le docteur Muller écrit d'Aschaffenbourg qu'il s'occupe de la publication des documents géographiques recueillis sur l'île Bornéo par son frère, G. Muller, et qu'il désirerait pouvoir compléter son travail avec les cartes de cette île levées par son frère, et envoyées à la Société par M. le baron de Capellen, ancien gouverneur général des Indes néerlandaises.

La Commission centrale accueille avec empressement la demande de M. le docteur Muller, et elle décide qu'il lui sera adressé un calque des cartes manuscrites déposées dans les archives de la Société. M. Ambr. Tardieu veut bien se charger de l'exécution de ces calques.

M. le président de la Société industrielle d'Angers écrit à la Commission centrale que dans le but de seconder ses efforts par une coopération active, et entrer une des premières dans la voie de progrès ouverte par son appel aux sociétés nationales, cette compagnie venait d'adopter le programme d'une géographie générale de l'Anjou aux diverses époques de son histoire. La Commission centrale invite le Comité du Bulletin à seconder les vues utiles de l'honorable société d'Angers, en donnant de la publicité à son programme et à l'appel qu'elle fait aux amis de la géographie de concourir à la fondation d'un prix de 5oo francs.

M. Jomard donne connaissance d'une lettre de Madrid, 2o mars 1838, par laquelle M. de Navarrete le prie d'offrir à la Société sept notices relatives à l'histoire de la navigation et de la géographie, ainsi que de plusieurs illustres marins espagnols. Le même membre communique une lettre qui accompagnait la seconde livraison du voyage de M. Dubois de Montpereux. L'auteur annonce un envoi prochain; le texte est sur le point d'être mis sous presse.

M. Jomard communique ensuite une lettre de M. Lefebvre, datée de Malte le 26 mars. M. d'Abbadie est parti seul pour Massouah, M. Lefebvre n'ayant pas reçu à temps sa prolongation de congé. Il revient en France pour quelque temps, et il retournera ensuite en Égypte, d'où il se rendra en Abyssinie accompagné d'un prêtre du pays. Ce voyageur ajoute qu'une nombreuse caravane se rend maintenant annuellement de Gondar à Mourzouc.

M. Jomard termine par la lecture d'un fragment traduit de l'arabe, et extrait d'un manuscrit de la Bibliothèque royale, faisant mention du voyage d'un certain Malek ben Mohammed Folany, natif de Bolala, d'abord dans le Gharb, aux pays de Fez et de Maroc, puis au pays de Tomboucton : la pièce a pour date le 26 chawal de l'an 983, c'est-à-dire à la fin du xv1e siècle de l'ère chrétienne.

M. C. Moreau communique un n° du Courrier Belge du 3 avril, annonçant qu'à la suite du tremblement de terre qui a détruit la ville de Maya, dans la Nouvelle-Hollande, une île est sortie de la mer à environ deux lieues et demie de la côte. Ce journal reproduit une partie de la relation des personnes qui ont visité cette île, dont la longueur serait de une lieue un quart, et la largeur de trois quarts de lieue.

M. Bélanger communique le fragment de son voyage en Asie, que le temps ne lui a pas permis de lire à l'assemblée générale. La Commission centrale entend cette lecture avec beaucoup d'intérêt, et elle renvoie la notice au Comité du Bulletin.

Séance du 20 avril 1838.

Le procès-verbal de la dernière séance est lu et adopté.

M. Dubois de Montpéreux, qui vient d'obtenir le prix annuel proposé pour la découverte la plus importante en géographie, écrit à la Société, et lui exprime toute sa gratitude pour la haute marque d'intérêt qu'elle veut bien accorder à ses travaux sur les régions du Caucase. M. Dubois, auquel la Société décerne en même temps le titre de correspondant étranger, annonce qu'il fera tous ses efforts pour répondre à cette honorable confiance.

M. le vicomte de Santarem, nommé dans la dernière assemblée générale à une place vacante dans la Commission centrale, adresse ses remerciements à la Société, et promet de coopérer à ses utiles travaux.

M. le professeur Rafn, secrétaire de la Société royale des antiquaires du Nord, annonce à la Commission centrale l'envoi de nouveaux prospectus d'un grand ouvrage que cette savante compagnie vient de publier sous le titre de : *Antiquitates Americanœ*. M. le président invite le Comité du Bulletin à faire connaître cette intéressante publication.

M. d'Avezac fait lecture de plusieurs fragments de la notice qu'il prépare sur les voyages de Plan Carpin.

Séance du 4 mai 1838.

Le procès-verbal de la dernière séance est lu et adopté.

M. le colonel Corabœuf communique de la part de M. le général Pelet, directeur du Dépôt de la guerre, l'extrait d'une lettre de M. le capitaine Puillon-Boblaye, chargé d'opérations géodésiques dans la province de Constantine. Cette lettre, qui fait connaître les premiers résultats des travaux de cet officier, est renvoyée au comité du Bulletin.

M. le docteur Muller remercie la Société de la communication qu'elle a bien voulu lui donner des diverses cartes manuscrites sur l'île Bornéo, levées par feu M. Muller, et adressées à la Commission centrale par M. le baron de Capellen.

M. le professeur Reinganum, correspondant de la Société à Berlin, adresse une carte du continent oriental dressée sur une projection cylindrique par M. le docteur Jacobs, et accompagnée de tableaux explicatifs. M. Reinganum annonce qu'il s'occupe d'un mémoire sur les découvertes récentes faites par le professeur Ross, d'Athènes, dans l'île de Sicinos, l'une des Sporades. Il accompagnera ce mémoire de notices qui lui ont été communiquées par M. Ch. Ritter, à son retour d'un voyage en Orient, sur cette île peu connue jusqu'à présent, mais remarquable par ses antiquités. M. Daussy est prié de rendre compte de la carte et du mémoire de M. Jacobs.

M. Olivier, de Campen, fait hommage à la Société d'un voyage dans l'archipel des Moluques, dont la publication a été favorablement accueillie en Hollande. Il offre en même temps de communiquer successivement à la Commission centrale divers documents qu'il a recueillis sur les possessions néerlandaises dans l'archipel Indien.

M. Kamerrath, directeur de *l'Union statistique de la Saxe*, écrit à la Société pour lui faire connaître le but des travaux de cette nouvelle association, et lui proposer l'échange des publications faites par les deux Sociétés.

M. Ch. Massas, directeur des archives du Havre, adresse un cahier de ce Recueil, et il en demande l'échange avec le Bulletin de la Société. Ces deux dropositions sont renvoyées à la section de correspondance.

M. Mauger, membre de la Société, lui adresse, au nom des éditeurs, un exemplaire de l'*Annuaire statistique* du département de l'Yonne, pour 1837 et 1838. Cet ouvrage, qui est accompagné de plusieurs planches, est rédigé d'après un plan bien conçu, et renferme, outre les documents généraux nécessaires à tous les départements, un grand nombre de documents particuliers destinés à former la statistique départementale. Le volume de 1837 contient une Notice de M. Mauger sur feu M. le baron Fourier, l'un des fondateurs de la Société.

M. Eyriès, membre de la Société au Havre, transmet à la Commission centrale un plan topographique de la ville et des environs de Santa-Maria de Puerto Principe, publié en 1832, ainsi qu'une carte du cours de l'Hudson, entre Sandy-Hook et Sandy-Hill, avec les routes de poste entre New-York et Albany. Cet envoi avait été annoncé précédemment par M. Fr. Lavallée, vice-consul de France à la Trinidad de Cuba.

M. Berthelot fait hommage de la carte topographique de l'île Canaria qu'il a dressée sur les lieux en 1829, et qui accompagne son grand ouvrage sur l'histoire naturelle des îles Canaries.

MEMBRES ADMIS DANS LA SOCIÉTÉ.

M. Achille Despéroux, capitaine au long cours.

M. Hippolyte - Victor Pinondel de Labertoche, avocat.

OUVRAGES OFFERTS A LA SOCIÉTÉ.

Séances du mois d'avril 1838.

Par l'Académie des sciences de Rouen : Précis analytique de ses travaux pendant l'année 1837, 1 vol. in-8.

— *Par M. de Navarrete :* Noticia histórica sobre los progresos que ha tenido en España el arte de Navegar. — Resumen de las observaciones que hizo M. Fleurieu sobre la division hidrográfica del globo. — Noticias biográficas de don Alvaro de Bazan, primer marques de Santa Cruz : del cosmografo Alonso de Santa Cruz : del amirante don Antonio de Gastañeta e Iturribalzaga : del general de marina don Blas de Lezo : del Marques de la Ensenada. — *Par la Société royale de Londres :* Philosophical transactions for the year 1837, in-4. — Proceedings of the Royal Society n. 28, 29, 30 et 31. — *Par l'Association britannique pour l'avancement des sciences :* Report of the sixth meeting held at Bristol in 1836, 1 vol. in-8. — *Par M. P. Jacquemont :* Voyage dans l'Inde, par V. Jacquemont, 16ᵉ et 17ᵉ livraisons. — *Par M. d'Avezac :* Nouvelle relation en forme de journal d'un voyage fait en Égypte par le P. Vansleb. Paris, 1677, 1 vol. in-12. — Relation en forme de journal du voyage pour la rédemption des captifs aux royaumes de Maroc et d'Alger, pendant les années 1723, 1724 et 1725, par les PP. Jean de la Faye, etc. Paris, 1726, 1 vol. in-12.

Errata *des Cahiers de mars et d'avril.*

Page 164, ligne 26, au lieu de *Roberto* ; lisez : *Roberts.*
— 165, 1ʳᵉ ligne ; lisez : les différents princes qui règnent dans l'Inde.
— 239, 10ᵉ ligne ; lisez : pendant le cours de l'année 1836.

DE LA

SOCIÉTÉ DE GÉOGRAPHIE.

JUIN 1838.

PREMIÈRE SECTION.

MÉMOIRES, EXTRAITS, ANALYSES ET RAPPORTS.

MÉMOIRE *descriptif de la route de Tehran à Méched et de Méched à Jezd, reconnue en* 1807, *par* M. TRUILHIER, *capitaine au corps du génie.* (Suite.)

De Méched à Jezd, la première journée a pour station Chérif-Abad. Cette route a été décrite. De Chérif-Abad on va à Robâti-Céfid ; la distance est de 5 farsakhs ; la direction, à peu près N. et S. La route n'a aucune difficulté notable. On quitte la route de Neychabour à 1/2 farsakh de Chérif-Abad, comme on l'a dit ailleurs. Cet enfourchement est sur le dos d'un rameau peu élevé qui sépare le vallon de Chérif-Abad d'une plaine déserte dans laquelle se prolonge à l'O. la direction du chemin de Neychabour : cette plaine est un peu inégale. On y trouve à 1 1/2 farsakh de la précédente

station une source dont l'eau est bonne, à côté d'un
caravanseraï ruiné. On continue de s'avancer vers une
colline qui se rattache à des hauteurs qu'on a franchies
entre Melchounn et Chérif-Abad. En approchant du
pied, on oblique un peu à gauche le long d'un petit
ruisseau qui coule de gauche à droite, et l'on trouve
bientôt à la pointe de la colline le village de Kalé-Nov
(20 maisons), autour duquel il y a des pâturages assez
abondants et de la culture. On le laisse un peu à
gauche. Ce point est le seul qui ne soit pas inculte
dans la route de cette journée. Kalé-Nov est à 5 farsakhs de Chérif-Abad. On marche ensuite 1/2 farsakh
dans une plaine, un peu plus basse que la première,
jusqu'à ce qu'on rencontre de nouveau le ruisseau
précédent. Il descend des montagnes, passe là au pied
d'une montagne fort élevée, et coule à gauche. On
monte ensuite entre des rameaux, et dans le lit d'un
petit ruisseau affluent de l'autre vers une chaîne de
montagnes sur le revers de laquelle est Robâti-Céfid.
On la franchit par une coupure unie, mais fort étroite,
et avant d'y parvenir, on retrouve et on suit encore une
fois le cours du premier ruisseau. Le point de partage
des eaux n'est éloigné que de vingt minutes de la
station à laquelle on arrive en descendant à droite le
long de la montagne principale.

Robâti-Céfid est un caravanseraï bâti dans un vallon
étroit, dont les eaux coulent au N.-O., et de là sans
doute vers la plaine de Neychabour. On voit à un
quart de lieue de distance, et dans cette direction, le
village d'Our, qui a une quarantaine de maisons, 2,000
moutons, 600 chèvres ; environ 200 bœufs ou vaches,
une centaine d'ânes, 15 ou 20 chevaux, 2 moulins qui font
2 khalvars de farine en un jour chacun. Les récoltes en

grains excèdent les besoins ; on porte le superflu, soit
à Tourbet, soit à Neychabour, soit à Méched. On
compte 10 farsakhs d'Our à Neychabour, par une
route directe, que l'on dit être unie ; la station intermédiaire est Déoulet-Abad, près de Kademga.

La chaîne de montagnes dans laquelle est bâti Our
me paraît être, par sa direction, la nature des rochers
et sa configuration générale, la même que l'on traverse
entre Sébzévâr et Neychabour.

De Robâti-Céfid à Tourbet les uns comptent 9 farsakhs, et d'autres 10. Cette route est extrêmement difficile. La direction générale est au S., légèrement
vers l'O.

Une petite demi-heure au-delà de Robâti-Céfid,
on entre dans une coupure étroite et sinueuse d'où
sort le ruisseau d'Our. Cette coupure est dans une
chaîne de rochers très élevés, sur la cime de laquelle
on voit les ruines d'un château, au sujet duquel on
débite une tradition absurde. Cette chaîne dirigée
N.-O. paraît tenir à gauche à une autre plus large et
non moins élevée, que l'on franchit par un col pour
entrer dans une vaste plaine. L'intervalle de la coupure au col est d'un farsakh et 1/4; il est inégal, sinueux,
montant toujours insensiblement. On remonte presque toujours la rive droite du ruisseau d'Our, dont on
laisse enfin l'origine à gauche. L'abord du col, quoique
peu rapide, et surtout le commencement de la descente qui l'est davantage, sont impraticables pour des
voitures. Cette descente se prolonge une heure dans
un terrain mamelonné en pente douce, et finit dans
une vallée en grande partie stérile, dont la direction,
semblable à celle de la vallée avant Khalé-Nov, est à l'E.-
S.-E. Trois quarts de farsakh avant le caravanseraï, on

passe à une source d'eau doucè, mais peu abondante.
Le caravanserai où l'on trouve plus d'eau et d'une
qualité encore meilleure, est à 4 farsakhs de Robâti-
Zafrani et à 14 de Neychabour. On voit dans la plaine
quelques villages. Les plus petits, mais les moins éloignés, sont à droite à une demi-lieue.

On monte immédiatement après pour franchir une
nouvelle chaîne de montagnes encore plus élevées que
les précédentes. Au commencement de la montée qui
est d'abord très douce, on passe à côté d'un caravanseraï ruiné et d'un très petit ruisseau qui prend sa
source au pied du col. On s'y dirige en obliquant à
gauche. Avant d'arriver à ce pied, il y aurait quelques
difficultés pour des chariots; le passage du col est tota-
lement impraticable, parce que la rampe a en quelques endroits jusqu'au tiers de la base en hauteur. Le
développement est de 2 ou 3oo toises, mais il n'est pas
rocailleux. Le commencement de la descente n'est
guère moins rapide. Ce passage était jadis défendu
contre les Turkmens par deux vieilles tours dont on
voit les restes d'assez loin. Le sommet est à 1 1/2 farsakh
du caravanserai.

La descente n'est pas non plus rocailleuse; elle devient bientôt praticable, et elle suit une petite gorge
ouverte au sud, dans laquelle coule un ruisseau. On
ne le quitte pas jusqu'à un caravanserai éloigné de trois
quarts d'heure environ, autour duquel on voit quelque
légère culture et des troupeaux assez nombreux.

On est ici dans un vallon profond et déchiré, dans
lequel coule une petite rivière de droite à gauche, qui
reçoit à un quart de lieue à gauche le ruisseau précédent.
Elle débouche ensuite dans la plaine de Tourbet, par
une étroite coupure qu'on aperçoit au sud-est du cara-

vanseraï. Le chemin au contraire se dirige au sud, à travers un terrain montueux. On passe la rivière, dont les bords sont un peu marécageux, sur un pont en maçonnerie.

A trois quarts d'heure du caravanseraï, et immédiatement après, commence une montée facile, parallèle à la chaîne qui reste à franchir, et dirigée à droite. Cette dernière chaîne, dont l'origine est, je crois, à droite en quelque point de la précédente, paraît enfermer l'étroit vallon dans lequel on est, et ne laisser aucune autre issue que celle de la rivière. Je n'ai pu m'assurer si ce passage est praticable; mais le passage de la montagne qui reste à franchir présente d'extrêmes difficultés. Après en avoir longé le pied quelque temps, on va assez directement sur le col, l'approche en est pleine de rochers. Le sommet est à peu près aux deux tiers du chemin depuis le caravanseraï jusqu'à Tourbet. La descente est affreuse, étroite, pleine de blocs, tortueuse est très rapide. La route jusqu'à Tourbet n'offre plus la moindre difficulté. Elle est toute en plaine, quoiqu'on voie encore quelques pointes de rameaux à gauche du chemin et à 1 farsakh et 1/4 de Tourbet. Au même endroit se trouve une citerne. La partie de la plaine où l'on marche est presque entièrement stérile. A 1 farsakh avant la station, on passe un ruisseau qui coule de droite à gauche, et l'on voit à gauche un village à 300 toises. C'est le seul qui soit à portée du chemin. La culture n'est plus guère interrompue au-delà, et on trouve encore dans cet intervalle deux ruisseaux qui coulent vers la gauche.

Tourbet est une jolie petite ville de 12 ou 1,500 maisons, bâtie au milieu d'une plaine, dans un fond, dominée par quelques rideaux du côté par où je suis arrivé. L'enceinte actuelle est en fort bon état, mais les ruines bien marquées d'une autre plus vaste indiquent une diminution considérable dans la grandeur de la ville. Les murailles ont environ 30 pieds de hauteur, et 4 ou 5 pieds d'épaisseur à l'ordinaire. Le développement est de 1/2 farsakh au plus. Le fossé est étroit et très profond. Il y a à l'intérieur une deuxième enceinte qui renferme le palais du gouverneur Isaac Khan, ancien sardar de Méched. La ville est riante. On y voit deux ou trois rues assez propres, bien alignées et très vivantes. Quoique tous les environs soient cultivés, il n'y a de jardins que dans la partie inférieure, vers la route de Jezd, à cause qu'un ruisseau abondant amené par un aqueduc souterrain surgit en cet endroit. L'eau est bonne à Tourbet et en suffisante quantité. Les jardins sont fort agréables, tous clos, et s'étendent jusqu'à une cinquantaine de toises de l'enceinte. La plaine de Tourbet est extrêmement abondante en grains, coton, bestiaux de toute espèce, chevaux et chameaux. On y récolte aussi un peu de soie, mais il n'y a de manufactures qu'en coton. Le surplus des récoltes s'exporte quelquefois à Méched, mais ordinairement vers Tebbès. Isaac Khan a de très beaux haras dans une vallée au sud-est de Tourbet, et à 4 farsakhs de distance. On porte à 2,000 le nombre de ses juments poulinières. Il est certain que dans tout le Korasan, pays abondant en chevaux, je n'ai pas entendu parler d'un établissement qui approche de celui-là.

Le gouvernement de Tourbet comprend environ 150 villages. Il s'étend du nord au sud, depuis Cherif-Abad jusqu'à Feiz-Abad inclusivement, et de l'est à l'ouest, depuis Rouhi jusqu'à Tourchisch.

Isaac Khan, père du visir de Méched, Hussein-Ali-

Khan, habite lui-même à la cour du prince, et y jouit
d'un grand crédit, tant pour sa puissance que parce
qu'il a exercé les fonctions de général (sardar) avant
Mohamed Khan.

Une route directe conduit de Tourbet à Neychabour;
en voici l'itinéraire :

De Tourbet à Routout-Madjann (100 maisons)	6 farsakhs
à Bours (200 m.)	4
à Aliâbâd (30 m.)	5
à Neychabour	3
Total	18

L'eau est bonne partout sur cette route. La première journée seule es
montagneuse.

On a donné à l'article Sébzèvar, la route qui y conduit en passant par Tourchisch ou en évitant cette
ville. Il paraît qu'il faudrait diminuer les distances portées sur cet itinéraire de Tourchisch à Tourbet, car
une foule de renseignements que j'ai pris ne la fixe pas
à plus de 9 à 10 farsakhs.

Une route directe va de Tourbet à Hérat. En voici
trois itinéraires. Il résulte de nombreux renseignements, que cette distance est moindre de 4 ou 5 far-
sarkhs que celle de Méched à Hérat. Le chemin est
uni, carrossable et très direct. Les environs sont peuplés et cultivés, si ce n'est dans l'intervalle de Sen-
guian ou Sindjann-Rouhi au caravanserai de Chour-Ab.
On trouve partout de l'eau douce et abondamment.
Au seul point de Chour-Ab, elle est un peu saumâtre.

PREMIER ITINÉRAIRE.

De Tourbet à Senguian (200 maisons)	3 farsakhs
à Rischkhar (100 m.)	5
à Sidja-Aven (100 m.)	5
Total	13

D'autre part	13
à Sélamè (20 m.)	1
à Rouhi (ville de 2,000 m.) -	4
à Senguian-Rouhi (300 m.)	4
à Chour-Ab (beau caravanseraï)	12
à Kourian (200 m.)	8
à Signiouan (100 m)	4
à Hérat	6
Total	55

Rouhi est la résidence de Kelesch-Kan, chef des Azara, peuple en grande partie nomade, composé de 12,000 familles. Son territoire s'étend jusqu'à Kourian.

DEUXIÈME ITINÉRAIRE.

De Tourbet à Sindjann	4 farsakhs
à Rouschkbar	4
à Sedjáven	4
à Rouhi	6
à Sindjann Rouhi	4 ⎫
à Khosch-Avâ.	8 ⎬ désert
à Robâti-Tourk	6 ⎭
à Kourian	8
à Hérat	8
Total	52

Khosch-Ava signifie bon air. C'est un bivouac dans le desert. Il y a de l'eau. Robâti-Tourk est le caravanseraï de Chour-Ab.

TROISIÈME ITINÉRAIRE.

De Tourbet à Senguioun (200 maisons)	4 farsakhs
à Sedjáven (100 m.)	8
à Rouhi (2,500 m.)	0
à Senguian-Rouhi (300 m.)	4
à Chour-Ab	12
à Kourian (200 m.)	8
à Chikévoun (100 m.)	4
à Hérat	6
Total	54

Une route conduit d'Hérat à Candahar; en voici l'itinéraire :

D'Hérat à Chabit	6	farsakhs. Désert.	
à Adraskban	6	Il y a un ruisseau. Habitations sous des tentes.	
à Djambaran		C'est un village.	
à Kourmaleu	9	Habitations sous des tentes.	
à Fèrah	12	C'est une ville ; pays peuplé.	
à Abi-Khourma	6	Habitations sous des tentes.	
à Douraïn	10	*id.*	*id.*
à Khoschroud	10	*id.*	*id.*
à Chour-Ab	10	*id.* L'eau est saumâtre.	
à Guirischt	10	Il y a un ruisseau. C'est un village peuplé.	
à Kouschki-Nokhout	10	Il y a beaucoup de villages dans les environs.	
à Agouan		C'est un grand village.	
à Kandahar	5		
Total	107		

De Tourbet à Feiz-Abad, on compte 9 farsakhs. La direction est au sud-ouest. La route est à peu près sans difficultés.

En sortant de Tourbet, on laisse à droite, à distance d'un quart de lieue, une pointe de montagnes nues et médiocrement élevées. C'est au-delà de ce rameau et à une demi-lieue de la ville, que s'enfourche la route de Sèbzèvar. Dans cette première partie du chemin, le côté droit n'offre que quelques champs labourés. On a à gauche une suite de riches jardins, entre lesquels on distingue 4 ou 5 villages et beaucoup d'habitations isolées. Ils sont arrosés par les eaux de Tourbet qui coulent au sud, en un ruisseau assez considérable. Le chemin s'en rapproche à une lieue de Tourbet, puis on coupe plusieurs dérivations, en obliquant en peu à droite. On voit à droite et à gauche 5 ou 6 villages de plus, après quoi on va directement sur Dgennoukh (60 mais.), à travers un terrain inculte et aride, et légèrement ondulé, qui s'abaisse tout-à-coup dans un petit vallon où est situé le village.

. Il ne m'a pas été possible de déterminer quel est le point où la route d'Hérat à Tourchisch coupe celle de Tourbet à Feiz-Abad; l'aspect du terrain me porte à le placer au village de Dgennoukh, ou peu auparavant.

A Dgennoukh (60 mais.) l'eau est bonne et assez abondante. Le fond est presque tout cultivé. On a à gauche seulement quelques montagnes peu élevées, d'où les eaux paraissent venir et se diriger au nord-ouest. Le reste n'offre que coteaux incultes. On compte 4 farsakhs depuis Tourbet. Dgennoukh est fermé à l'ordinaire.

On monte ensuite pour franchir ces coteaux. Le terrain est inculte jusqu'à la descente, qui est assez douce, et éloignée de trois quarts d'heure. On entre alors dans la plaine de Feiz-Abad, bornée à droite par des collines, que l'on traverse pour aller de Feiz-Abad à Tourchisch. Elles se forment à demi-lieue du chemin, et divergent beaucoup de sa direction à mesure qu'on avance; à gauche, il y a des collines assez éloignées et plus basses. On voit dans la plaine 5 ou 6 villages, dont la plupart paraissent assez riches. On ne passe qu'à celui de Tchinsar (15 mais.), 2 farsakhs avant la station. La plaine n'offre de culture que dans les environs des villages. Un quart d'heure avant Tchinsar, on passe un ruisseau qui coule de droite à gauche. A moitié chemin de Tchinsar, à Feiz-Abad, on trouve une citerne.

Feiz-Abad a 300 maisons. Il est formé en partie d'un mur de terre en bon état. C'est la résidence d'Hassan Khan, frère d'Isaac Khan. Je crois que ce canton fait partie du gouvernement de Tourbet, quoique quelques personnes m'aient dit le contraire. Le pays de Feiz-Abad est très fertile. Il y a beaucoup de bestiaux de toute espèce. On y recueille des grains et du coton en suffisante quantité pour les besoins. Il y a beaucoup de fruits, ils y sont excellents.

On compte 5 farsakhs de Feiz-Abad à Tourchisch.

Deux routes conduisent de Feiz-Abad au pays de Goun-Abad où commence le gouvernement de Tébbès. Elles se séparent à 3 1/2 farsakhs; celle de droite passe par quelques villages du pays de Bedeschtoun, mais elle est un peu plus longue et moins unie.

De Bedeschtoun on peut aller à Tounn sans passer par Goun-Abad. Voici l'itinéraire à partir de Feiz-Abad.

De Feiz Abad à Iounsi (200 maisons)	7 farsakhs.
à Bedeschtoun (500 m.)	7
à Tounn	12
	26

L'eau est saumâtre à Iounsi. On en trouve de douce entre Tounn et Bedeschtounn. Cette dernière partie de la route est extrêmement montagneuse, et beaucoup plus difficile, m'a-t-on assuré, que le passage de la même chaîne de montagnes entre la plaine de Goun-Abad et celle de Tounn.

On compte 12 farsakhs de Feiz-Abad à Djouminn de Goun-Abad. Sur les 10 premiers, la route est déserte. La direction générale m'a paru N. et S. Elle présente quelque difficulté.

Après avoir marché environ 2 farsakhs dans la plaine
de Feiz-Abad, qui offre de la culture sur la plus grande
partie de cet intervalle ou à proximité, on franchit un
léger rideau, et l'on trouve à 5 1/2 et à 4 farsakhs deux
citernes, dont l'eau est bonne, particulièrement à la
seconde. On peut y faire station, si l'on n'aime mieux
passer par Iounsi, dont la route s'enfourche à la première citerne, comme on le dit.

Il n'y a plus d'eau douce jusqu'à ce qu'on arrive à
proximité du village d'Ambran (10 mais.), que l'on laisse
à droite 5 farsakhs avant Djouminn. Un farsakh plus
loin, on trouve un ruisseau qui coule de l'est à l'ouest.
Il y a auprès un peu de culture et un village ruiné.
L'eau est bonne. C'est un peu plus loin que se trouve
la partie difficile du chemin. Toutes difficultés sont
évanouies, quand on passe près d'un moulin à 1 1/2
farsakh de Djouminn. On aperçoit ensuite la plaine
de Goun-Abad, dont le premier village est celui de
Ghouscht (100 mais.). On y passe de même qu'à ceux
de Pilôn (100 mais.), et Bâkhi-Siah (50 mais.).

Djouminn est la résidence du Zabit de Goun-Abad,
qui obéit au gouverneur de Tébbès. Ce village a 100
maisons. Il est en partie fermé. Il y a beaucoup de
fruits ; l'eau est très bonne. La plaine de Goun-Abad
(on écrit *Guun-Abad*, demeure du géant, et ce nom
fut donné à cause du séjour de Roustam), comprend
une cinquantaine de villages riches et rapprochés les
uns des autres. On y récolte en abondance de la soie,
du tombac et du coton. Le sol, bien arrosé, porte
beaucoup de mûriers et d'arbres fruitiers. Le pays
cultivé est d'un aspect très agréable. On trouve sur
ses bords des tas de sable mouvant, de couleur gris
foncé ; et au sud-ouest une vaste bruyère. On fabrique

à **Goun-Abad** une sorte de drap léger, d'une qualité
supérieure à celui qui vient des provinces de Kerman
et de Daghistan. On tisse le coton et on exporte quelques toiles. Mais ces précieuses cultures privent le pays
de grains; on n'en recueille guère que pour six mois
de l'année. Le reste s'importe de Tourbet, de Neychabour, et jusque de Méched quelquefois. La plaine est
bornée au sud-ouest par une chaîne de montagnes
hautes et accidentées, qui se dirige à l'est-sud-est, et
ailleurs par des rideaux de terrains ou collines. Les
eaux viennent en général des montagnes, et m'ont
paru verser ensuite à l'ouest-nord-ouest.

Une route conduit de Djouminn à Hérat, sans passer
à Tourbet ni à Khaîn. En voici l'itinéraire :

De Djouminn à Novdey-péchènk (60 maisons)	4 farsakhs.
à Kéïber	6
à Zouzan (100 m.)	4
à Nèschté-Foun	4
à Kèlaat	6
à Chéri-Goun	6
à Kourian (200 m.)	9
à Chekivoun (100 m.)	5
à Hérat	5
Total	49

Cette route est un peu montagneuse, mais très peuplée; elle est
plus courte que celle par Tourbet de deux journées de caravane. On verra
plus bas un itinéraire de la même route un peu différent.

De Djouminn à Tounn, on compte 12 farsakhs. La
direction est sud-ouest jusqu'à Kalaat, et la distance
4 farsakhs. La direction générale du reste du chemin
est à peu près au sud-ouest quart ouest.

A une demi-lieue de Djouminn, on laisse, 400 toises
à droite, le village de Rahhim (60 mais.), le reste du

chemin jusqu'à Khalaat est une bruyère aride dans laquelle broutent des chameaux en grand nombre. On
passe à côté de 4 citernes à peu près également es-
pacées. L'eau en est assez bonne.

Khalaat est bâti sur la pointe d'un contre-fort de la
chaîne, à l'entrée d'une gorge étroite d'où sort un
ruisseau. De nombreux canaux d'irrigation dérivés
plus loin servent à entretenir la végétation la plus belle
sur les coteaux qui entourent le village. Les arbres
fruitiers y sont très touffus.

Jusqu'ici la route ne présente aucune difficulté. Il y en
a quelques unes sur les 2 farsakhs suivants, que l'on fait
en remontant une gorge très sinueuse, et de plus en
plus étroite, dans laquelle coule d'abord le ruisseau et
ensuite un filet d'eau affluente. Mais le passage du col est
tout-à-fait impraticable pour des voitures, à cause de sa
rapidité et des rocs qui percent vers la cime. Ce point est
à peu près à même distance de Tounn et de Djouminn.
La descente est mauvaise par sa rapidité, mais elle
n'est pas longue. On suit une autre gorge en sens opposé à la première, et dans laquelle on trouve presque
au pied du col l'origine d'un ruisseau qui va à Bakhestoun. A 4 farsakhs de Tounn, la gorge s'élargit, les
montagnes s'abaissent et s'éloignent; le ruisseau s'é-
loigne à gauche et va passer au village de Feit-Abad
(20 mais.), éloigné de la route de 500 toises. Le champ
que l'on traverse est inculte. Un 1/2 farsakh plus loin,
on trouve une source et l'on passe un petit ruisseau, et
aussitôt après toutes les eaux du vallon réunies, elles
coulent à droite vers la plaine, entre des hauteurs rapprochées entre elles. Il y a à ce point deux moulins.
On oblique pour contourner par la gauche les hauteurs
qui sont au-delà, et on débouche dans la plaine en

sortant d'un terrain un peu mamelonné qui forme l'appendice des contre-forts en arrière. La gorge que l'on descend présente à divers endroits quelques points difficiles, et ils sont même un peu plus multipliés que dans la première. L'une et l'autre sont couvertes d'herbe dans la belle saison.

Le chemin dans la plaine est de 3 farsakhs au plus. On suit la gauche du ruisseau qui descend à Bakhestoun, village situé à moitié chemin de Tounn. Cet intervalle est stérile. Dans ce village, ou plutôt dans ces immenses jardins, les passages sont souvent coupés de trous et par le cours des eaux; on y marche près d'une heure. Bakhestoun se compose d'environ 5 ou 600 maisons, dispersées dans une forêt de mûriers et d'arbres fruitiers. Les jardins sont clos de murs, le village ne l'est pas.

De la sortie du village jusqu'à Tounn, il n'y a guère que 1 farsakh. On passe d'abord à côté d'un moulin à eau, puis de deux citernes, et une grande partie de cet intervalle est cultivé. On voit très peu de villages et tous éloignés.

Tounn est une ancienne ville, bâtie en plaine, et dont la population actuelle ne répond pas à l'étendue que renferment ses murs; car celle-ci a de développement 1,800 à 2,000 toises, et il n'y a guère que 1,50 maisons habitées, quoiqu'on m'ait dit 2,500. On n'arrose pas les champs de blé faute d'eau. Les années où la pluie est abondante, on récolte une suffisante quantité de grains, mais d'ordinaire on en apporte de Sébzévar, Tourbet et Neychabour. La ville est riche de ses récoltes en soie, coton, tombac et fruits. Il y a une grande quantité de chameaux et de bestiaux de toute espèce, médiocrement de chevaux.

L'enceinte est fort délabrée; elle ressemble du reste à toutes celles déjà décrites. Le canton de Tounn, dont le gouverneur relève de celui de Tébbès, comprend une vingtaine de villages. Le peu d'eau courante de cette plaine coule à l'ouest, comme celle de Goun-Abad, et se perd dans les sables; elle est passablement bonne.

A l'est-nord-est de Tounn, on trouve le pays de Khaïn, très abondant en bestiaux, chevaux, chameaux. On y fait une immense quantité de tapis, qui passent pour les plus beaux de la Perse. On en fait aussi à Tounn; on y fait encore beaucoup de toiles de coton.

Une route conduit de Tounn à Hérat par le pays de Goun-Abad.

On va de Tounn à Khalaat (50 maisons)	8 farsakhs.	
à Beïdoukht (300 m.)	6	
à Novdey-Péchenk (60 m.)	7	
à Haouzi-Hadgi-Isack caravanseraï	6	Peu d'eau.
à Zouzen (100 m.)	7	
à Rouhi (2,000 m.)	8	
à (Senguian 300.)	4	
à Chourab (caravanseraï)	12	Eau saumâtre.
à Khourian (200 m.)	8	
à Chikévoun (100 m.)	4	
à Hérat	6	
Total	76	

Cette route paraît être la même que celle détaillée à l'article *Djouminn*.

Une autre route conduit de Tounn à Hérat par Khaïn.

De Tounn à Seraïoun	6 farsakhs.
à Biout.	6
à Khaïn (ville)	7
A reporter	19

	D'autre part	19
à Khanek		5
à Deyhbané		6
à Zarhakhs		6
à Bemroud		5
à Eiarou.		8
à Kourian		11
à Chékivoun		5
à Hérat		5
	Total	70

Cette route. la plus courte de toutes, est aussi la plus mauvaise soit pour la qualité des eaux, soit pour la nature du chemin.

(La suite au numéro prochain.)

DÉTERMINATION *trigonométrique de la hauteur du lac de Neufchâtel, au-dessus de la mer, communiquée par* M. D'OSTERVALD, *de Neufchâtel.*

—

Dans un moment où l'on s'occupe autant qu'aujourd'hui des constructions de routes, de canaux, de chemins de fer et de desséchements, la connaissance exacte de la hauteur du lac de Neufchâtel au-dessus de la mer peut offrir quelque intérêt, puisque ce lac se trouve entre ceux de Bienne, de Morat et de Genève, et qu'il communique aux deux premiers.

Les hautes et basses eaux présentent une variation de 1^m,95 (6 pieds) et au-delà, j'ai adopté pour repère fixe le môle de la ville de Neufchâtel, situé au bord du lac, et qui est élevé de 1^m,6 à 1^m,9 (5 à 6 pieds) au-dessus des eaux moyennes.

Les données de départ sont prises dans les nivellements géodésiques de la nouvelle carte de France, tels qu'ils sont consignés dans la seconde partie de la Description géométrique de la France actuellement sous presse. (Voyez les pages 210, 246, 247 et 398.)

La hauteur du Chasseron $\begin{cases} \text{parallèle de Bourges.} & . . = & 1609^m,8 \\ \text{méridienne de Strasbourg.} & . . = & 1608 \ ,5 \end{cases}$

Moyenne. . . = 1609 , 1

Par une série d'observations de distances zénithales réciproques et simultanées qui ont été faites par M. Trallès et moi, la hauteur du Chasseron au-dessus du môle a été trouvée de. . . . . 1174 ,2

Hauteur absolue du môle. . . . 434 ,9

La hauteur du Chasseral $\begin{cases} \text{quadrilatère : Vassy, Strasbourg, Pontarlier, Beaune.} & . . = & 1609 \ ,1 \\ \text{méridienne de Strasbourg.} & . = & 1608 \ ,6 \end{cases}$

Moyenne. . . = 1608 , 8

J'ai déterminé trigonométriquement la hauteur du Chasseral au-dessus du môle de. . . . . 1174 , 0

Hauteur absolue du môle. . . = 434 , 8

La hauteur du Molesson (méridienne de Strasbourg). . = 2005 , 2
Par une série de distances zénithales réciproques et simultanées entre M. Trallès au Molesson, et moi à Neufchâtel, la hauteur du Molesson au-dessus du môle a été trouvée de. . . . . 1570 , 9

Hauteur absolue du môle. . . . = 434 , 3

On a trouvé ci-dessus par $\begin{cases} \text{le Chasseron.} & . . . . . = & 434 \ ,9 \\ \text{le Chasseral.} & . . . . . = & 434 \ ,8 \end{cases}$

Hauteur du môle sur la mer, par une moyenne. . = 434 , 7

J'ai calculé cette même hauteur par 377 observations barométriques qui m'ont donné. . 436^m, 0 et par 722 autres qui ont donné. . . . . 433 , 1

La moyenne. . . = 434 , 5

En admettant 1^m, 9 (6 pieds) pour la hauteur du môle au-dessus des moyennes eaux du lac. . . . . 1 , 9

On aura pour la hauteur du lac au-dessus de la mer. 432 , 8

Par un nivellement exact, on a trouvé que le lac de Bienne eaux moyennes) était moins élevé que celui de Neufchâtel de 0ᵐ70, et que le lac de Morat le surpassait de 0ᵐ, 3.

On aura donc pour la hauteur au-dessus de la mer du niveau des eaux moyennes

du lac de Morat.		483 , 1
— de Neufchâtel.		432 , 8
— de Bienne.		432 , 1

On sait que la hauteur absolue du lac de Genève (eaux moyennes à la sortie du Rhône) est de 374 , 8

(*Description géométrique de la France*, 1ʳᵉ *partie*, *page* 379.)

D'OSTERVALD.

HAUTEURS TRIGONOMÉTRIQUES EN SUISSE.

(Extrait des calculs de la triangulation de la Suisse.)

—

OBSERVATIONS.

Le tableau suivant présente les hauteurs de la plupart des stations trigonométriques, et de quelques autres points remarquables de la Suisse. A l'ouest, plusieurs de ces stations manquent, parce qu'à l'époque de la triangulation de cette partie on attachait peu d'importance à la détermination des hauteurs.

Les calculs intitulés : *Hauteurs de la Suisse du nord*, résultent des observations faites avec des cercles de Gambey et de Reichenbach, par MM. Buchwalder et Eschmann, ingénieurs de la confédération, et on peut les admettre avec confiance, à un demi-mètre près.

Les déterminations des ingénieurs suisses, qui sont la continuation de celles des français, diffèrent d'environ 6 mètres des résultats obtenus par les ingénieurs autrichiens, ce qu'on peut attribuer à la différence de niveau entre l'océan Atlantique et la mer Méditerranée, et aux erreurs qui se sont accumulées depuis Dunkerque jusqu'à Trieste.

23.

Pour calculer toutes les hauteurs absolues de la Suisse, on s'est appuyé sur les hauteurs du Chasseral et du Rotifluh, qui ont été obtenues en partant du niveau moyen de l'Océan, telles que les donne la *Nouvelle description géométrique de la France*, parce que beaucoup d'autres observations garantissent l'exactitude de cette première base, et que d'ailleurs la position géographique de la Suisse est trop peu favorable à des calculs s'appuyant sur la mer.

Les hauteurs du Valais ont été données par la triangulation de M. Berchtold, chanoine de Sion; les autres, précédées de le'tres alphabétiques, ont été calculées par M. le lieutenant-colonel Buchwalder ou par M. le lieutenant-colonel Eschmann, ou par tous les deux.

Toutes ces hauteurs, à moins d'indications contraires, ont été prises au pied du signal, qui, à l'exception du Tambohorn, Leckikorn et du Galenstock, se confondent avec le sommet de la montagne.

Les couches de neige qui recouvrent constamment certaines cimes, telles que le Todi, le Titlis et le Galenstock varient en peu de mois d'une épaisseur de 7 mètres en raison de la fonte des neiges et de l'évaporation, ce qui résulte d'une observation faite dans l'été de 1837, sur le Titlis, au moyen d'un signal enterré dans la neige. (Voyez *les remarques à la fin du Tableau des hauteurs.*)

1. *Hauteurs de la Suisse du nord.*

	Lettres initiales du nom des observateurs.	Mètres.
Chasseral, à l'ouest du lac de Biel.	Nouv. desc	1610,54
Rotiiluh, au nord de Soleure.	géomètr.	1398,52
Monto, au nord de Biel.	E.	1332,10
Walperswjl, extr. nord de la base mesurée.	E.	446,34
Frienisberg, sur la route d'Aarberg à Bèrne.	E.	729,14
Wiesenberg, par Laufelfingen sur la route de Hauenstein.	B. et E.	1000,64
Gyslifluh, à deux lieues d'Aarau.	B. et E.	772,16
Lagerberg, à l'est de Baden, rocher près la maison du garde.	B. et E.	853,91
Uto ou Hütliberg, au-dessus de Zurich, seuil de la porte du corps-de-garde.	B. et E.	868,95
Huserberg, au midi de Dictikon, canton de Zurich.	B.	782,35
Zurich, sol de l'intérieur de l'Observatoire.	B. et E.	456,81
Lac de Zurich, zéro de l'échelle graduée.	E.	406,14
Lindenberg, entre Muri et Hitzkirch, canton de Lucerne.	E.	868,16
Homberg, au sud ouest du lac Hallwyl.	B. et E.	789,07
Reckenschwand, à une demi-lieue au sud de Russwyl, canton de Lucerne.	E.	845,67
Hornli, à une lieue à l'est de Bauma, canton de Zurich.	B. et E.	1133,75
Gabris, à une lieue au nord de Gais, canton d'Appenzell.	B. et E.	1250,57
Sentis, au sud d'Appenzell.	B. et E.	2502,40
Fahnern, au nord d'Appenzell.	B.	1506,20
Frastenzersand, à l'ouest de Frastenz en Tyrol.	B.	1633,73
Id., d'après les observations des Autrichiens sur la mer Adriatique.		1627,58
Fündlkopf, au nord-ouest de Brand en Tyrol.	B.	2401,37
Id., d'après les observations des Autrichiens.		2394,68
Kumenberg, au nord-ouest de Gotzis en Tyrol.	B.	667,22
Id., d'après les observations des Autrichiens.		662,37
NOTA. La comparaison des mesures communes des trois derniers points présente une différence de $6^m,15$, $6^m,69$ et $4^m,85$, dont la moyenne $5^m,9$ donne la différence de niveau de l'Adriatique et de l'Atlantique.		

II. *Hauteurs de la Suisse du sud-est.*

	Lettres initiales du nom des observateurs.	Mètres.
Kaminegg, au nord de Sargans.	B.	2310,45
Wasserstock, sommet ouest du Glarnisch.	B.	2911, 4
Scheyenstock, point culminant du Wiggis, canton de Glaris.	B. et E.	2259,96
Coire, pavé de la route à l'ouest de la brasserie, non loin de la tour de Saint-Salvador.	B.	578,38
Calanda, au nord de Coire.	B.	2806,54
Scesa-Plana, à l'entrée de Prettigau.	B.	2966,37
Schwarzhorn, à l'est de Dürrenboden, dans la vallée de Disma, au midi de Davos.	B. et E.	3150, 6
Piz Beverin, au nord-ouest d'Andeer, sur la route de Splügen.	B. et E.	2999, 2
Cima di Flix, au sud de Molins, dans la vallée d'Oberhalbstein.	B. et E.	3207, 3
Tambohorn, à l'ouest de la hauteur du Splügen pass. Le point culminant de la montagne est à 30 pieds au-dessus de la base du signal.	B. et E.	3276, 4
Pizzo Porcellizzo, entre le val Masino, dans la Valteline et l'Engadin.	E.	3976, 4
Monte Legnone, à l'entrée de la Valteline.	E.	2611, 1
Pizzo Menóne di Gino, dans le fond du val Cavargna, et sur la frontière du canton du Tessin.	E.	2246, 8

III. *Hauteurs de la Suisse de l'ouest.*

	Lettres initiales du nom des observateurs.	Mètres.
Roemel.	Nouvelle description géométrique de la France.	830, 7
Faux d'Enson.		929, 6
La Dole		1680, 3
Mont Tendre.		1680, 1
Moléson.		2007, 1

IV. *Hauteurs du Valais.*

	Lettres initiales du nom des observateurs.	Mètres.
Montnoble, au sud-est de Sion.	Bercht.	2654, 8
Nen daberg, à l'est de Martigny.	»	2469, 2
Lens.	»	1278, 3
Pierre-Rouge.	»	2889, 2
Lammern.	»	3114, 8
Niven, à l'est des bains de Loesch.	»	2776, 8
Mont d'Orge.	»	794, 0
Oldenhorn, sur les frontières du canton de Berne et de Waadt.	»	3130, 2
Catognie, au sud de Martigny.	»	2579, 5
Grammont.	»	2178, 1
Martigny, signal.	»	2053, 4
Dent-Rouge.	»	2815, 8
Dent de midi, au sud de Saint-Maurice.	»	3182, 9
Diableret.	»	3216, 3
Grand Moeveran.	»	3058, 3
Sion, place de la Cathédrale.	»	527, 9
De la Chaux.	»	2219. 4
Nesthorn.	»	3207, 2
Gredetschhorn.	»	2928, 4
Bortelhorn.	»	3194, 8
Setzen.	»	2962. 3
Cummen.	»	2753, 3
Gros Sidelhorn.	E.	2879, 4
Klein Sidelhorn.	E.	2765, 0
Blasihorn.	E.	2779 6
Galen signal.	E.	3027, 0

V. *Hauteurs de la Suisse centrale.*

	Lettres initiales du nom des observateurs.	Mètres.
Napf, entre la vallée de Lutern et l'Emmenthal.	B. et E.	1406,74
Rigi, la cime.	B. et E.	1798,35
Id., faîte de l'auberge.	E.	1600, 6
Id., Seuil de la porte des bains froids.	E.	1435, 1
Id., Hohfluh près Gersau.	E.	1700, 5

V. *Hauteurs de la Suisse centrale.* (Suite).

	Lettres initiales du nom des observateurs.	Mètres.
Hohe Rhône, entre les lacs de Zurich et d'Egeri.	E.	1220, 2
Grosse-Mythen, au nord-ouest de Schwyz.	E.	1903, 6
Stanzerhorn, au midi de Stanz.	E.	1898, 6
Pilatus, Stieglegg, au nord d'Alpanach.	E.	2042, 3
Id., Eselspitze.	E.	2121, 3
Lac de Lucerne, moyenne des eaux.	E.	435, 7
Hohe Brisen, sur les frontières du canton d'Uri.	E.	2403, 7
Hohenstollen, au nord de Meyringen.	E.	2482, 6
Niederbauen ou Seelisberger, la cime, sur le lac des quatre cantons vis-à-vis les bains.	E.	1925, 4
Uri Rothstock,	E.	2931, 3
Blackenstock,	E.	2950, 5
Engelberger Rothstock, Sur la chaîne entre	E.	2818, 0
Weisstock, les vallées de Reuss	E.	2895, 7
Grosses Spannort, et d'Engelberg.	E.	3198, 1
Schlossberg,	E.	3134, 5
Titlis, au sud d'Engelberg, sommet du Signal.	E.	3233, 1
Titlis, Nollen, point limite des neiges.	E.	3237, 2
Rosstock,	E.	2461, 5
Hundstock, Chaîne entre les val-	E.	2214, 8
Dieppen, lées de Schachen et	E.	2224, 4
Rophaien, de Mutta.	E.	2081, 0
Kaiserstock,	E.	2515, 6
Windgelle,	E.	3187, 9
Scheerhorn, Chaîne de montagnes	E.	3299, 0
Todi, sur la limite est du	E.	3620, 3
Oberalpstock, canton d. Uri.	E.	3327, 7
Bristenstock,	E.	3076, 5
Spitzberg,	E.	3415, 9
Sustenhorn, Chaîne de montagnes	P.	3511, 7
Triftenstock, entre la vallée dite	E.	3175, 1
Gerstenhorn, Reussthal et l'Ober-	E.	3168, 3
Galenstock, signal. land de Berne.	E.	3027, 0
Gletschhorn,	E.	3304, 4
Six-Madun,	E.	2929, 5
Leckihorn, Sommet du Saint-	E.	3050, 0
Mutthorn, Gothard.	E.	3101, 3
Forcola Rossa, entre la Greina et le Vrinthale.	E.	2856, 0
Pizzo Forno, à l'est de Giornico, canton du Tessin.	E.	2907, 3
Finsteraarhorn point culminant de l'Oberland de Berne.	E.	4272, 7

Remarques *sur le nivellement géodésique que MM. les ingénieurs suisses ont exécuté en partant des données de la triangulation française, et sur la comparaison du niveau de la mer Adriatique avec celui de l'Océan.*

—

Dans les observations préliminaires qui sont placées en tête du tableau des hauteurs au-dessus de la mer de la plupart des stations trigonométriques de la Suisse, on trouve le passage suivant : « Les détermina- » tions des ingénieurs suisses qui sont la continuation » de celles des Français, diffèrent d'environ 6 mètres » des résultats obtenus par les ingénieurs autrichiens, » *ce qu'on peut attribuer à la différence du niveau entre* » *l'océan Atlantique et la mer Méditerranée,* et aux » erreurs qui se sont accumulées depuis Dunkerque jus- » qu'à Trieste. »

En admettant une telle supposition, comme les dé- terminations des ingénieurs autrichiens (qui provien- nent de l'Adriatique) sont plus faibles que celles des ingénieurs suisses d'environ 6 mètres, il s'ensuivrait que le niveau de l'Adriatique serait élevé de cette quantité au-dessus du niveau de l'Océan. L'objet de nos remarques est de démontrer que cette anomalie doit être attribuée à quelques erreurs commises dans les déterminations autrichiennes. Les nivellements géodésiques du premier ordre qui ont été exécutés en France sur les chaînes principales de triangles, en pre- nant leur point de départ, soit au niveau de l'Océan (mer moyenne), soit au niveau de la Méditerranée, sont exempts d'une telle accumulation d'erreurs, comme le constatent les diverses comparaisons faites entre ces nivellements indépendants et qui offrent une concordance vraiment remarquable; d'autre part, MM. les ingénieurs suisses répondent de l'exactitude de leurs déterminations à moins d'un demi-mètre.

Si l'on compare les résultats que les ingénieurs suisses ont obtenu pour la hauteur absolue des points de Pizzo - Forno , Pizzo - Menone et Monte - Legnone (dans le sud-est de la Suisse), avec les déterminations antérieures de ces mêmes points, selon les observations qui ont été faites par les officiers français du corps des ingénieurs géographes à l'époque où l'Italie supérieure était placée sous la domination française (déterminations que paraissent avoir ignorées MM. les ingénieurs fédéraux) , on trouve un résultat de signe contraire à celui que donnent les observations autrichiennes et parfaitement analogue à celui que nous avons obtenu en France pour la différence du niveau entre l'Océan (mer moyenne) et la Méditerranée, selon le nivellement géodésique de la chaîne des triangles des Pyrénées. Nous remarquerons que l'indication *ingénieurs lombards,* que l'on trouve sur le canevas de la triangulation suisse aux côtés *Pizzo-Forno-Pizzo-Menone-Monte-Legnone* , devrait être remplacée par celle-ci : *ingénieurs-géographes français,* parce que ce sont eux qui ont exécuté dans toute l'Italie supérieure la triangulation du premier ordre dont ces trois points font partie.

Dans le nivellement géodésique de cette triangulation générale du royaume d'Italie, les hauteurs au-dessus du niveau de la mer obtenues par des mesures directes à Rimini, Chioggia et Venise pour la mer Adriatique, et à Gênes pour la mer Méditerranée, ont servi de données de départ pour déterminer de proche

en proche et par dés moyennes successives , les hauteurs absolues de tous les sommets du réseau trigonométrique qui couvre l'Italie supérieure , dès Alpes aux
Apennins, de l'Istrie aux montagnes de la Savoie.
Quoique l'effet des marées soit peu sensible dans
l'Adriatique et la Méditerranée, cependant on y a eu
égard en prenant les *mesures directes* que l'on a rapportées toujours au niveau des eaux moyennes. Dans
le nivellement des sommets des chaînes principales
du premier ordre , on n'a admis que les résultats du
calcul des différences de niveau provenant des distances zénithales réciproques. Les déterminations qui résultent des données de départ prises aux bords de
l'Adriatique ont été comparées entre elles, et en outre mises en comparaison avec celles qui sont rapportées au niveau des eaux du golfe de Gênes, à l'aide
du concours des chaînes principales sur un point qui
leur est commun , par exemple l'aiguille du dôme de
Milan.

Voici ce que l'on a obtenu pour la hauteur absolue
de ce point :

	Hauteur sur la mer.
1° En partant de Rimini , par la chaîne de jonction qui lie ce point avec Milan.	228^m,24
2° En partant de Venise par la chaîne de la perpendiculaire de Milan.	228, 31
3° En partant de Rimini, de Chioggia et de Venise par le concours de toutes les chaînes de triangles du premier ordre.	228, 01
4° Enfin en partant de Gênes, et par la chaîne de plus courte distance qui lie ce point avec Milan. . . .	228, 38

La parfaite concordance de ces quatre résultats , le
plus grand écart atteignant à peine 0^m,4. indique sans
doute qu'une juste compensation d'erreurs inévitables
s'est répandue sur toutes les déterminations; mais
aussi elle prouve beaucoup en faveur des observations

sans l'exactitude desquelles bien certainement cette compensation n'aurait pas eu lieu, et de plus elle montre que le niveau de l'Adriatique est le même que celui de la Méditerranée,

Cet exposé nous a paru nécessaire pour donner une idée du degré de confiance que l'on doit accorder aux opérations géodésiques que les ingénieurs-géographes français ont exécutées en Italie, et qu'elles méritent par conséquent d'être mises en comparaison avec des travaux analogues qui remplissent les mêmes conditions d'exactitude.

La seconde partie de la nouvelle description géométrique de la France (actuellement sous presse) offre tous les détails des nivellements géodésiques du premier ordre, avec les éléments qui ont servi aux calculs des différences de niveau, pour chaque résultat partiel, afin que l'on soit à même d'en vérifier l'exactitude. Ce travail a nécessité un révision générale de tous les calculs; révision opérée depuis la publication de la première partie, laquelle a produit une diminution d'un peu plus d'un mètre sur les hauteurs des points de la méridienne de Strasbourg qui ont servi de données de départ aux déterminations de MM. les ingénieurs suisses, savoir:

	HAUTEURS SUR LA MER. Description géométrique de la France.		Différence ou corrections.
	Première partie, page 497,	Deuxième part., page 266.	
Chasseral. . . .	1610ᵐ,54	1608ᵐ, 6	— 1ᵐ,94
Rotifluh. . . .	1398ᵐ,53	1397ᵐ, 4	— 1ᵐ,12
Differ. ou correct. moyenne.	»	=	— 1ᵐ,53

En sorte que la correction moyenne qu'il faut appliquer aux résultats du nivellement géodésique de la Suisse sera — 1^m,5. Cela posé, voici les comparaisons que l'on peut établir entre les déterminations de MM. les ingénieurs suisses et celle des ingénieurs géographes français en Italie sur trois points qui leur sont communs dans la partie sud-est de la Suisse.

HAUTEURS SUR LA MER.			
Résultats des ingénieurs suisses		Résultats des ingénieurs géographes français en Italie	Différence.
Avant la rectificat.	Après la rectificat.		
Monte Legnoné.	2611^m,1	2609^m,6	2611^m,6	+ 2^m,0
Pizzo Menoue.	2246^m,8	2245^m,3	2247^m,3	+ 2^m,0
Pizzo Forno.	2907^m,3	2905^m,8	2907^m,4	+ 1^m,6
Différence moyenne.	»	»	=	+ 1^m,9

Voilà donc une différence de + 1^m,9, entre des hauteurs qui sont rapportées au niveau de la Méditerranée ou de l'Adriatique, et celles qui proviennent de l'Océan (mer moyenne), résultat qui concorde d'une manière fort remarquable avec celui de + 1^m,7 (ou 1^m, 67) que nous a donné la comparaison du niveau des deux mers selon la chaîne des Pyrénées et en procédant d'une manière analogue, c'est-à-dire par les moyennes successives prises entre les résultats de chaque point (Nouvelle description géométrique de la France, première partie, pages 373 et 377).

Quant aux déterminations des ingénieurs autrichiens qui sont communes à celles des ingénieurs suisses, il est facile de voir qu'en les comparant avec les déterminations des ingénieurs-géographes français,

Cette conjecture se trouve presque confirmée par le cours des rivières de l'intérieur du pays, qui vont en rétrogradant joindre le centre de ces montagnes.

Plus d'un tiers du territoire de Simpang semble ne consister qu'en alluvions qui s'y sont accumulées dans le cours du dernier siècle. Tout ce terrain est marécageux et entrecoupé de plusieurs rivières qui forment une quantité d'îles, au milieu desquelles on voit s'élever par-ci par-là une colline ou une petite montagne. Ces petites îles étaient habitées jusqu'en 1786, lorsque la guerre de la Compagnie des Indes contre l'État de Mattan dispersa les habitants. Depuis cette époque ces îles sont désertes ou ne servent d'asile qu'aux pêcheurs ou à quelques indigènes qui viennent y recueillir la cire et le miel, ou y couper le roseau à canne nommé *rottan*. Les principales de ces îles se nomment Mayang, Boumboū, Batou et Ampar.

Le climat est salubre, et la chaleur est tempérée par des vents frais. Le séjour des rivages est plus convenable à l'Européen nouvellement arrivé, que le milieu du pays. Les terres marécageuses de cette côte ne semblent point être nuisibles à la santé ; au lieu que dans l'intérieur, et surtout dans les montagnes, les étrangers qui viennent d'arriver dans ces parages sont bien souvent atteints de fièvres et d'une espèce de paralysie dans les bras et les jambes.

Dans la saison pluvieuse, le thermomètre de Fahrenheit, à six heures du matin, monte ordinairement à 72 et 73 degrés ; quelquefois, mais rarement, il baisse jusqu'à 69 et 70. A midi, le thermomètre s'élève ordinairement à 83 et 84. Dans l'après-midi, vers les deux heures, c'est-à-dire dans la plus forte chaleur de la journée, il marque 86 à 87 ; le soir à six heures (au

coucher du soleil) , il descend jusqu'à 76 ou 77 degrés.

Les saisons se succèdent moins régulièrement que
dans l'île de Java. Les pluies et les orages surviennent
assez souvent très subitement et souvent déjà au mois de
juillet et d'août. Depuis la mi-novembre jusqu'à la mi-
janvier, les pluies sont le plus fortes. Ces observations
peuvent assez généralement s'appliquer sur l'étendue
de 2° de latitude ; mais les saisons à Bornéo varient
très souvent en sens contraire en deçà et au-delà de
l'équateur.

La culture des terres n'est encore guère avancée.
Les *Dayaks*, qui sont les véritables indigènes du
pays, cultivent le riz sur les pentes des montagnes et
en d'autres lieux secs. Ces champs de riz se nomment
Ladangs. Ils s'appliquent à planter des arbres fruitiers,
à l'exception du cocotier et d'autres végétaux comestibles. Les Malais et autres peuples qui se sont con-
fondus avec les Dayaks, sont un peu plus avancés dans
l'agriculture, et disposent leurs petites terres en jardins
assez réguliers.

Il arrive assez souvent que le produit de la culture
du riz ne suffit pas à la consommation. Dans ce cas,
les habitants vont s'approvisionner à Pontianak ou
chez les Chinois établis à Paninahan, près de Pontianak.

Les productions naturelles du pays sont principalement les articles suivants :

Cire , nids d'oiseaux , bézoard , gomme , résine ,
écaille, fer brut, étain, kayou-garou (espèce de bois
aromatique), kayou-laka (bois de teinture), koulit-
lawang (écorce aromatique), plusieurs drogues mé-
dicinales , noix-muscades (sauvages), bois de coh-

struction, rottans ou cannes de roseau, cannes de
sucre, etc.

Ces productions sont exposées à Koubou, Pontianak, Riou, Sincapour et Palembang. Elles se vendent
principalement aux Chinois établis dans ces divers pays.

Les montagnes de Simpang contiennent aussi de l'or
et des pierreries, mais on ne fait aucune exploitation
régulière des mines.

Dans l'intérieur du pays, il y a une grande quantité
d'orangs-outangs, de buffles sauvages, de rhinocéros,
de chats-tigres, de petits ours noirs, de sangliers et de
cerfs. Les deux dernières espèces se trouvent aussi en
abondance le long des rivages.

Parmi les oiseaux on y remarque l'argus ou l'oiseau
de Junon, plusieurs genres de faucons, de vautours.
Le long des côtes on trouve beaucoup de bécasses et
d'autres volatiles d'un fort bon goût.

On y trouve peu d'animaux domestiques. Dans quelques endroits l'on voit un petit nombre de chèvres.
Autrefois les habitants possédaient beaucoup de bestiaux
qui se sont successivement perdus dans les forêts.

Les Dayaks ne sont pas naturellement cruels. La
coutume de couper les têtes, dont on a fait un récit
vraiment effrayant, n'est point chez eux une coutume
générale, mais l'effet naturel des petites guerres et
rixes dans lesquelles ils sont toujours entraînés par
leurs voisins. Les Dayaks ont un assez bon naturel,
quoiqu'ils soient presque absolument dénués de toute
idée de religion. Leurs lois sont les anciens usages de
leurs ancêtres, auxquels ils se soumettent aveuglé-
ment.

Les revenus du souverain (sultan) proviennent des
objets suivants :

1° Droits perçus de tous les navires ou prames venant de Riou, Linga, Bornéo-Propre, Sambas, Pontianak, Koubou, Kotta-Ringuin et Banyer-Massing, ainsi que de deux ou trois petits bâtiments qui viennent annuellement de Java.

2° Quelques prérogatives et monopoles de commerce.

3° Impôts sur les Chinois, capitulation, etc.

4° Rétributions pour le commerce des nids d'oiseaux (1).

5° Amendes et confiscations ou impôts arbitraires.

6° Achat de quelque peu d'or et de diamants que les Dayaks viennent de temps en temps offrir à vil prix.

7° Enfin, droits seigneuriaux, contributions en denrées, riz, etc., auxquelles chaque Dayak est soumis pour une quantité fixe.

La population de l'État de Simpang se monte en tout à 16 ou 18,000 âmes, dont au moins les trois quarts consistent en Dayaks. Le reste est composé de Chinois, Malais, et d'autres étrangers, qui sont venus s'établir dans ce pays.

La capitale de l'État de Simpang porte le même nom. Elle est située sur un terrain marécageux près de la mer, qui inonde par son flux la plupart des quartiers de la ville, et les laisse à sec au retour de la marée. Les habitants sont pauvres et ne subsistent pour la majeure partie que de la culture du riz et des escroqueries qu'ils commettent sur les Dayaks.

(1) Ce sont les nids de l'*hirundo esculenta*, dont les Chinois sont très friands, et qui se vendent à haut prix.

ÉTAT DE MATTAN.

L'État de Mattan a été connu aux Européens dès l'année 1520. Succadana, l'une des villes de Mattan les plus célèbres par son commerce, substitua son nom à celui de tout le pays, de manière que les nations européennes qui visitaient ces parages nommèrent Succadana toute l'étendue de la côte de Bornéo, qui embrasse les cantons de Koubou, Manpawang, Simpang, Lebaïk, Succadana, et même des îles Carimata. Toute cette étendue de terrain formait alors le seul empire de Mattan.

Cet État était borné au sud et à l'ouest par la mer; au nord par les rivières Pungoh, Ollah-Ollah, Kapouas, Mendaou, et Lebaïk; au nord et au nord-est par les hautes montagnes de Menjorah et de Sucadaou; à l'est et au sud-est par le pays des Dayaks indépendants et des Dayaks de Banyar et Cotta-Ringuin. Tout ce territoire formait ensemble une étendue de 1000 milles carrés d'Allemagne.

De nos jours l'on peut admettre que l'empire de Mattan ne s'étend que depuis 0° 42', jusqu'à 2° 56' lat. N., et depuis 109° 52' jusqu'à 111° 30' long. E. de Greenwich. Ses bornes sont, au N.-E, les montagnes de Palongang, Mahm et Sucadaou; à l'E. (à vingt milles d'Allemagne de la mer) le pays des Dayaks indépendants, et plus loin, celui des Dayaks que le sultan de Banyer-Massing prétend avoir le droit de gouverner; au S.-E. le pays de Cotta-Ringuin; au S. et à l'O. la mer.

Les îles Carimata, dont nous parlerons ci-après, sont des dépendances de l'empire de Mattan.

Voici les principales rivières de Mattan :

La Succadana ,	La Melingsan ,
— Sidoh ,	— Siri ,
— Poutri ,	— Sagoune ,
— Djamborakan ,	— Tenggar ,
— Blandongan ,	— Gayong-Laeut ,
— Pasar-Tjina ,	— Bakko ,
— Awang ,	— Pendawal ,
— Bakaou ,	— Peninggaou ,
— Kerbaou , ⎫ (1)	— Simbar ,
— Ketappan , ⎭	— Molée ,
— Ambang ,	— Ayer-Itam ,
— Sayah ,	— Djellaï.
— Petang.	

Toutes ces rivières sont navigables, et ont leurs cours ouest et sud jusque dans la mer. Quelques unes prennent leur source dans les monts qui s'élèvent au nord dans l'intérieur de Mattan , près des limites de Sucadaou , et dont une branche considérable , savoir : la série des montagnes de Palongang, s'avance jusqu'à la plage de la côte occidentale en se terminant par le Bouquit-Laout, le Poungalong, le Palirongan, le Succadana, le Datou et le Melingsan.

Le sillon de la côte est formé par les pointes de terre dont voici les noms ;

Tandjong Mélintang (près du Bonquit-Laout),
— Rawang-Malam ,
— Blohoh ,
— Telaga-Toudjou ,
— Datou-Mélingsan ,
— Bolei-Bouti ,
— Pada-Gounong ;

(1) Ce sont deux branches de la rivière Gayong, nommée ordinairement la rivière Mattan.

— Awan,
— Kerbaou,
— Bree,
— Bourou,
— Simbar,
— Boutine.

Entre les rivières Kapouas, Melawie et Arout, un bras
de la mer formait autrefois une île, ainsi que nous
l'avons remarqué dans la notice sur Simpang. Au centre de cette île se trouvaient les hautes montagnes de
Mahm, Manjorah, Mengallat et Lebaïk, d'où s'écou-
laient les rivières Sucadaou, Melian, Lebaïk, Simpang
et Mattan (Gayong). Plusieurs lacs dans l'intérieur de
Cotta-Ringuin semblent également devoir leur origine
à cette révolution dans l'aspect du terrain.

Le climat de ce pays est tempéré par les brises de
mer et de terre qui se succèdent assez régulièrement
sur toute l'étendue de la côte de Bornéo. La grande
élévation des montagnes dans l'intérieur du pays, ainsi
que l'agitation continuelle de l'air, que produit le mouvement progressif d'un grand nombre de rivières, sont
des causes secondaires qui contribuent à rendre le
climat doux et agréable. Le sol est aussi fertile que
l'air est salubre. Parmi les indigènes, on trouve des
personnes d'un âge très avancé. La grande richesse du
règne végétal est une des causes que l'agriculture est
encore très négligée. Les habitants se contentent de ce
que le sol leur présente sans exiger le travail de leurs
mains.

Les variations et les intempéries des saisons y sont
égales à celles qui ont lieu dans le royaume de Simpang. Les cours et les changements des moussons y
sont aussi à peu près les mêmes.

Il y a très peu d'animaux féroces. Le chat-tigre et
une espèce de petits ours noirs se trouvent en assez
grand nombre dans les montagnes. On y rencontre
encore plusieurs espèces de singes, des bœufs sauvages, des buffles, des rhinocéros, des sangliers, plusieurs sortes de cerfs, des chevreuils, le babi-roussa (1),
le pilandonc (espèce de lapin), l'orang-outang, le
pongo, l'armadille, le porc-épic, une infinité de différents genres de serpents, de très grandes chauves-
souris, etc.

Le pays n'est que très peu pourvu d'animaux domestiques. Il n'y a que quelques bestiaux, quelques
volailles de basse-cour, des chèvres, etc., en petit
nombre.

En revanche l'on trouve le long des côtes et aux embouchures des rivières, une abondance prodigieuse
d'excellents poissons de différentes espèces. On y distingue une espèce qui ressemble beaucoup à notre
saumon. On en fait la pêche aux mois d'août et de
septembre.

Il y a des milliers de différentes sortes d'insectes,
dont la plupart sont ou nuisibles ou du moins très dés-
agréables. Les mosquites surtout sont dans ce pays
d'une grosseur surprenante, et leur piqûre est très
douloureuse. On les chasse par la fumée. Les habitants disent proverbialement d'un homme à mauvais
caractère : « Il est méchant comme les mosquites de
Mattan. »

(1) Animal qui tient de la nature du cerf et de celle du sanglier. Il a
les pieds du premier avec la tête du sanglier, dont il imite aussi le grogne-
ment. Le Babi-Roussa (ce mot signifie sanglier-cerf) a deux petites
cornes recourbées sur le museau.

Les rochers de Mattan contiennent une prodigieuse quantité de nids d'oiseaux d'une grande blancheur, et par conséquent d'un prix considérable. Ce sont les Dayaks qui en font la récolte, et qui, dans leur simplicité, les vendent à un prix très modique, soit au prince, soit aux Chinois.

Les autres productions sont à peu près les mêmes qu'à Simpang. Les tripangs forment encore un assez grand article de commerce, de même que les rottans ou cannes de roseau.

Le règne minéral semble être très riche à Mattan. Il est certain qu'il y a plusieurs mines d'or et de diamants, mais on n'en exploite guère. Les diamants que l'on tire de ce pays sont pour la plupart trouvés fortuitement par quelque Dayak errant dans les montagnes.

Les productions du règne végétal sont les mêmes qu'à Simpang, mais elles sont infiniment plus abondantes à Mattan. La population est cependant bien inférieure à l'étendue du pays. Il n'y a guère que les bords des rivières qui soient habités. Le total de la population peut se monter à 15,000 âmes au moins.

Le chef-lieu ou la capitale de l'État de Mattan, se nomme Gayong. Sa population peut se monter à environ 5,000 individus. La capitale est éloignée de la mer de 10 à 12 milles d'Allemagne, et baignée par la rivière Gayong, nommée aujourd'hui rivière Mattan. Le courant de la rivière est si fort devant la capitale, qu'il faut quatre jours pour y arriver depuis le rivage de la mer. Ce trajet se fait au moyen de petites barques légères nommées prahou sampang (1). Avec des bar-

---

(1) *Prahou* signifie barque, canot, navire, nacelle, vaisseau quelconque.

ques plus grandes on ne saurait arriver à la ville en
moins de sept ou huit jours. Le nom de la capitale
est dérivé de celui de la rivière. A trois milles d'Allemagne cette dernière se divise en deux branches. Celle
du nord est appelée Kerbaou, à cause (dit-on) du coin
de terre informe qui en forme l'entrée à son confluent
avec la grande rivière ; l'autre branche se nomme Ke-
tappan, parce que ses bords sont remplis d'arbres de
cette espèce.

Il y.a sur les bords de cette dernière branche une
ville assez populeuse que l'on appelle Kampong-Ke-
tappan. Elle est peuplée par des Malais, des Chinois,
des Arabes et des indigènes du pays. La population
totale est évaluée à 1,100 âmes. L'embouchure de la
rivière était ci-devant un repaire de pirates. Les habitants exerçaient en grande partie la même profession
jusqu'au rétablissement du pouvoir néerlandais, dans
l'archipel Indien. Les traités conclus avec les princes
obligent ces derniers à réprimer autant que possible
l'abominable piraterie qui s'est introduite de plus en
plus dans ces parages, lorsque les Hollandais ne s'y
montraient plus.

Le gouvernement du sultan est très absolu. Il a les
mêmes sources de revenus que le prince de Simpang.
Autrefois le prince lui-même participait au butin des
pirates. Le gouvernement néerlandais a réussi par ses
négociations à faire cesser considérablement ces désor-
dres. On rencontre moins de pirates à Mattan ; il n'y
en a plus à Sanbas, ni à Mempawa et Pontianak. Les
princes eux-mêmes s'en trouvent mieux ; et les habitants sont paisibles.

ÉTAT DE SUCCADANA.

. Depuis plusieurs siècles ce pays appartenait aux princes souverains de la côte occidentale de Bornéo, ancêtres du sultan qui règne actuellement à Mattan.

Succadana et toute la plage de Mattan sont maintenant dépeuplées et désertes; à peine découvre-t-on quelques vestiges de l'emplacement de l'ancienne ville.

Les causes de l'ancienne splendeur et de la prospérité de Succadana existent encore aujourd'hui. La situation en est très agréable et très avantageuse pour le commerce. L'air y est salubre, et les fortes chaleurs y sont tempérées par la fraîcheur des brises de mer. Le sol produit beaucoup d'articles d'un grand prix dans le commerce de la Chine est de l'archipel Indien ; la récolte de ces productions est aussi facile que leur culture et leur transport. La terre se prête volontiers à la culture de plusieurs productions étrangères, et ne demande aucun travail pour procurer aux habitants les denrées les plus indispensables, telles que le riz, le sagou ; les patates, les fruits et légumes les plus agréables. La mer abonde en poissons, en tortues, en holothuries, etc.

La situation des rivages est très commode pour l'arrivée ainsi que pour le séjour des navires de commerce. Les rades sont incontestablement bien préférables à celles des îles Carimata, et pour le moins aussi bonnes qu'aucune autre sur la côte de Bornéo, sans en excepter même la grande rivière de Sambas. La fertilité naturelle du terrain assure des avantages réels à tout planteur qui viendrait s'y établir pour le cultiver. La commuication facile avec l'intérieur du pays attire.

de nombreux étrangers pour y faire un commerce lucratif. Le rivage domine la mer, et l'établissement d'une place forte dans un endroit si favorable assurerait les propriétés des négociants.

La baie de Succadana forme un demi-ovale, entouré de collines qui sont revêtues d'arbres et d'arbrisseaux, d'une verdure éternelle et agréablement variée. C'est un amphithéâtre charmant, placé par la main de la nature devant les hautes montagnes qui s'élèvent graduellement à perte de vue vers le milieu du pays, pour se confondre dans la lueur bleuâtre d'un horizon toujours serein.

La baie a 3,000 toises de longueur, sur une largeur de 1,250 toises. A l'entrée on trouve une profondeur de 10 pieds en marée basse, et de 13 quand la marée est haute. On y mouille en toute sûreté sur un fond de boue mêlée de gravier. Seulement, dans la mousson d'ouest, les navires ne sont pas suffisamment abrités. Depuis l'année 1780 jusqu'en 1786 des navires chinois du port de 300 tonneaux venaient fréquemment prendre une cargaison dans cette baie.

Au milieu du fond de la baie se trouve l'embouchure de la rivière Succadana, sous la latitude méridionale de 1° 16'. Il y a bien long-temps que les navires marchands n'y sont plus entrés, de sorte que son embouchure est maintenant encombrée par les hautes futaies qui s'échappent de ses bords. Ce n'est pas sans peine que l'on parvient à se frayer un passage à travers les branches entortillées qui croisent la rivière, malgré qu'elle ait une largeur de 80 pieds et une profondeur de plusieurs brasses. Il y a tout près de l'embouchure un banc de sable mêlé de pierres, sur lequel il n'y a que 4 ou 5 pieds d'eau. Ce passage n'est donc praticable que pour des praux (prahous) de très peu de dimension.

L'on trouve des écueils à fleur d'eau et au-dessus du niveau de la mer, près des pointes de terre formées par les collines qui s'étendent vers le N.-O. et le S.-O. La pointe de S.-O. se prolonge par une barre de rochers couverts d'arbrisseaux, et tout près de là se trouve une petite île nommée *Sala-nama*. Entre cette île et la barre, il y a un bon passage pour les petits bâtiments des indigènes ou pour des chaloupes.

Au nord de Sala-Nama, tout près de cette île, l'on voit un grand rocher qui s'élève en forme de quatre pointes isolées au-dessus du niveau de la mer. On l'appelle Batou-Mandi (rocher des bains). Il y a une assez grande profondeur entre l'île et ce rocher, mais ce passage est trop étroit pour être recommandé. Dans la mousson d'ouest, les petits bâtiments indiens trouvent un bon mouillage derrière ladite île, où ils sont parfaitement abrités. Il n'y a nulle part de rochers cachés, excepté deux petits môles de pierre qui sont couverts par la haute marée. Ils sont devant l'embouchure de la rivière Succadana. Ces môles ont été construits par feu le sultan Indri-Laya en 1784, pour défendre les habitants du rivage.

Dans les environs de l'embouchure de la rivière Succadana, le terrain est alluvial et marécageux ; tandis que dans l'intérieur du pays le sol est compacte et montagneux. Les talus des collines offrent au cultivateur une terre grasse et très fertile, qui pourrait produire toutes sortes de plantes. Autrefois on y cultivait le poivre, dont on faisait alors un commerce très avantageux. Il est plus que probable que le cafier y réussirait parfaitement, si l'on voulait se donner quelques soins pour la culture de cet arbuste.

La partie méridionale du terrain semble propre à la culture du riz. On peut l'inonder à volonté.

On ne trouve point d'eau douce en entrant dans la rivière de Succadana, à moins de la remonter jusqu'à une demi-lieue de son embouchure, ce qui est assez difficile à cause de la multitude de branches entrelacées d'une rive à l'autre. Il est plus convenable de creuser un trou dans la terre à l'endroit nommé Telaga-Toudjou (sept embouchures), où l'on trouvera sans peine et en fort peu de temps une assez grande quantité de bonne eau douce pour l'approvisionnement de plusieurs navires. Les grands bâtiments peuvent prendre de l'eau sur la pointe N.-O. de Succadana près de Tampang Malam, où plusieurs ruisseaux d'eau douce viennent se jeter dans la baie de Rawang.

L'État de Succadana n'est indiqué distinctement que sur très peu de cartes. Les meilleures d'entre elles ne font connaître aucune limite de ce pays étendu et intéressant. Il paraît que les observations et les plans de la côte ont été faits à une trop grande distance, de manière que les observateurs n'ont su distinguer qu'imparfaitement les contours du rivage.

ILES CARIMATA.

Ces îles ont un aspect tout-à-fait charmant. A mesure que le navire approche des côtes, les regards ne peuvent se rassasier des beaux sites que chacune de ces îles étale et développe de plus en plus. En mettant pied à terre l'on se croit transporté dans un Éden ou une vallée de Tempé, et l'on se rappelle les brillantes peintures des îles Baléares et des Canaries. En effet, lorsqu'on parcourt les vallons odoriférants et les belles collines des îles Carimata, l'on est également ravi des charmes pittoresques du pays et de sa merveilleuse fertilité. Un saisissement magique nous fait oublier pour un instant le pays qui nous a vus naître, et nous inspire le désir irrésistible de venir habiter ce paradis terrestre, et d'y couler sans peines et sans soucis une carrière longue et paisible (1).

Le nombre de toutes les îles Carimata se monte à quelques centaines. Leur situation géographique s'étend depuis 1° 11' jusqu'à 1° 46', latitude S, et de 108° 49' jusqu'à 109° 58', longitude E. de Greenwich.

Il n'y a aucun danger pour la navigation entre la côte de Bornéo et les îles Carimata. Même lorsque le temps n'est point favorable, on y trouve un canal assez large, où il n'y a qu'un seul écueil qui s'élève au-dessus de la mer, et qui par sa couleur blanchâtre est distinctement-visible, même dans la nuit.

Outre les productions naturelles qui se trouvent généralement sur toute la côte de Bornéo, on trouve aux îles de Carimata une prodigieuse quantité de tortues, d'excellents poissons, d'huîtres, de *tripang* et d'*agar-agar* (2), une infinité de fruits, de légumes et autres denrées. La situation de ces îles est d'ailleurs très propre pour y établir un entrepôt de commerce.

Les principales îles de ce groupe nombreux sont les suivantes :

(1) Les indigènes de Carimata arrivent à un très grand âge. On y trouve plusieurs centenaires.

(2) Deux espèces de holothuries dont les Chinois sont grands amateurs, et qui forment un article très considérable du commerce de la Chine.

L'île de Carimata (proprement dite),

— Panumbangan,

— Souroutou.

Nous allons jeter un coup d'œil rapide sur chacune de ces trois îles principales.

CARIMATA.

L'île de Carimata est formée par une seule montagne qui s'élève de 2,400 pieds au-dessus du niveau de la mer, et que l'on distingue facilement à la distance de 10 milles d'Allemagne. Le sommet de cette montagne s'élève majestueusement au-dessus des nuages dont elle est ordinairement entourée. Parmi les pointes des collines, on voit s'élever à 2 et 300 pieds de hauteur plusieurs roches escarpées, entre lesquelles des ruisseaux limpides vont se précipiter dans les vallées.

La grande montagne de Carimata est revêtue de beaux arbres et d'une agréable verdure jusqu'à l'extrémité de son sommet. Sa situation géographique vient d'être calculée à 1° 33' 1/2, latitude S. et 108° 49', longitude E. de Greenwich.

La circonférence de cette île peut s'évaluer à 7 milles et demi d'Allemagne (quinze lieues de France). Au nord et à l'ouest les côtes sont hérissées de rochers escarpés. Les rivages du S. et du S.-E. sont composés de sables. L'on trouve plusieurs petits vallons très propres à la culture au pied des montagnes et des collines. Cinq rivières prennent leur source dans les montagnes. Autrefois chacune de ces rivières baignait un village bien peuplé.

Les principales rivières sont les suivantes : Songui-
Radja (rivière royale) au nord de l'île. Elle a 6o à 70
pieds de largeur, et elle est navigable pour des praux
ou bâtiments indiens de deux à quatre tonneaux. Il y
avait autrefois sur le bord de cette rivière un beau village nommé Kampoug-Radja, qui est presque entièrement désert aujourd'hui.

Songui Pakou, nommée ainsi à cause de la grande
quantité d'arbres de cette espèce qui ornent les bords
de cette rivière. Le village qui se trouvait sur les deux
rives a été entièrement abandonné.

Songui-Palimbang (1) : c'est la plus grande des cinq
rivières mentionnées. Elle coule du N. au S., et est
navigable pour des praux du port de quatre tonneaux
(koyan) (2), à marée basse, tandis qu'à la haute
marée des navires de dix à douze koyans y peuvent
entrer facilement et sans danger. Cette rivière a 80
pieds de largeur près de son embouchure. Sa profondeur est en plusieurs endroits de 4 ou 5 brasses.
On rencontre un banc de sable à son embouchure, ce
qui rend le mouillage assez difficile, surtout lorsque le
temps est orageux. A gauche, à l'entrée de la rivière il y
a une assez grande plage sablonneuse où l'on trouve une
très grande quantité de tortues avec leurs œufs. L'écaille
qu'on en obtient est plus belle que dans aucun autre
endroit de Bornéo. Le village de Palimbang, qui était
situé sur les deux bords de cette rivière, était habité par
un grand nombre de familles indigènes. En 1805, on
y trouvait encore soixante-dix à quatre-vingts familles
chinoises qui gagnaient leur vie en faisant la pêche.

(1) Palimbang signifie alluvion.
(2) Koyan mesure de 30 pikals ou de 3,750 livres.

Depuis lors tous les habitants se sont retirés sur la côte de Bornéo. Près de ce village détruit on trouve un énorme vase de porcelaine de Chine qui a six brasses de circonférence sur 12 pieds de profondeur. Le sol produit encore une sorte de thé noir que les Chinois y ont cultivé lorsqu'ils habitaient ce village.

Il ne reste plus guère de vestiges de cet endroit jadis si florissant et si populeux. On n'y découvre que quelques cocotiers, et autres arbres fruitiers qui ombragent une dizaine de misérables chaumières dont les habitants recueillent encore les productions spontanées de ce beau désert, qui leur donne gratuitement du miel, de la cire, des fruits, des nids d'oiseaux, des holothuries, etc.

Les autres rivières sont peu considérables ; elles ne sont ni habitées ni navigables.

ILE DE PANUMBANGAN.

Cette île est située sous 1° 12′, latitude S. et 109° 11′ 1/2, longitude E. de Greenwich. Le passage entre cette île et la côte de Bornéo a une profondeur de 4 à 5 brasses. Les navires peuvent aborder la côte de très près dans ce détroit, qui n'a d'ailleurs aucun danger.

L'île de Panumbangan est formée d'une haute montagne de forme oblongue et d'environ 1,000 pieds de hauteur. Cette montagne est revêtue, comme celle de Carimata, de plantes et d'arbrisseaux jusque sur la cime. Elle donne naissance à plusieurs petites rivières ou ruisseaux qui coulent dans les directions de N.-E. et de N.-O. Les navires viennent y faire eau.

Cette île fertile et agréable s'est graduellement dépeuplée depuis que les Hollandais ont cessé de fréquenter ces parages (1795). Elle est seulement visitée de temps en temps par quelques hordes de pêcheurs. Il y avait autrefois un village considérable dans la partie N. E. de cette île. Les habitants se sont retirés dans le territoire de Bornéo propre.

Les productions de l'île de Panumbangan sont en général les mêmes que celles de Carimata. La pêche y est très abondante.

ILE DE SOUROUTOU.

La situation de cette île est de 1° 42′ de lat. S. et de 108° 41′ 30″ long. E. de Greenwich. Elle est formée de plusieurs petites montagnes et collines dont la chaîne s'étend de l'E. à l'O. De même que dans les îles précédentes, toutes ces montagnes sont couvertes jusqu'à leurs sommets d'une riche verdure. Quelques bancs de corail s'échappent de la partie S.-O. de l'île. Les fragments qu'on en retire servent à faire une chaux très fine, dont les indigènes font usage lorsqu'ils mâchent le bétel. On y trouve aussi un grande quantité de corail rouge auquel les Chinois attachent un grand prix, et dont ils préparent une médecine très estimée chez eux.

L'île de Souroutou est arrosée par une grande quantité de petites rivières et parsemée de vallons aussi fertiles qu'agréables. Les pentes douces des nombreuses collines sont très propres à l'agricultnre. Il y avait autrefois deux villages bien peuplés. Celui qui était au nord se nommait Siak, d'après ses premiers fondateurs, qui étaient des émigrés de la famille des souverains du royaume de ce nom.

SOCIÉTÉ AMÉRICAINE *pour les Missions étrangères en* 1837.

(Sommaire du rapport de MM. Anderson et Armstrong, secrétaires de la Société.)

Les recettes de la Société ont été, en 1836, de 252,076 dollars; et les dépenses, y compris les dettes de l'année précédente, de 293,456. Le nombre des missions est de 30, des stations 79, des missionnaires ordonnés 122, des médecins 11 (non compris les 6 qui sont ordonnés), des maîtres d'école 28, des imprimeries et librairies 8, en tout 361 personnes avec les assistants, laïques, femmes mariées ou non mariées. Il y a en outre 75 prédicateurs et 100 assistants, en tout 466 personnes soutenues par les fonds de la maison. Le nombre des missionnaires ordonnés envoyés en mission l'année dernière est de 14, des assistants laïques missionnaires 16, des femmes 33, en tout 63. Le nombre des missionnaires ordonnés en mission depuis le commencement est de 180; des médecins, maîtres d'école, imprimeurs et autres assistants laïques 113, avec 76 femmes non mariées et 28 mariées. Le nombre total depuis le commencement est de 638. Parmi les missionnaires ordonnés 22 sont morts au service des missions, et 36 ont reçu leur démission pour cause de mauvaise santé.

Le nombre des églises est de 52, contenant 2,147 membres parmi les naturels du pays où elles sont établies. Il y a 8 séminaires ou institutions d'un ordre supérieur pour former des élèves. Ces séminaires renferment 418 élèves. A Ceylan il y en a un pour les jeunes personnes qui en contient 76. Les écoles libres, au nombre de 350, renferment à peu près 13,000 enfants. Il y a 3 fonderies de caractères et 2 stéréotypies. Le nombre des imprimés pendant l'année a été de 642,160 livres ou brochures comprenant 26,208,729 pages. Depuis le commencement le nombre des livres publiés par la Société a été de 1,339,720, et celui des pages de 142,810,197, en vingt différentes langues.   W.

DEUXIÈME SECTION.

Actes de la Société.

PROCÈS-VERBAUX DES SÉANCES.

Séance du 18 mai 1838.

Le procès-verbal de la dernière séance est lu et adopté.

M. Prinsep, secrétaire de la Société asiatique du Bengale, remercie la Commission centrale de l'envoi du tome V du recueil de ses Mémoires, et annonce qu'il s'empressera de lui adresser la suite des Transactions publiées par cette compagnie.

M. de Macedo, secrétaire perpétuel de l'Académie des sciences de Lisbonne, adresse les mêmes remerciements à la Commission centrale pour l'envoi de son Bulletin.

M. Maillard de Chambure, président de la Commission des Antiquités de la Côte-d'Or, écrit à la Société pour lui demander l'explication d'une expression géographique qui se trouve dans un manuscrit sur la Terre-Sainte, écrit vers l'an 1210, que cette Commission fait traduire dans ce moment.

M. le docteur Domingo Fontan, directeur de l'Observatoire de Madrid, adresse ses remerciements à la Société qui vient de l'admettre au nombre de ses membres, et lui annonce le prochain envoi d'un extrait de ses opérations géodésiques sur la carte de l'ancien royaume de Galice, dont il s'occupe depuis plusieurs années.

M. le baron d'Hombres (Firmas) écrit qu'il vient de faire imprimer, pour ses amis, un recueil de Mémoires et d'observations qu'il a faites à diverses époques sur les sciences physiques et naturelles. Plusieurs de ces Mémoires ont été offerts à différentes Sociétés, et quelques uns ont paru dans les recueils qu'elles publient ou dans les journaux consacrés aux sciences. M. le baron d'Hombres offre un exemplaire de la troisième partie de ce recueil, et il joint à cet envoi de nouveaux échantillons minéralogiques destinés au musée de la Société.

M. Eyriès offre, de la part de M. du Ponceau, un Mémoire sur le système grammatical des langues de quelques nations indigènes de l'Amérique du Nord.

M. Caüet fait hommage d'un exemplaire du Moniteur Indien, ou dictionnaire contenant la description de l'Hindoustân et des différents peuples qui habitent cette contrée, par feu M. Dupeuty-Trahon.

M. Paringault écrit également pour offrir deux exemplaires d'une notice qu'il vient de publier sur la ville de Laon.

M. Jomard communique une lettre qu'il a reçue, à la date du 25 avril, écrite par l'un des commissaires de la *Société pour l'exploration des ruines de Carthage*, sir Grenville Temple. Un nouvel envoi de fragments antiques est annoncé. Les quinze premières caisses renfermaient des mosaïques trouvées dans des maisons enfouies à plus de 6 mètres de profondeur, et jusqu'à 1 2 mètres, et représentant des figures de divinités, de nymphes et de personnages divers, des figures de quadrupèdes, oiseaux, reptiles, poissons et crustacés, des plantes, des arabesques, etc. Neuf nouvelles caisses sont en route pour Toulon et contiennent des figures d'hommes, de chevaux, de tigres, des ornements, des bordures, etc., avec plusieurs noms tels que *Vincentius, Cœruleus, Acceptor*. Il y a encore des fragments de statues, des marbres avec inscriptions, des *terre cotte* et des médailles. M. Jomard met ensuite sous les yeux de la Société quinze dessins coloriés, représentant les plans des maisons antiques, avec plusieurs des sujets des mosaïques ci-dessus, des fragments d'inscriptions cursives en caractères inconnus, des paysages, des figures d'animaux, des perroquets, enfin beaucoup d'ornements qui rappellent les peintures de Pompéi.

M. le colonel Corabœuf donne communication d'une note de M. d'Ostervald, du canton de Neufchâtel, contenant la mesure trigonométrique de la hauteur audessus du niveau de la mer des lacs de Neufchâtel, de Morat et de Bienne, à laquelle est jointe une notice sur les hauteurs des points trigonométriques de la Suisse. M. le colonel Corabœuf ajoute des remarques sur le nivellement géodésique que MM. les ingénieurs suisses ont exécuté en partant des données de la triangulation française. Renvoi de ces documents au Comité du Bulletin.

M. d'Avezac communique à la Société une notice sur le village des Charpennes près de Lyon, accompagnée d'un plan, par M. Charles Rey. Cette notice est la réponse à quelques questions adressées à un ami de l'auteur par M. d'Avezac lorsqu'il s'occupait de ses recherches sur Plan Carpin. Des remerciements seront adressés à M. Rey, et sa notice ainsi que le plan qui l'accompagne seront déposés dans les archives de la Société.

Séance du 1er juin 1838.

Le procès-verbal de la dernière séance est lu et adopté.

La Société philotechnique adresse à la Commission centrale plusieurs lettres d'invitation pour assister à la séance publique du 3 juin.

M. le professeur Rafn, secrétaire de la Société royale des antiquaires du Nord, écrit à la Commission centrale pour lui annoncer le prochain envoi d'une caisse contenant plusieurs exemplaires des dernières publications de cette Société, destinés à divers corps scientifiques et à ses correspondants français. M. Rafn annonce en même temps qu'il fait parvenir à la Société les résultats de ses recherches sur la géographie anti-colombienne de l'Amérique, consistant : 1° dans son ouvrage sur les antiquités américaines ; 2° dans son mémoire sur la découverte de l'Amérique au x° siècle; 3°, 4°, 5, et 6° dans plusieurs cartes générales et spéciales relatives à ses recherches sur ces contrées ; 7° et 8° dans des gravures représentant les monuments scandinaves au Groënland et dans l'Amérique du Nord; 9° dans un abrégé Islandais de la géographie du xiii° siècle, et 10° dans un *fac simile* de la relation d'un voyage dans la Floride en 1027. L'envoi de M. le professeur Rafn est confié aux soins de M. de Serre, consul de France à Elseneur, qui a bien voulu en donner avis à la Société.

M. Francis Lavallée, vice-consul de France à la Trinidad de Cuba, écrit à la Société qu'il vient de lui expédier, par l'entremise officieuse de MM. Mollien et Eyriès, deux caisses contenant des minéraux et des coquillages de l'île de Cuba, destinés à son musée géographique. M. Lavallée joint à sa lettre une note explicative des pièces composant cet envoi.

M. José de Urcullu, membre de la Société à Oporto, lui écrit pour lui offrir un exemplaire du *Roteiro de Vasco de Gama*, qui vient de paraître, et il annonce le prochain envoi du troisième et dernier volume de son *Tratado elementar de Geografia*.

M. John Vaughan, bibliothécaire de la Société philosophique américaine de Philadelphie, adresse à la Commission centrale un exemplaire de l'ouvrage que M. P. du Ponceau vient de publier sous le titre de *A Dissertation on the nature and character of the chinese sytem of Writing, in a letter to John Vaughan*, etc.

Le même correspondant adresse le premier volume des *Transactions philosophiques* qui manquait à la collection que possède la Société de cette importante publication.

M. Jomard appelle l'attention de l'assemblée sur la perte douloureuse qu'on vient de faire dans la personne de M. Réné Caillié, décédé à Labadaire, le 1ᵉʳ mai dernier, après une très courte maladie. Il demande que la Société, en consignant cette nouvelle dans son Bulletin, exprime le regret que lui inspire ce triste événement. Il donne ensuite lecture d'une lettre dans laquelle Réné Caillié exposait le plan d'un nouveau voyage à Bammako et à Bouré. Renvoi au comité du Bulletin.

Le même membre annonce, 1° que M. Russegger,

naturaliste allemand qui a voyagé en Égypte et en Syrie, était au mois de janvier dernier sur le fleuve Blanc ; 2° que le baron de Hallberg, Bavarois, maintenant à Malte, a trouvé une caravane venue de Tombouctou au Darfour. Il pense que le nom du vice-roi d'Égypte étant connu et redouté dans toute l'Afrique centrale, il faut profiter des circonstances présentes pour effectuer un voyage de découvertes par la direction du Darfour.

Le même membre lit une notice de M. Lefèbvre, lieutenant de vaisseau, et compagnon de voyage de M. d'Abbadie en Afrique. Cette notice, qui contient le récit des relations de ce voyageur avec des pèlerins abyssins, et les renseignements divers qu'il a pu recueillir sur l'Abyssinie est renvoyée au comité du Bulletin.

M. Jomard fait aussi hommage du discours d'ouverture qu'il a prononcé, comme président, dans la séance publique annuelle des cinq académies.

M. Ansart dépose sur le bureau plusieurs Mémoires en partie inédits sur Madagascar, laissés par Fortuné Albrand, ancien élève de l'École normale, et ancien agent commercial de France à Bourbon: M. Ansart offre ces Mémoires à la Société au nom de la famille de M. Albrand, et sur sa proposition, la Commission centrale en renvoie l'examen à la section de publication.

M. d'Avezac continue la lecture de sa notice sur Jean de Plan Carpin, et il annonce que le commencement de son travail vient d'être livré à l'impression.

(370)

OUVRAGES OFFERTS A LA SOCIÉTÉ.

Séance du 4 mai.

Par M. Olivier : Reizen in den Molukschen archipel naar Makassar enz. etc. door J. Olivier Iz., voormals secrelaris te Palembang. Amsterdam 1834. 2 vol. in-8°. — *Par M. Reinganum :* Erlauterungen zu der arealkarte der ostlichen Erdhalfte, etc.; von Rudolf Jacops. In-8°. — *Par M. Mauger :* Annuaire statistique du département de l'Yonne : Recueil de documents authentiques destinés à former la statistique départementale, 1er et 2e année. Auxerre 1837 et 1838, 2 vol. in-8°. — *Par M. Francis Lavallée :* Plano topografico de la Ciudad de Santa-Maria de Puerto-Principe, y sus cercanias en la isla de Cuba, etc. 1 feuille. — Map of the Hudson between Sandy Hook et Sandy Hill with the post road between New-York and Albany. — *Par la Société d'agriculture de Caen :* Séance de cette Société, tenue le 19 janvier 1838. — Compte-rendu par M. Bitot de sa culture de betteraves à sucre. — Concours ouverts et prix proposés pour 1838.

Séance du 18 mai.

Par M. du Ponceau : Mémoire sur le système grammatical des langues de quelques nations indiennes de l'Amérique du Nord; ouvrage qui, à la séance publique annuelle de l'Institut royal de France le 2 mai 1835, a remporté le prix fondé par M. le comte de Volney. 1 vol. in-8°. — *Par MM. Ed. Combes et M. Tamisier :* Voyage en Abyssinie, dans le pays des Galla, de Choa et d'Ifat, etc.; t. III et IV avec la carte du voyage. —

Par M. Caüet : Le Moniteur Indien, ou dictionnaire contenant la description de l'Hindoustân et des différents peuples qui habitent cette contrée, etc.; par M. Dupeuty Trahon. 1 vol. in-8°.—*Par M. le baron d'Hombres Firmas :* Recueil de mémoires et d'observations de Physique, de Météorologie, d'Agriculture et d'Histoire naturelle; troisième partie : agriculture. 1 vol. in-8°.—*Par M. Paringault :* Notice historique sur la ville de Laon. In-8°.

Séances des 1ᵉʳ et 15 juin 1838.

Par la Société philosophique américaine de Philadelphie : Philosophical Transactions. New series, tome I, in-4°. — A Dissertation on the character of the chinese system of writing, in a letter to John Vaughan, Esq. by Peter S. Du Ponceau, etc.; published by order of the american philosophical Society, by their historical and litterary commitee. 1 vol. in-8°.—*Par M. de Saint-Hilaire :* Notices statistiques sur les colonies françaises, imprimées par ordre de M. le vice-amiral de Rosamel. Seconde partie : Bourbon, Guyane française. 1 vol. in-8°. — États de population, de culture et de commerce relatifs aux colonies françaises pour l'année 1836, avec le complément des États de 1835. In-8°. — *Par M. P. Jacquemont :* Voyage dans l'Inde, 18ᵉ livraison. — *Par la Société royale géographique de Londres :* Journal de cette Société, tome VIII, 2ᵉ partie. — *Par M. le capitaine Washington :* A sketch of the progress of geography, and of the labours of the royal geographical Society, during the year 1837-8, by Cap. W., secretary. In-8°. — *Par la Société royale asiatique de Londres :* Journal de cette Société, n° VIII, 1 vol. in-8°. — *Par M. Van der Maelen :* Essai sur la statistique gé-

nérale de la Belgique, composé sur les documents publics et particuliers par X. Heuschling. 1 vol. in-12.
— *Par MM. Leroux et Reynaud :* Encyclopédie nouvelle, 28° livraison. — *Par M. Ackmerman :* Projet de voyage à Madagascar pour y continuer des travaux d'histoire naturelle, de philologie et de topographie médicale, présentée à MM. les professeurs du Muséum d'histoire naturelle. In-8°.— *Par les Auteurs et Éditeurs :* Plu-, sieurs numéros des Annales des Voyages. — Des Annales Maritimes.—Du Journal de la Marine.—Du Bulletin de la Société de Géologie. — Du Journal Asiatique. — Du Journal des Missions Évangéliques. — Du Journal de l'Institut historique. — Du Bulletin de la Société Élémentaire. — Du Recueil de la Société Polytechnique.— Du Mémorial Encyclopédique. — Des Archives du Havre. — Des Mémoires où annales des Sociétés d'Agriculture d'Angers, d'Angoulême, d'Évreux, du Mans, de Rouen et de Troyes. — De l'Institut et de l'Écho du Monde Savant.

TABLE DES MATIÈRES

CONTENUES

DANS LE IXe VOLUME DE LA 2e SÉRIE,

N°s 49 à 54.

(Janvier à Juin 1838.)

PREMIÈRE SECTION.

MÉMOIRES, EXTRAITS, ANALYSES ET RAPPORTS.

DEUXIÈME SECTION.

ACTES DE LA SOCIÉTÉ.

(376)

PLANCHES DU IXᵉ VOLUME.

Partie du cours de l'Euphrate et du Tigre.

Afrique au N.-E. de la colonie du Cap, dressée pour montrer
la position relative des fermiers émigrants et des tribus natives, par
M. le capitaine HARRIS.

Lightning Source UK Ltd.
Milton Keynes UK
UKHW021853140219
337217UK00005B/223/P